# 物理化学
## [第2版]

近藤和生・上野正勝・芝田隼次・
木村隆良・谷口吉弘 [著]

朝倉書店

# まえがき

　本書の初版が大学低学年生向けの物理化学の教科書として出版されたのは1996年4月である．それから15年が経過しようとしている．

　当時大学1年生の講義を担当していた著者は，講義を担当してまだ間もないこともあったが，物理化学を教えることの難しさを味わっていた．ちょうどその頃に教科書の執筆を勧められたこともあり，学生にとって理解しやすい，また教員側からすると学生に教えやすい教科書を書いてみようと思い立った．しかしながら，1人では物理化学の広い領域を到底執筆できないことは重々承知していたので，同僚の上野正勝（同志社大学教授），また同様の問題を抱えているであろう芝田隼次（関西大学教授），計良善也（近畿大学教授），谷口吉弘（立命館大学教授）に声をかけたところ，いずれの先生にも快諾してもらえた．5人の著者のほとんどは教科書の執筆経験があまりなく，初会合からおよそ1年半を要してようやく刊行に辿りついた．

　先にも述べたように，発刊以来15年間にわたり初版を使って講義をしてきたが，その間，大学生が入学以前に受けてきた中等教育の内容も変わり，それに伴い大学生向けの教科書のスタイルもかなり変化してきたように感じられる．まず版が大きくなったこと，また多色刷りになってきたこと，コラム欄を設ける傾向になってきたこと，各ページに適当な空白をおき読者への圧迫感を抑えるような工夫をするようになってきたことなどが挙げられる．必然的に字体も大きくなるので，出版社側としては読みやすく，理解しやすい教科書の作製を目指していることが伺える．今回の改訂版の刊行に際しても，時代の流れにのった，上述の内容に沿った教科書になるように配慮して執筆した．

　改訂版執筆の初会合がもたれたのは2010年6月で，改訂版刊行の目的，全体の内容，章立て，執筆担当者などについて話し合った．大学低学年生向けの教科書であるので，解りやすく平易に書く，難しい数式はできるだけ避ける，基礎的なことが十分理解できる内容にする，さらには各大学の教育の実情に合わせる，といったことで意見が一致した．版の大きさを従来のA5判からB5判にすることも取り決めた．また旧著者の一人である計良善也教授がすでに退職されていたので，木村隆良（近畿大学教授）に新たに参加してもらうことになった．原稿締め切りを9月末に設定して改定版の執筆に取りかかり，2011年に入っての初校校正，再校校正を経てこの度の出版に漕ぎつけることができた．

　本書は全12章からなる．気体の物理化学的性質に始まり，熱力学第一法則，熱力学第二法則，相平衡，化学平衡，界面化学，電解質溶液と電池の起電力，化学反応速度，原子構造，化学結合，分子構造，固体の構造と性質と，その枠組みは初版と同じである．しかし，その内容は初版に比べ大きく改善されており，共著者全員が実際に教えられる学生の立場，教える教員の立場に十分配慮して執筆している．しかしながら，ページ数に制約があったこともあり，当初の目的であった"平易に理解させる内容"になってはいない部分もあるかもしれないが，できる限り目的に沿うよう意を尽くした．

# まえがき

　学生諸君は，物理化学が抽象的で理解しがたい学問だというイメージをもっているかもしれない．しかし，物理化学は，化学工学の一学問体系である反応工学と並んで，化学のあらゆる分野で得られた新知見を実用化する際に非常に重要な学問であることを忘れないでほしい．そして，物理化学が基礎から学際領域にわたる化学の全学問分野を理解するうえに必要不可欠であることを念頭におき，興味をもって親しみを感じながら本書を読んでもらえれば，著者一同この上ない喜びである．

　話は変わるが，ここ数年，若者の理科離れが言われている．一方では，2000年代に入りノーベル化学賞の日本人受賞が相次いでいる．この事実が若者の理科離れを止める端緒になればと願っている．ノーベル化学賞の受賞は，日本の科学分野の研究が以前にも増していっそう世界に認められてきたことを物語っている．最近の受賞理由には，対象となった研究成果が実用化に結びついたことが挙げられており，これは裏返せば基礎研究の重要性を謳っていることにもなる．物理化学は基礎研究を支える学問であることを学生諸君に強調するとともに，先達が築いてきた技術立国日本の伝統にさらに磨きをかけるべく，精進してほしい．

　本書の執筆にあたっては参考文献として，巻末に挙げた国内外の多くの成書を参照した．これらの著者の方々に心からの敬意と感謝の気持ちを表したい．また，本書の企画から発刊まで，様々に協力してくれた朝倉書店編集部にお礼を申し上げる．末筆ながら，資料の収集，原稿の清書などに貴重な時間を割いてくれた著者それぞれの近辺の方々にもお礼を申し上げる次第である．

　2011年3月　春まだ浅い山城田辺にて

共著者の意見をまとめて　近藤和生

# 目 次

## 1 気体の物理化学的性質　　　　　　　　　　［木村隆良］

1.1 単位と記号 ………………………………………………………… *1*
1.2 理想気体の性質 …………………………………………………… *2*
1.3 実 在 気 体 ………………………………………………………… *5*
1.4 気体分子運動論 …………………………………………………… *10*
練 習 問 題 …………………………………………………………… *13*

## 2 熱力学第一法則　　　　　　　　　　　　　［上野正勝］

2.1 熱力学第一法則とは ……………………………………………… *14*
2.2 仕　　　事 ………………………………………………………… *15*
2.3 熱 …………………………………………………………………… *17*
2.4 内部エネルギーと状態量 ………………………………………… *20*
2.5 ジュールの法則と理想気体 ……………………………………… *20*
2.6 反　応　熱 ………………………………………………………… *25*
練 習 問 題 …………………………………………………………… *29*

## 3 熱力学第二法則　　　　　　　　　　　　　［上野正勝］

3.1 エントロピー ……………………………………………………… *30*
3.2 カルノーサイクルとエントロピーの性質 ……………………… *31*
3.3 不可逆変化と熱力学第二法則 …………………………………… *33*
3.4 エントロピー変化の計算と熱力学第二法則の適用 …………… *35*
3.5 エントロピーの分子論的意味 …………………………………… *38*
3.6 標準エントロピーと熱力学第三法則 …………………………… *40*
3.7 自由エネルギー …………………………………………………… *42*
練 習 問 題 …………………………………………………………… *47*

## 4 相 平 衡　　　　　　　　　　　　　　　　　［近藤和生］

4.1 蒸気圧の温度変化 ………………………………………………… *49*
4.2 純物質の相平衡 …………………………………………………… *51*
4.3 溶液と蒸気の平衡 ………………………………………………… *52*
4.4 部分モル量 ………………………………………………………… *54*
4.5 溶液の束一的性質 ………………………………………………… *55*
4.6 ギブズの相律と状態図 …………………………………………… *57*

練習問題 ················································································· 58

## 5 化学平衡 　　　　　　　　　　　　　　　　　　　　　　　　　　　　　　　　　　　　　　　［近藤和生］

5.1 平衡定数とギブズエネルギー ································································· 59
5.2 標準生成ギブズエネルギー ····································································· 60
5.3 種々の平衡定数の表し方 ······································································· 61
5.4 平衡定数の温度による変化 ····································································· 62
5.5 平衡定数の計算法 ············································································· 62
5.6 不均一系の化学平衡 ··········································································· 64
練習問題 ························································································· 65

## 6 界面化学 　　　　　　　　　　　　　　　　　　　　　　　　　　　　　　　　　　　　　　　［芝田隼次］

6.1 界面化学とは ················································································· 66
6.2 吸着現象の応用分野 ··········································································· 66
6.3 表面張力と界面活性剤 ········································································· 68
6.4 ケルビン式 ··················································································· 70
6.5 ラングミュアの表面圧力計 ····································································· 71
6.6 ギブズの吸着式と吸着等温式 ··································································· 72
6.7 粉体の表面積の推算 ··········································································· 74
6.8 物理吸着と化学吸着 ··········································································· 74
6.9 懸濁液の分散・凝集 ··········································································· 75
6.10 電気二重層 ·················································································· 77
練習問題 ························································································· 81

## 7 電解質溶液と電池の起電力 　　　　　　　　　　　　　　　　　　　　　　　　　　　　　　　　　［芝田隼次］

7.1 電気伝導度 ··················································································· 82
7.2 アレニウスの電離説 ··········································································· 84
7.3 輸率とイオンの移動度 ········································································· 85
7.4 デバイ-ヒュッケルの理論 ······································································· 87
7.5 伝導度測定の応用 ············································································· 89
7.6 電池の起電力 ················································································· 90
7.7 標準電極電位 ················································································· 92
7.8 起電力の濃度変化 ············································································· 94
7.9 濃淡電池 ····················································································· 96
7.10 起電力測定の応用 ············································································ 97
練習問題 ························································································· 99

## 8 化学反応速度 　　　　　　　　　　　　　　　　　　　　　　　　　　　　　　　　　　　　　　［近藤和生］

8.1 反応速度の定義と測定 ········································································· 101

| 8.2 | 反応分子数と反応次数 | 102 |
| 8.3 | 素反応と複合反応 | 104 |
| 8.4 | 反応速度の温度依存性 | 107 |
| 8.5 | 反応速度の理論 | 108 |
| 練習問題 | | 110 |

## 9 原子構造 　　　　　　　　　　　　　　　　　　　　［谷口吉弘］

| 9.1 | 光エネルギーの量子化と光の粒子性 | 111 |
| 9.2 | 水素原子のスペクトル | 112 |
| 9.3 | ボーアの原子モデル | 113 |
| 9.4 | シュレーディンガーの波動方程式 | 115 |
| 9.5 | 箱の中の電子の運動 | 117 |
| 9.6 | 水素原子のシュレーディンガー方程式 | 118 |
| 9.7 | 周期律と電子配置 | 120 |
| 練習問題 | | 122 |

## 10 化学結合 　　　　　　　　　　　　　　　　　　　　［谷口吉弘］

| 10.1 | 化学結合の理論 | 124 |
| 10.2 | 原子価結合法 | 124 |
| 10.3 | 共有結合のイオン性 | 125 |
| 10.4 | 混成軌道と結合の方向性 | 126 |
| 10.5 | 分子軌道法 | 129 |
| 10.6 | 二原子分子 | 130 |
| 練習問題 | | 132 |

## 11 分子構造 　　　　　　　　　　　　　　　　　　　　［谷口吉弘］

| 11.1 | 光と分子スペクトル | 133 |
| 11.2 | 分子と磁場の相互作用 | 137 |
| 11.3 | 分子間力 | 139 |
| 11.4 | 水素結合 | 141 |
| 11.5 | 配位結合と錯体 | 142 |
| 練習問題 | | 144 |

## 12 固体の構造と性質 　　　　　　　　　　　　　　　　　［木村隆良］

| 12.1 | 固体の一般的性質 | 145 |
| 12.2 | 結晶系と回折法 | 145 |
| 12.3 | 分子性結晶 | 148 |
| 12.4 | 金属 | 149 |
| 12.5 | イオン結晶 | 149 |

12.6　水素結合結晶 …………………………………………………… *151*
　練 習 問 題 ……………………………………………………………… *152*

練習問題解答 ……………………………………………………………… *153*

付　　録
　　基礎物理定数 ………………………………………………………… *157*
　　周 期 表 ……………………………………………………………… *158*
　　原子量表 ……………………………………………………………… *159*

参考文献 …………………………………………………………………… *160*

索　　引 …………………………………………………………………… *163*

# 気体の物理化学的性質　1

## ● 1.1　単位と記号

　物質は，温度や圧力などの外的条件で図1.1に示したように固体，液体，気体の3態にその状態を変える．水惑星といわれる地球には$1.4 \times 10^{12} \, \text{m}^3$の水が存在し，海，河川，地下水などの液体の水と，北極や南極，高山，永久凍土などでみられる氷や雪，さらには雲などの水蒸気が知られている．このように水はその外的条件で状態が変わり，約648 K以上ではいくら圧力をかけても液体にならなく，10 GPaでは573 Kの固体の水も存在する．物理化学への入門として，物理化学を構成している二面性を理解することが必要である．1つは我々が直接五感で体感できる巨視的性質を体系化することであり，他はこの巨視的性質を構成している分子・原子の微視的性質を理解することである．

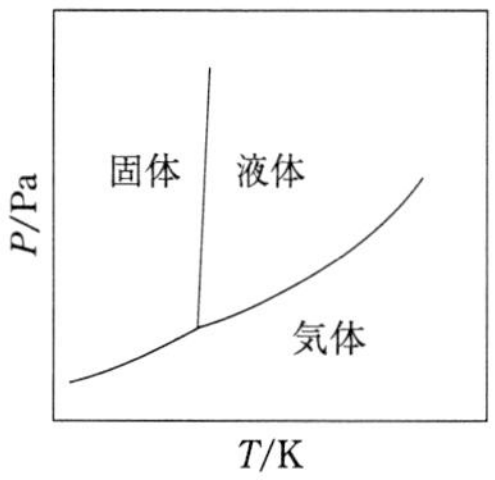

　いろいろの現象を定量的に扱うには共通した物理量でもって事象を解釈しなければならない．領域によって異なる単位が使われるのは不便なため，1960年国際度量総会で決定された**国際単位系**（SI単位系，Le Système International d'Unités）は表1.1に示したように7つの基本単位系のもとに，多くの組立単位（表1.2）よりなる．例えば，圧力は単位面積あたりの力であるので面積は$\text{m}^2$で，力はニュートンの法則から質量に加速度を作用させるので$\text{kg m s}^{-2}$（N，ニュートンという）

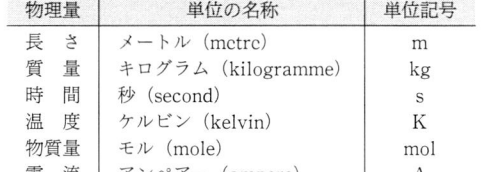

**図1.1**　物質の圧力温度による状態変化

**表1.1**　SI基本単位

| 物理量 | 単位の名称 | 単位記号 |
|---|---|---|
| 長　さ | メートル (metre) | m |
| 質　量 | キログラム (kilogramme) | kg |
| 時　間 | 秒 (second) | s |
| 温　度 | ケルビン (kelvin) | K |
| 物質量 | モル (mole) | mol |
| 電　流 | アンペアー (ampere) | A |
| 光　度 | カンデラ (candela) | cd |

**表1.2**　SI組立単位の例

| 物理量 | 単位の名称 | 単位記号 | 基本単位による組立 |
|---|---|---|---|
| 面　積 | 平方メートル | $\text{m}^2$ | |
| 体　積 | 立方メートル | $\text{m}^3$ | |
| 速度, 速さ | メートル毎秒 | $\text{m s}^{-1}$ | |
| 密　度 | キログラム毎立方メートル | $\text{kg m}^{-3}$ | |
| モル質量 | キログラム毎モル | $\text{kg mol}^{-1}$ | |
| モル体積 | 立方メートル毎モル | $\text{m}^3 \text{ mol}^{-1}$ | |
| 力 | ニュートン (newton) | N | $\text{kg m s}^{-2}$ |
| 圧　力 | パスカル (pascal) | Pa | $\text{N/m}^2 = \text{kg (m s}^2)^{-1}$ |
| 仕事, 熱量 | ジュール (joule) | J | $\text{N m} = \text{kg m}^2 \text{ s}^{-2}$ |
| 仕事率 | ワット (watt) | W | $\text{J s}^{-1} = \text{kg m}^2 \text{ s}^{-3}$ |
| 粘　度 | パスカル秒 | Pa s | $\text{kg (m s)}^{-1}$ |
| 比　熱 | ジュール毎キログラム毎ケルビン | $\text{J (kg K)}^{-1}$ | $\text{m}^2 \text{ (s}^2 \text{ K)}^{-1}$ |
| 熱伝導率 | ワット毎メートル毎ケルビン | $\text{W (m K)}^{-1}$ | $\text{kg m (s}^3 \text{ K)}^{-1}$ |
| モル濃度 | モル毎立方メートル | $\text{mol m}^{-3}$ | |

**表1.3**　10の整数乗倍を表すSI接頭語

| 名　称 | 記号 | 大きさ |
|---|---|---|
| ペタ (peta) | P | $10^{15}$ |
| テラ (tera) | T | $10^{12}$ |
| ギガ (giga) | G | $10^9$ |
| メガ (mega) | M | $10^6$ |
| キロ (kilo) | k | $10^3$ |
| ヘクト (hecto) | h | $10^2$ |
| デカ (deca) | da | 10 |
| デシ (deci) | d | $10^{-1}$ |
| センチ (centi) | c | $10^{-2}$ |
| ミリ (milli) | m | $10^{-3}$ |
| マイクロ (micro) | μ | $10^{-6}$ |
| ナノ (nano) | n | $10^{-9}$ |
| ピコ (pico) | p | $10^{-12}$ |
| フェムト (femto) | f | $10^{-15}$ |

注：接頭語を2個以上つないで合成した接頭語は用いない．

$1 km^2 = 1(km)^2 = 1×10^6 m^2$

となり，$N m^{-2}$ が圧力の単位となる．これをパスカル（Pa）という．エネルギーは1Nの力で1m動かす仕事であり$1 N × 1 m = 1 J$となる．さらに$J = N m = (N m^{-2})m^3 = Pa\ m^3$で仕事が算出できる．このSI単位で表した数値が大きいとき，または小さいときは表1.3に示した**SI接頭語**が定められている．接頭語についた指数は接頭語にもかかることに注意する．

また分子・原子の大きさを表すのに使われるÅ（オングストローム $10^{-8} cm$）は100 pm であり，気象情報はhPaとして，mbar（cgs単位系）との対応が付きやすいように表示されている．

## 1.2 理想気体の性質

### a. 圧力と体積の関係（ボイルの法則）

ボイル（Robert Boyle）は1660年ごろ気体の体積と圧力の関係を見出した．図1.2のように一端を閉じたU字管に水銀を入れ，空気を閉じ込めた．この水銀の量を変えて，閉じ込められた空気の体積 $V$ を測定した．水銀の量を増やすと閉じ込められた空気の体積が減少することを見出した．この結果から空気はばねのようにふるまい，空気の弾性体と報告した．このボイルの時代には圧力という概念はなかったといわれているが面積や力の概念はあった．しかし，単位面積あたりの力である圧力という概念にいたらなかった．しかし現在は圧力の概念が確立しており，ボイルの実験は気体の体積は圧力に反比例することを見出したことが理解できる．ただし温度を一定に保った条件（等温過程）が必要である．

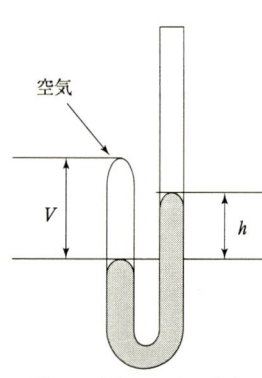

**図1.2** 空気の圧力と体積の関係を測定する装置：水銀柱の高さ $h$ と管径および水銀密度から大気圧との圧力差が測定できる．

ボイルの法則は次のように表すことができる：

$$V \propto 1/P, \quad V \propto C/P, \quad PV = C \tag{1.1}$$

$$P_1 V_1 = P_2 V_2 \tag{1.2}$$

この式(1.2)をボイルの法則とよび，図1.3のように表される．ここで $C$ は定数である．しかし，もっと広い温度範囲で正確に測定すると厳密には式(1.2)からはずれる．後述(1.3節)するが，ボイルの法則は**理想気体**とよばれる条件でのみ成立するもので，気体分子の個性を無視したものである．

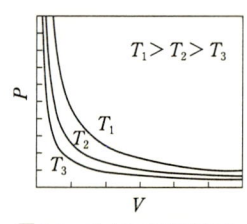

**図1.3** ボイルの法則による圧力と体積の関係

### b. 温度と体積の関係（シャルルの法則）

ボイルの法則が見出されてから約1世紀後に，セルシウス（Anders Celsius）やファーレンハイト（Paniel Gabriel Fahrenheit）などによってガラス管に封入された液体の膨張による温度測定法が確立された．その後，1787年シャルル（Jacques Charles），ついでゲイ-リュサック（Joseph Louis Gay-Lussac）によって，圧力を一定に保つと気体の体積は温度とともに直線的に増加することが見出され，$t$ [°C]のときの体積 $V_t$，温度を変える前の体積 $V_0$ は，式(1.3)および(1.4)で表された．

$$V_t = V_0 \left(1 + \frac{t}{273}\right) \tag{1.3}$$

$$\frac{V_t}{V_0} = \frac{t + 273}{273} \tag{1.4}$$

この直線関係は，図1.4に示したようにいろいろの圧力に対して低温に外挿すると$-273.15$°Cに収斂した．William Thomson（後に Baron Kcluin ot Lasgs）は，この外挿した体積が0となる温度を**絶対零度**として温度目盛を定義した．

**絶対温度** $T$ は $T = 273.15 + t$ として表され，熱力学や多くの領域で活躍した

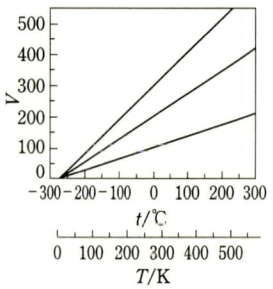

**図1.4** シャルルの法則

ケルビン卿 (Lord Kelvin) の名をいただき，Kelvin という単位になった．このケルビン単位により，式 (1.4) から

$$V_t/V_0 = T_t/T_0 \tag{1.5}$$

$$V/T = C \tag{1.6}$$

式 (1.6) は"圧力が一定であれば気体の体積は絶対温度に比例する"ことを意味しており，**シャルルの法則**という．

### c. 物質量と体積の関係（アボガドロの法則）

1812 年アボガドロ (Amadeo Avogadro) は，"同数の分子を含む異なった気体試料は同じ温度と圧力では同じ体積を占める"ことを唱えた．これは気体の 1 mol の試料は温度と圧力が同じであれば，ほかのどの気体 1 mol も同じ体積を占めるということである．1 mol の気体は $6.0221418 \times 10^{23}$ 個の分子を含むことを意味する．この数を**アボガドロ定数**といい，$N_A$ で表される．

式 (1.1) と (1.6) から

$$V = Cn(T/P) \quad \text{あるいは} \quad PV = CnT \tag{1.7}$$

となる．ここで $n$ は物質量を表す．

### d. 理想気体の状態方程式

式 (1.7) が厳密に成立する気体を**理想気体** (ideal gas) あるいは**完全気体** (perfect gas) とよぶ．比例定数を $R$ と置き換えた式が理想気体の状態方程式といわれる．

$$PV = nRT \tag{1.8}$$

この係数 $R$ を気体定数とよぶ．理想気体の標準状態は 0°C, 1013.25 hPa であり，モル体積は $0.022414 \text{ m}^3 \text{ mol}^{-1}$ であるので気体定数 $R$ は

$$R = \frac{PV}{nT} = \frac{1013.25 \text{ hPa} \times 0.022414 \text{ m}^3 \text{ mol}^{-1}}{1 \text{ mol} \times 273.15 \text{ K}} = 8.3145 \text{ J mol}^{-1} \text{ K}^{-1}$$

となる．

### e. 気体の密度 $d$

理想気体の挙動を示す式 (1.8) に従う気体は

$$PV = nRT = \frac{m}{M}RT \tag{1.9}$$

$$M = \frac{mRT}{PV} \tag{1.10}$$

$$PM = \frac{m}{V}RT \tag{1.11}$$

$$d = \frac{m}{V} = \frac{PM}{RT} \tag{1.12}$$

となり，任意の温度圧力での密度が算出できる．ここで $M$ は分子量，$m$ は質量を表す．

### f. 混合気体

"混合気体の全体としての圧力（$P$, 全圧）は，各気体成分それぞれの圧力（$P_i$, 分圧）の和に等しい"という法則が 1801 年ドルトン (John Dalton) により発見された．

$$P = P_1 + P_2 + P_3 + \cdots = \sum P_i \tag{1.13}$$

いま容器の中に成分 1, 2, 3, … の物質が $n_1$, $n_2$, $n_3$, … モル入れられている

とすると，全体の物質量 $n$ は

$$n = n_1 + n_2 + n_3 + \cdots \tag{1.14}$$

となる．混合気体を入れてある温度 $T$ の容器の体積 $V$ と式 (1.9) から，

$$n = \frac{PV}{RT}, \quad n_1 = \frac{P_1V}{RT}, \quad n_2 = \frac{P_2V}{RT}, \quad n_3 = \frac{P_3V}{RT} \tag{1.15}$$

となり，式 (1.14) に代入すると，

$$\frac{PV}{RT} = \frac{P_1V}{RT} + \frac{P_2V}{RT} + \frac{P_3V}{RT} + \cdots \tag{1.16}$$

つまり

$$P = P_1 + P_2 + P_3 + \cdots \tag{1.17}$$

となる．このように，理想気体では**ドルトンの分圧の法則**が成立することがわかる．気体の $i$ 成分の分圧 $P_i$ と全体の性質を表すため，$i$ 成分のモル分率 $x_i$ を用いて表せることが多い．

$$x_i = n_i/n$$

式 (1.14) を $n$ で割ると

$$1 = \frac{n_1}{n} + \frac{n_2}{n} + \frac{n_3}{n} + \frac{n_4}{n} + \cdots = x_1 + x_2 + x_3 + x_4 + \cdots \tag{1.18}$$

書き換えると式 (1.17) から

$$P = x_1P + x_2P + x_3P + \cdots \tag{1.19}$$

となる．圧力分率 $P_i/P$ や体積分率 $V_i/V$ も同様に取り扱うことができる．ただし，これらの式は対象とする気体が理想気体としての振舞いを示すあるいは近似できる場合にのみ適用できるのであって，実在の気体には近似的にのみ使うことができる．

**【例題 1.1】** 容積 $1.50\,\mathrm{m}^3$ の容器に $20.0\,°\mathrm{C}$，$400\,\mathrm{kPa}$ の空気が入っている．温度一定のままで中の空気を $1.00\,\mathrm{kg}$ 取り出したあとの圧力を求めよ．ただし空気は窒素と酸素の体積比が $4:1$ の混合気体で，理想気体として振る舞うものとする．

[解]

$$PV = nRT$$

$$n = \frac{PV}{RT} = \frac{400\,\mathrm{kPa} \times 1.50\,\mathrm{m}^3}{8.314\,\mathrm{J\,K^{-1}\,mol^{-1}} \times (273.15 + 20.0)\,\mathrm{K}} = 246\,\mathrm{mol}$$

空気の分子量 $M_{\mathrm{air}} = 28.0\,\mathrm{g\,mol^{-1}} \times 0.80 + 32.0\,\mathrm{g\,mol^{-1}} \times 0.20$
$\qquad\qquad\qquad = 28.8\,\mathrm{g\,mol^{-1}}$

取り出した空気の物質量 $= 1.00\,\mathrm{kg}/28.8\,\mathrm{g\,mol^{-1}} = 34.7\,\mathrm{mol}$

容器に残っている空気の物質量 $n_{\mathrm{air}} = 246 - 34.7 = 211.3\,\mathrm{mol}$

$$P = \frac{nRT}{V} = \frac{211.3\,\mathrm{mol} \times 8.314\,\mathrm{J\,K^{-1}\,mol^{-1}} \times (273.15 + 20.0)\,\mathrm{K}}{1.50\,\mathrm{m}^3}$$

$$= 343\,\mathrm{kPa}$$

**【例題 1.2】** $300\,\mathrm{K}$，$1013.25\,\mathrm{hPa}$ での水素とアルゴンの密度ならびに空気に対する相対密度を求めよ．

[解] 式 (1.12) から気体の密度 $d$ は $d = PM/RT$ で求められる．また気体の

相対密度は空気を基準にするので

$$d(\mathrm{H_2}) = \frac{1013.25 \text{ hPa} \times 2.00 \text{ g mol}^{-1}}{8.314 \text{ J K}^{-1} \text{ mol}^{-1} \times 300 \text{ K}} = 8.12 \text{ kg m}^{-3}$$

$$d(\mathrm{Ar}) = \frac{1013.25 \text{ hPa} \times 40.0 \text{ g mol}^{-1}}{8.314 \text{ J K}^{-1} \text{ mol}^{-1} \times 300 \text{ K}} = 1625 \text{ kg m}^{-3}$$

$$d(\mathrm{Air}) = \frac{1013.25 \text{ hPa} \times 28.8 \text{ g mol}^{-1}}{8.314 \text{ J K}^{-1} \text{ mol}^{-1} \times 300 \text{ K}} = 1196 \text{ kg m}^{-3}$$

相対密度 $d_r = d/d_0$ は $\dfrac{d}{d_0} = \dfrac{PM/RT}{PM_0/RT} = \dfrac{M}{M_0}$ となる．ここで $d_0$, $M_0$ はそれぞれ空気の密度と分子量を表す．

$d_r(\mathrm{H_2}) = 2.00 \text{ g mol}^{-1} / 28.8 \text{ g mol}^{-1} = 0.0694$

$d_r(\mathrm{Ar}) = 40.0 \text{ g mol}^{-1} / 28.8 \text{ g mol}^{-1} = 1.39$

## 1.3 実在気体

### a. 圧縮率とビリアル式

理想気体 1 モルは $PV = RT$ と書くことができ，$PV/RT = 1$ が成立する．しかし，実在気体では図 1.5 に示したように一定値にならない．そこで理想気体からのずれのようすを調べるため

$$Z = \frac{PV}{RT} \tag{1.20}$$

で表す**圧縮率因子**（compressibility factor）を定義し，$Z$ の圧力依存性が調べられている．

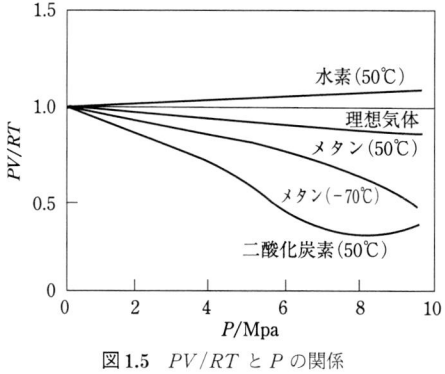

図1.5 $PV/RT$ と $P$ の関係

図 1.5 に示した非理想性を表すために，式 (1.8) を

$$PV = RT(1 + bP) \tag{1.21}$$

のように補正項 $bP$ を導入すれば直線的な理想性からのずれは表すことができる．しかしこれでも不十分な場合は

$$Z = \frac{PV}{RT} = 1 + B_P P + C_P P^2 \cdots \tag{1.22}$$

のように多項式展開で表される．ここで $B_P$, $C_P$ は**ビリアル係数**として知られている．また圧力項ではなく体積項で

$$Z = \frac{PV}{RT} = 1 + \frac{B_v}{V} + \frac{C_v}{V^2} + \cdots \tag{1.23}$$

のように表されることもある．

これら理想気体からのずれは，実在気体が理想気体と以下の2点で異なるためである．

(1) 気体の分子はそれぞれの大きさをもち，気体の体積中で気体分子の占める体積が無視できない．

(2) 気体は分子が接近すると分子間に相互作用（引力ならびに斥力）が働く（図11.8参照）．

つまり分子は質点ではないこと，圧力が高くなり気体分子間の距離が近くなると，まず分子間の引力が働き始め，さらに近づくと斥力が引力を上回ることになることである．言い換えると実在気体も分子間の距離が大きい低圧や，分子間力の効果が小さい高温では理想気体に近い振舞いをすると考えてもよいことになる．

**b. ファンデルワールス式**

実在気体の$PVT$の関係を記述する多くの試みがなされているが，1973年ファンデルワールス（Johannes Diderik van der Waals）は理想気体の状態方程式に分子間の引力と分子の大きさを表す2つの定数（$a, b$は**ファンデルワールス定数**とよばれる）を導入する式を提案した．

$$\left(P + n^2\frac{a}{V^2}\right)(V - nb) = nRT \tag{1.24}$$

この**ファンデルワールス式**を誘導した過程は以下のようになる．

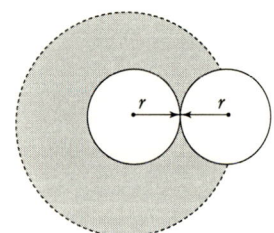

図1.6 分子対による排除体積：半径$2r$の部分が排除体積

気体を体積$V$の容器に入れると分子が自由に動きうる体積は分子の体積が0の場合は$V$に等しいが，分子の体積が無視できないときには**排除体積**とよばれる体積が分子の動くことのできない空間をつくる．いま分子を球と考え半径$r$で表すと，分子の体積は$(4/3)(\pi r^3)$で表される．1組の分子が互いに相手の分子があることによって動くことのできない空間は図1.6のグレイの部分で表される．この排除体積の球の半径は分子直径$(2r)$に等しく，$(4/3\pi)[(2r)^3]$となる．したがって1分子あたりの排除体積は

$$\frac{1}{2}\left\{\frac{4}{3}[\pi(2r)^3]\right\} = 4\left(\frac{4}{3}\pi r^3\right) \tag{1.25}$$

となり，分子体積の4倍となる．したがって，アボガドロ数を$N_A$とすると，1 mol当たりの排除体積$b$は次式となる．

$$b = 4N_A\left(\frac{4}{3}\pi r^3\right) = 4\times(1 \text{ mol 当たりの分子体積}) \tag{1.26}$$

したがって理想気体と考えた場合の体積は$(V - nb)$となる．

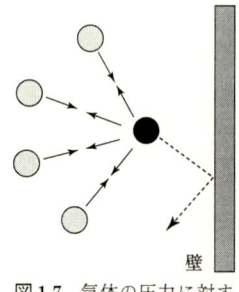

図1.7 気体の圧力に対する分子間力の影響：黒い粒子がグレイの粒子から（相互作用（引力））を受けることによって壁との衝突のようすが変わる．

一方，気体中は個々の分子によって容器の壁にかけられる圧力（単位面積あたりの力）は，壁と分子の衝突の頻度および分子によって壁に与えられた力の両方に依存する．1個の分子の衝突頻度は分子間力の存在によって大きな影響は受けない．厳密には影響を受けるが，壁付近でのみ速度は減少するから，図1.7に示したように容器の壁に近づいている分子（黒い球体）の速度は，その近くのグレイの球体による引力によって減少する．このためこの分子が壁と衝突する際，分子間力が存在しなかったときよりも壁に与える力は小さい．1個の分子に対する引力はその周囲に存在する分子の数密度（$nN_A/V$）に比例する．また，単位時間に単

位面積に衝突する分子の数も分子の数密度に比例する．したがって，引力による圧力の減少は数密度の 2 乗に比例し，$a(n^2/V^2)$ となる．ここで $a$ は比例定数である．よって理想気体と考えた場合の圧力は

$$P + a(n^2/V^2) \tag{1.27}$$

となり，式 (1.25) と式 (1.27) を合わせると，実在気体の補正を施した理想気体の状態方程式 (1.24) が誘導される．

【例題 1.3】 1.00 mol の水が 1000 K，100 cm$^3$ の状態にある．

この状態における理想気体およびファンデルワールスの状態方程式に従う気体としたときの圧力を求めよ．ただし，$a = 0.552 \text{ Pa m}^6 \text{ mol}^{-2}$，$b = 0.0304 \times 10^{-3} \text{ m}^3 \text{ mol}^{-1}$ とする．

[解] 理想気体の場合は

$$P = \frac{nRT}{V} = \frac{1.00 \text{ mol} \times 8.314 \text{ J K}^{-1} \text{ mol}^{-1} \times 1000 \text{ K}}{100 \times (10^{-2}\text{m})^3} = 83.1 \text{ MPa}$$

ファンデルワールス気体では $\left(P + \dfrac{a}{V^2}\right)(V - b) = RT$

$$P = \frac{RT}{V-b} - \frac{a}{V^2}$$

$$= \frac{8.314 \text{ J K}^{-1} \text{ mol}^{-1} \times 1000 \text{ K}}{1.00 \times 10^{-4} \text{ m}^3 \text{ mol}^{-1} - 0.0304 \times 10^{-3} \text{ m}^3 \text{ mol}^{-1}} - \frac{5.52 \times 10^{-6} \text{ Pa m}^6 \text{ mol}^{-2}}{(1.00 \times 10^{-4} \text{ m}^3 \text{ mol}^{-1})^2}$$

$$= 64.3 \text{ MPa}$$

#### c. 気体の凝縮と臨界点

実在気体は温度を下げると凝縮し液体になり，さらに温度を下げると凝固して固体になる．よく知られているドライアイスは二酸化炭素が大気圧の下 (0.1 MPa) で固体状態のものであるが，反応溶媒や抽出溶媒として使われている液体の二酸化炭素は高圧にしないと出現しない．図 1.8 に示した臨界点付近の等温線から 323 K 以上の高温ではボイルの法則に近い $P$-$V$ の関係を示しているが，温度を下げていくとその形はひずんでくる．303.19 K ではついに曲線が極値をもつようになる．この極値の状態のことを**臨界点** (critical point) という．この臨界点は対応する**臨界圧力** (critical pressure, $P_c$)，**臨界温度** (critical temperature, $T_c$)，**臨界体積** (critical volume, $V_c$) で表される．さらに温度を下げて，例えば 294.4 K になると A 点で圧力が一定になり B 点で急に圧力が上昇する．A 点では気体が凝縮し始め，B 点では液体が気化することを表している．この A 点と B 点は平衡であり，この温度で $CO_2$ は気体の体積と液体の体積の 2 つの体積をもつことになる．$T_c$ 以上に保たれた物質は液体状態になることはない．臨界点のデータを表 1.4 に示した．常温で液体である水，ベンゼンや気体の水素，窒素を比べるとその状態がよくわかる．近年大きく取り上げられている超臨界流体とはこの臨界点を超えた密度の高い気体状態をさす．この臨界点はファンデルワールス式の定数 $a$, $b$ と以下のような関係になる．$n = 1$ として式 (1.24) を変形すると次式となる．

$$P = \frac{RT}{V-b} - \frac{a}{V^2} \tag{1.28}$$

$T$ 一定の条件で，$P$ を $V$ で微分すると

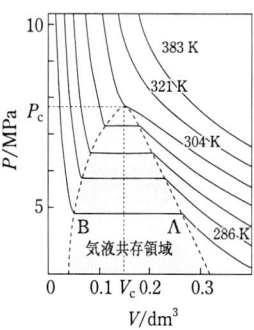

図 1.8 臨界点付近の $CO_2$ の等温線

1 気体の物理化学的性質

表1.4 臨界点における圧力，温度，体積，圧縮率因子

| 物 質 | $P_c$/MPa | $T_c$/K | $V_c$/dm³mol⁻¹ | $Z_c$ |
|---|---|---|---|---|
| $H_2$ | 1.297 | 33.2 | 0.066 | 0.31 |
| He | 0.229 | 5.2 | 0.058 | 0.31 |
| $CH_4$ | 4.63 | 190.6 | 0.099 | 0.29 |
| $H_2O$ | 22.1 | 647.2 | 0.058 | 0.24 |
| Ne | 2.92 | 44.4 | 0.042 | 0.33 |
| $N_2$ | 3.39 | 126.2 | 0.090 | 0.29 |
| $O_2$ | 5.08 | 154.8 | 0.076 | 0.30 |
| Ar | 4.86 | 150.7 | 0.075 | 0.29 |
| $CO_2$ | 7.38 | 304.2 | 0.094 | 0.27 |
| $Cl_2$ | 7.71 | 417 | 0.124 | 0.28 |
| $C_6H_6$ | 4.88 | 556 | 0.256 | 0.26 |
| Kr | 5.50 | 209.4 | 0.092 | 0.29 |

$$\frac{dP}{dV} = \frac{-RT}{(V-b)^2} + \frac{2a}{V^3}, \quad \frac{d^2P}{dV^2} = \frac{2RT}{(V-b)^3} - \frac{6a}{V^4} \quad (1.29)$$

となる．臨界点 C の極値では $P=P_c$, $V=V_c$, $T=T_c$ で，かつ式 (1.28) の $P$ の $V$ による1回微分および2回微分が0となるので

$$P_c = \frac{RT_c}{V_c - b} - \frac{a}{V_c^2} \quad (1.30)$$

$$0 = \frac{RT_c}{(V_c-b)^2} - \frac{2a}{V_c^3}, \quad 0 = \frac{2RT_c}{(V_c-b)^3} - \frac{6a}{V_c^4} \quad (1.31)$$

を解くと，

$$a = 3P_c V_c^2, \quad b = \frac{1}{3} V_c, \quad R = \frac{8 P_c V_c}{3 T_c} \quad (1.32)$$

$V_c$ を消去すると

$$a = \frac{27 R^2 T_c^2}{64 P_c}, \quad b = \frac{RT_c}{8 P_c} \quad (1.33)$$

となる．臨界点から決定された $a$, $b$ の値を表1.5に示した．

表1.5 ファンデルワールス式の定数 $a$/Pa m⁶ mol⁻²，$b$/m³ mol⁻¹

| 物質 | $a$ | $b$ |
|---|---|---|
| $H_2$ | 2.48×10⁻² | 2.66×10⁻⁵ |
| He | 3.45×10⁻³ | 2.40×10⁻⁵ |
| $CH_4$ | 2.29×10⁻¹ | 4.28×10⁻⁵ |
| $H_2O$ | 5.52×10⁻¹ | 3.04×10⁻⁵ |
| Ne | 1.97×10⁻² | 1.58×10⁻⁵ |
| $N_2$ | 1.37×10⁻¹ | 3.87×10⁻⁵ |
| $O_2$ | 1.38×10⁻¹ | 3.17×10⁻⁵ |
| Ar | 1.36×10⁻¹ | 3.22×10⁻⁵ |
| $CO_2$ | 3.66×10⁻¹ | 4.28×10⁻⁵ |
| $Cl_2$ | 6.58×10⁻¹ | 5.62×10⁻⁵ |
| $C_6H_6$ | 1.89 | 1.20×10⁻⁴ |
| Kr | 2.32×10⁻¹ | 3.96×10⁻⁴ |

注：$a$, $b$ は表1.4の臨界定数と式(1.33)から算出した値．

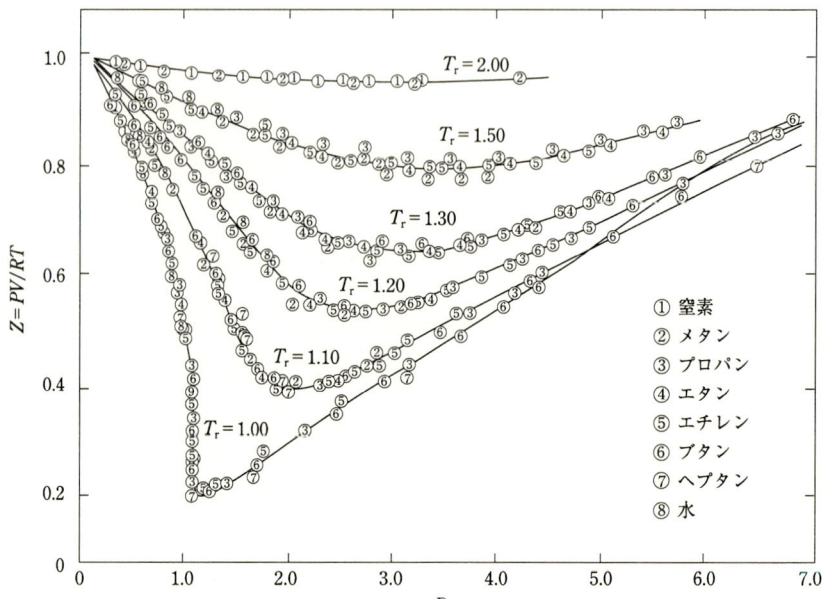

図1.9 種々の換算温度での圧縮率因子：多くの気体が同じ曲線状にある．
[Gouq-Jen Su, *Ind. Eng. Chem.* **38**, 803-806 (1946) より引用]

### d. 臨界点と対応状態理論

気体の $PVT$ 関係は個々の分子によって異なるので，物理的状態が同じである臨界点を基準として，理想性からのずれを体系づけることが行われている．臨界点と関係づける変数である換算変数 $P_R$, $V_R$, $T_R$ は次のように定義される．

$$P_R = \frac{P}{P_c}, \qquad V_R = \frac{V}{V_c}, \qquad T_R = \frac{T}{T_c} \tag{1.34}$$

同じ換算圧力と換算温度ではすべての気体は同じ換算体積をもつという対応状態の法則として知られている．図1.9 にいろいろの換算温度における換算圧力と圧縮率因子との関係を示した．**対応状態理論**を用いると気体の理想性からのずれは1つの状態方程式で表すことができることを意味するが，換算変数を用いることで気体の個々の性質は臨界定数の中に含まれているということになる．

■対応状態
相応状態ともいう．

**【例題 1.4】** 図 1.9 に示したように，ある換算温度の下では換算圧力と圧縮率因子 $Z$ の関係はほとんどの気体が同じ曲線状にプロットできる．この関係は $z$ 線図といわれ一般によく使われている．図 1.10 にはウェーバーらの $z$ 線図を示した．$z$ 線図を用いて，5.00 mol のメタンの 0°C，30.0 MPa における体積を求めよ．

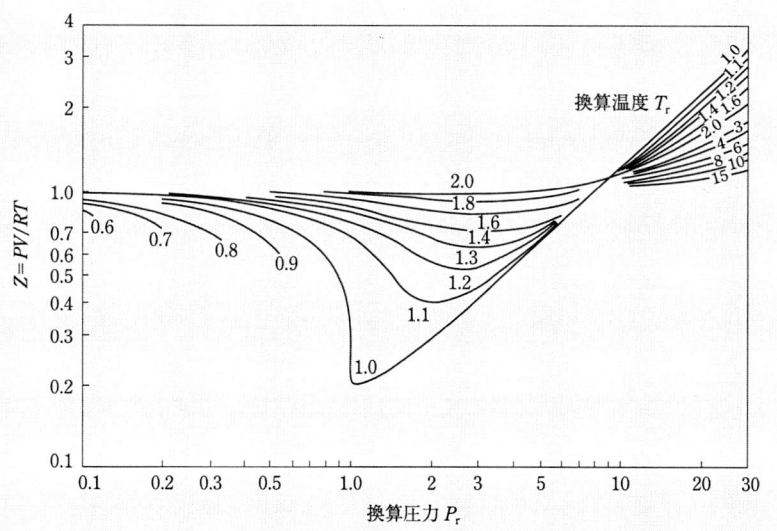

図 1.10　種々の換算温度における $Z = PV/RT$ と換算圧力の関係

**[解]** メタンの臨界点は $P_c = 4.63$ MPa，$T_c = 190.6$ K であるので，

$P_r = P/P_c = 30.0$ MPa$/4.63$ MPa $= 6.48$，$T_r = T/T_c = 273$ K$/190.6$ K $= 1.43$.

図 1.10 より $P_r = 6.48$，$T_r = 1.43$ のときは $z = 0.88$ となるので

$$V = \frac{nzRT}{P} = \frac{5.00 \text{ mol} \times 0.88 \times 8.314 \text{ J mol}^{-1}\text{K}^{-1} \times 273 \text{ K}}{30 \times 10^6 \text{Pa}} = 3.3 \times 10^{-4} \text{ m}^3$$

と計算される．ちなみに理想気体で計算すると $V = nRT/P = (5.00 \text{ mol} \times 8.314 \text{ J K}^{-1} \text{mol}^{-1} \times 273 \text{ K})/4.6 \text{ MPa} = 2.47 \times 10^{-4} \text{ m}^3$ となる．

## ● 1.4　気体分子運動論

これまでは気体の物理化学的性質を実験的な立場から調べたが，なぜこれら

の法則が成り立つのかについて分子レベルで考えてみる．19世紀末にボルツマン（Ludwig Boltzmann），マックスウェル（James Clerk Maxwell），クラウジウス（Rudolf Julius Emanuel Clausius）らによってまとめられた**気体分子運動論**は次の仮定に基づいて考えられている．

(1) 多数の分子（アボガドロ数）は分子間の距離が大きく，容器の大きさに比べて小さい：大きさのない質点である．
(2) 分子は絶えず無秩序な方向に運動している．
(3) 分子間には衝突以外，相互作用はない．
(4) 分子は分子同士あるいは容器の壁と衝突するが完全弾性衝突である．
(5) 古典力学であるニュートン力学を使うことができる．

#### a. 理想気体の状態方程式

理想気体の性質が以下の手順で得られる．

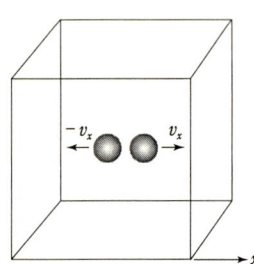

図1.11　一辺 $l$ の立方体の中で分子が速度 $v_x$ で飛行し，壁に衝突後 $-v_x$ で飛行

いま一辺が $l$ の立方体（$V=l^3$）に閉じ込められた $N$ 個の分子について考える（図1.11）．容器内の圧力は単位面積あたりの力である．自由運動している分子が容器の壁に衝突した後，方向を変えて同じ速度で進む．分子の運動はベクトルであるが，いま $x, y, z$ 軸のうち $x$ 軸成分のみについて考える．ニュートンの力の法則は $f=m\alpha$（質量×加速度）である．いま注目する質量 $m$ の分子が $v$ の速度で動いているとすると $f=m(dv/dt)$ で，質量は一定であるので $f=d(mv)/dt$ となる．

壁に向かう $x$ 軸の運動量は $mv_x$ であるから，衝突後の運動量は $-mv_x$ になり，衝突ごとの気体の運動量変化は $2mv_x$ となる．壁に加わる力は分子が壁に衝突するまでの時間あたりの運動量変化を求めれば得られる．この時間飛行距離が $2l$ であり，$2l/v_x$ となるので，運動量の変化の速度は

$$\frac{2\,mv_x}{2\,l/v_x} = \frac{mv_x^2}{l} \tag{1.35}$$

となる．したがって単位面積あたりの力である圧力は

$$\frac{mv_x^2/l}{l^2} = \frac{mv_x^2}{V} \tag{1.36}$$

となり

$$P = \frac{mv_x^2}{V} \tag{1.37}$$

が得られる．すべての分子が同じ速度で動いているわけではないので，$N$ 個の分子が $x$ 軸方向に平均二乗速度 $\overline{v_x^2}$ で動いているとすると

$$P = \frac{Nm\overline{v_x^2}}{v} \tag{1.38}$$

となる．$y$ 軸も $z$ 軸も同じ力が働くので，分子の平均二乗速度を $\overline{v^2}$ とすると

$$\overline{v^2} = \overline{v_x^2} + \overline{v_y^2} + \overline{v_z^2} \tag{1.39}$$

となる．式（1.39）を（1.38）に代入すると

$$P = \frac{(1/3)Nm\overline{v^2}}{V} \quad \text{すなわち} \quad PV = (1/3)Nm\overline{v^2} \tag{1.40}$$

いま1分子の平均運動エネルギーを $E_k$ とすると

$$\overline{E_k} = (1/2)m\overline{v^2} \tag{1.41}$$

となる．式（1.40）に代入すると

$$PV = (2/3) N\overline{E}_k \tag{1.42}$$

となる．$N = nN_A$ であるので

$$PV = (2/3) nN_A \overline{E}_k \tag{1.43}$$

となる．気体 1 mol の並進運動のエネルギーは $(3/2)RT$ であるので

$$N_A \overline{E}_k = (3/2) RT \tag{1.44}$$

となる．これを式 (1.43) にまとめると

$$PV = (2/3) nN_A \overline{E}_k = (2/3) n (3/2) RT = nRT \tag{1.45}$$

が得られ，理想気体の状態方程式が導かれる．

### b. 分子のエネルギーと速さ

質量 $m$，速さ $v$ の分子 1 mol のもつエネルギーは

$$\overline{E}_k = N_A \frac{1}{2} m\overline{v^2} = \frac{1}{2}(N_A m)\overline{v^2} = \frac{1}{2} M\overline{v^2} \tag{1.46}$$

となり，式 (1.44) と合わせると

$$\sqrt{\overline{v^2}} = \sqrt{\frac{3RT}{M}} \tag{1.47}$$

となる．$\sqrt{\overline{v^2}}$ は**根平均二乗速度**（rms, root-mean-square speed）として知られている．

1 個の分子の平均並進運動エネルギーを $\varepsilon$ とすると，式 (1.47) から

$$\varepsilon = \frac{1}{2} m\overline{v^2} = \left(\frac{1}{2}m\right)\left(\frac{3RT}{M}\right) = \frac{3}{2}\left(\frac{Rm}{M}\right)T = \frac{3}{2}\left(\frac{R}{N_A}\right)T = \frac{3}{2}kT \tag{1.48}$$

ここで $k$ は**ボルツマン定数**（Boltzmann constant）という．

$$k = 8.314 \text{ J K}^{-1}\text{mol}^{-1}/6.022\times10^{23}\text{ mol}^{-1} = 1.381\times10^{23}\text{ J K}^{-1}$$

### c. マックスウェル-ボルツマン速度分布則

前節では分子は平均速度 $\overline{v}$ で運動しているとして関係式を解いてきた．しかし実際の分子はいろいろの速さで無秩序な運動をしている．この速度の幅と分子の数は**マックスウェル-ボルツマン速度分布則**（Maxwell-Boltzmann distribution）で表され，図 1.12 のようになる．

分子の運動速度 $v$ と $v+dv$ の間にある分子の割合は $f(v)\,dv$ となり，$f(v)$ は速さ $v$ とともに変化するので**速度分布**といわれている．この速度分布 $f(v)$ はマックスウェルによって導かれており，

$$f(v) = 4\pi \left(\frac{M}{2\pi RT}\right)^{3/2} v^2 \exp\left(\frac{Mv^2}{2RT}\right) \tag{1.49}$$

と与えられている．平均速度 $\overline{v}$ は

$$\overline{v} = \int_0^\infty vf(v)\,dv = 4\pi\left(\frac{M}{2\pi RT}\right)^{3/2}\int_0^\infty v^3 \exp\left(-\frac{Mv^2}{2RT}\right)dv$$

$$= 4\pi\left(\frac{M}{2\pi RT}\right)^{3/2} \times \frac{1}{2}\left(\frac{2RT}{M}\right)^2 = \left(\frac{8RT}{\pi M}\right)^{1/2} \tag{1.50}$$

また最大確率速度 $v^*$ は，式 (1.49) から

$$v^* = \left(\frac{2RT}{M}\right)^{1/2} \tag{1.51}$$

として与えられる．その速さは，根平均二乗速度＞平均速度＞最大確率速度となり，$\sqrt{\overline{v^2}} : \overline{v} : v^* = 1 : 0.92 : 0.82$ となる．

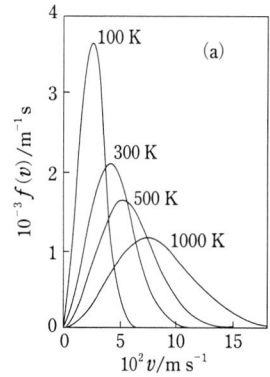

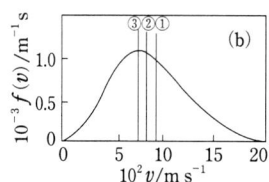

図 1.12 (a) 100 K, 300 K, 500 K および 1000 K における窒素分子の速度分布
(b) ①根平均二乗速度，②平均速度，③最大確率速度 (1000 K)

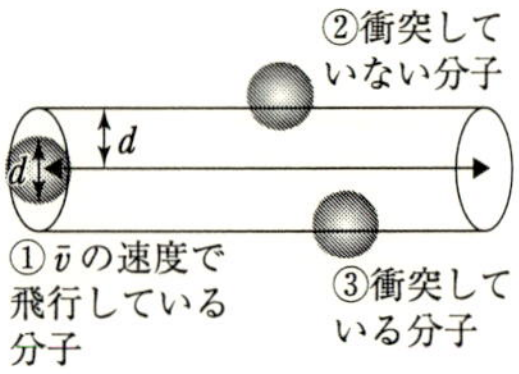

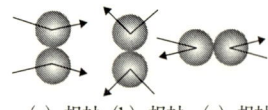

**図 1.13** 分子の衝突のモデル

**図 1.14** 分子の衝突の種類と相対速度：すべての分子同士の衝突は(a)から(c)の間にある．

### d. 分子間の衝突回数と平均自由行程

気体状態で分子の振舞いは動的な（運動している）状態を理解することで正確な知見が得られる．図 1.13 に示したように，直径 $d$ の分子①が他の分子に衝突せずに平均速度 $\bar{v}$ で飛行することのできる平均の距離を $l$ とすると，単位時間あたり $\bar{v}$ の長さの円筒内に重心をもつすべての分子と衝突することになる．単位体積あたりの分子数を $N^*$ とすると，円筒内の分子数は $\pi d^2 \bar{v} N^*$ となる．これは単位時間あたりの**分子の衝突回数**である．しかし，気体分子は互いに独立に動いているので，分子が飛行しているときの相対速度を考慮しなければならない．いま分子が互いに衝突する相対速度は，図 1.14 に示したように (a) の平行に近い角度で衝突する 0 から (c) に示した正面衝突するときの $2\bar{v}$ 間で変わる．この (a) と (c) の平均として，相対速度は (b) の 90° で衝突するときの $\sqrt{2}\,\bar{v}$ と考えることができる．したがって，分子の単位時間あたりの衝突回数 $z_1$ は

$$z_1 = \sqrt{2}\,\pi d^2 \bar{v} N^* \tag{1.52}$$

となる．しかし体積中には $N^*$ 個の分子があり，それぞれ $z_1$ 回衝突しているので，全衝突回数 $z_{11}$ は

$$z_{11} = \frac{N^* z_1}{2} = \frac{\pi d^2 \bar{v} N^{*2}}{\sqrt{2}}$$

となる．1 個の分子が衝突してから次の分子に衝突するまでの飛行距離を**平均自由行程**（mean free path）$L$ といい，

$$L = \frac{1}{\sqrt{2}\,\pi d^2 N^*} \tag{1.53}$$

となる．この平均自由行程と衝突回数は化学反応を考えるときの基礎であり，さらに真空実験をする際は重要な因子となる．

---

**【例題 1.5】** 0.100 MPa, 298.15 K の $N_2$ の直径 $d = 374$ pm とするとき平均自由行程 $L$，衝突回数 $z_1$，全衝突回数 $z_{11}$ を求めよ．

[解] 1 m³ 中の分子数 $N^*$ は

$$N^* = \frac{6.022 \times 10^{23}}{0.0248\ \text{m}^3} = 2.43 \times 10^{25}\,\text{m}^{-3}, \quad M = 0.028\ \text{kg mol}^{-1}$$

平均速度 $\bar{v}$ は

$$\bar{v} = \left(\frac{8RT}{\pi M}\right)^{1/2} = \left(\frac{8(8.314\ \text{J K}^{-1}\,\text{mol}^{-1}\cdot 298.15\ \text{K})}{\pi\, 0.028\ \text{kg mol}^{-1}}\right)^{1/2}$$

$$= \left(475\,\frac{\text{kg m}^2\,\text{s}^{-2}\,\text{K}^{-1}\,\text{mol}^{-1}\,\text{K}}{\text{kg mol}^{-1}}\right)^{1/2} = 475\ \text{m s}^{-1}$$

$$L = \frac{1}{\sqrt{2}\,\pi d^2 N^*} = 6.62 \times 10^{-8}\ \text{m} = 66.2\ \text{nm}$$

$$Z_1 = \sqrt{2}\,\pi d^2 \bar{v} N^* = 7.17 \times 10^9\ \text{回 s}^{-1}$$

$$Z_{11} = \frac{1}{\sqrt{2}}\,\pi d^2 \bar{v} (N^*)^2 = 8.72 \times 10^{34}\ \text{回 m}^{-3}\,\text{s}^{-1}$$

# 練習問題（1章）

**1.1** 100°C, 0.0500 MPa の水蒸気 20.0 g について, 理想気体として (a) 体積を求めよ. (b) 圧力を 0.0800 MPa に加圧した際の体積を求めよ.

**1.2** 空気が 120°C, 1333 Pa で $5.0\times10^{-4}$ m³ の容器に入っている. 空気を窒素 78%, 酸素 21%, アルゴン 1% 混合物としたとき, 容器内の気体の質量を求めよ. ただし空気は理想気体とする.

**1.3** メタン 1.00 mol を 25°C で $2.48\times10^{-4}$ m³ に閉じ込めるための圧力を求めよ. (a) メタンが理想気体の場合, (b) メタンがファンデルワールスの状態方程式に従う場合. ただし, $a=2.29\times10^{-7}$ MPa m⁶ mol⁻², $b=4.30\times10^{-5}$ m³ mol⁻¹ とする.

**1.4** ピストンの中に窒素 14.0 kg を入れた. 以下の問いに答えよ. ただし, $P_c=3.39$ MPa, $T_c=126.2$ K とし $Z=0.800$ とする.
(a) 圧力 1.23 MPa, 温度 600 K のときの体積を求めよ.
(b) 圧力 1.23 MPa で温度を 104.2 K に下げると体積は 0.200 m³ となり, 気体の一部が液体になった. 液体の窒素の密度を 0.65 kg dm⁻³ として, 気体窒素の物質量を求めよ. ただし, 104.2 K での液体窒素の蒸気圧は 1.23 MPa とする.

**1.5** 二酸化炭素の臨界温度の上下 50 K の範囲について, ファンデルワールス式による $PV$ 曲線を調べよ. ただし $P_c=7.38$ MPa, $T_c=304.2$ K, $V_c=0.094$ dm³ mol⁻¹ とし, 結果は表計算ソフトなどを使って作図する.

**1.6** 1.00 mol, 0.202 MPa, 318.15 K の理想気体とみなすことができる窒素について, (a) 根平均二乗速度, (b) 平均自由行程, (c) 衝突回数（衝突頻度）, (d) 全衝突回数を求めよ. ただし窒素の衝突半径を 374 pm とする.

# 2 熱力学第一法則

## ● 2.1 熱力学第一法則とは

**熱力学**（thermodynamics）は，多数の粒子からなる集合体の全体的な性質（巨視的性質）を取り扱う学問である．個々の粒子の振舞いがどのようなものであれ，多数の粒子よりなる集合体ではその全体的な性質が統計的平均として常にある値をもつことになる．熱力学で取り扱う最も基本的で重要な集合体の巨視的性質は，この章で示す**エネルギー**（energy）と次章で示す**エントロピー**（entropy）である．これらは**熱力学第一法則**および**第二法則**として，次のように表現されている．

- 自然界のエネルギーは保存されている．（熱力学第一法則）
- 自然界のエントロピーは増大する．　　（熱力学第二法則）

これらを十分に理解すれば，熱力学の応用としての熱化学や化学平衡なども容易に理解することができる．

熱力学では自然界広くは宇宙を，考察の対象とする粒子の**集合体**（**系**, system）とその周囲の**外界**（surroundings）とに分けて考える（図2.1）．系は外界との相互作用の違いによって3種類に分類される．

(1) **開放系**（open system）：系と外界との間で熱や仕事のやりとりばかりでなく，粒子（物質）の移動も起こる系．

(2) **閉鎖系**（closed system）：系と外界の間で熱や仕事のやりとりはあるが，物質移動のない系．

(3) **孤立系**（isolated system）：物質移動はもちろん熱や仕事のやりとりもなく，外界とまったく交渉をもたない系．

この章では閉鎖系を中心にして考えていく．系と外界とは**境界**で熱的，機械的あるいは電気的接触をし，その境界を通して熱と仕事の交換を行う．外界と熱や仕事の交換を行えば，当然系のエネルギーは変化する．系が**外力場**（重力場あるいは電磁場）にあるとき，系のエネルギー $E$ は系全体としての**運動エネルギー**（kinetic energy）$K$ と**位置エネルギー**（potential energy）$P$ および系の内部状態を規定する**内部エネルギー**（internal energy）$U$ からなる．

$$E = K + P + U$$

いま，外力場が作用していない，あるいは外力場が一定の静止した系では，系全体としての運動エネルギー $K$ と位置エネルギー $P$ は一定であるので，系のエネルギー変化 $\Delta E$ はすべて系の内部エネルギーの変化 $\Delta U$ となる．

$$\Delta E = \Delta U$$

系の内部エネルギーは系を構成している粒子の内部エネルギー（原子核エネルギー，電子エネルギー）と粒子の運動エネルギー（並進・回転・振動エネルギー）および粒子間相互作用に基づく粒子の位置エネルギーからなる．したがって，系の内部エネルギーの変化は，系の温度変化に伴う粒子の運動エネルギーの変化や，粒子の集合状態の変化に伴う位置エネルギーの変化，および化学反応に伴う分子

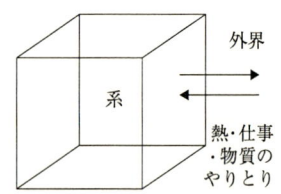

系：考察の対称, 多数の粒子を含む
外界：熱と仕事の巨大な溜め

図2.1　系と外界

■**境界**
容器の壁あるいは目に見えない仮想的なもの．

構造（電子エネルギー）の変化などに対応している．

　系の内部エネルギーは系に含まれている粒子（物質）の量に依存するが，閉鎖系では物質の出入りがないから，外界との境界を通してやりとりする熱と仕事のエネルギーが系の内部エネルギーを変化させることになる．外界から系に熱 $Q$ と仕事 $W$ が加えられたとき，**エネルギー保存の法則**（law of energy conservation）から系の内部エネルギー変化 $\Delta U$ は

$$\Delta U = Q + W \tag{2.1}$$

である．すなわち，系の内部エネルギーは（$Q+W$）増加し，外界は（$Q+W$）のエネルギーを失ったことになる．ただし，$\Delta$ は有限の変化量を表している．無限小の変化に対しては次式で表される．

$$dU = d'Q + d'W \tag{2.2}$$

ここで，無限小の変化に対して状態量には $d$ を，状態量でない物理量には $d'$ を用いて区別した（状態量については 2.4 節を参照）．式（2.1）あるいは式（2.2）が**熱力学第一法則**（first law of thermodynamics）の数式による表現である．これ以降の熱力学に関係する式はすべてこの熱力学第一法則の式に基づいている．なお，"孤立系の内部エネルギーは一定である"も熱力学第一法則を表している．

## 2.2 仕　事

### a. 力学的仕事

　熱力学第一法則で取り扱う仕事のうちで，系の体積変化に基づく力学的な仕事を，気体の膨張・圧縮を例にとり上げて説明する．

　図 2.2 に示すように，気体がピストンで仕切られた円筒の中に存在し，そのときの気体の圧力を $P$，気体の占める体積を $V$ とする．外圧（外界の圧力）を $P_e$，ピストンの表面積を $A$ とし，またピストンは剛体であるが質量はなく，円筒との摩擦もないものとする．ピストンの内側にかかる力は $PA$ であり，外側にかかる力は $P_e A$ である．気体の圧力が外圧よりも高いとき（$P > P_e$），気体（系）は膨張し，抗力（$P_e A$）が作用しているピストンに対して仕事をする．いま，ピストンが距離 $dx$ だけ移動したとすると，系が外界に対してした仕事 $-d'W$ は

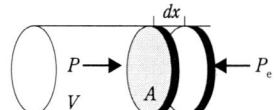

図 2.2　ピストンを備えた円筒．容器中にある気体の膨張

$$-d'W = P_e A dx = P_e dV > 0$$

である．ただし，$dV = A dx$ は系の体積変化であり，気体が膨張するときは $dV > 0$ である．したがって，系の内部エネルギーは系がした仕事量だけ減少する．

　気体の膨張とは逆に，$P_e > P$ のとき，気体は圧縮される．すなわち，系はピストンに作用している外力によって仕事をされ，系の内部エネルギーは増加する．すなわち，系が外界からされた仕事（外界が系に対してした仕事）$d'W$ は

$$d'W = -P_e A dx = -P_e dV > 0$$

である．ただし，気体が圧縮されるとき，系の体積変化は $dV < 0$ である．

　このように，仕事は一般に外力によって生じ，系が膨張しようが圧縮されようが，仕事を求めるのに用いる圧力は外圧 $P_e$ である．まとめると，微小な変化に対して系が外界からされる仕事は

$$d'W = -P_e dV \tag{2.3}$$

で表され，有限の変化に対しては次式になる．

$$W = \int d'W = -\int_{V_1}^{V_2} P_e dV \tag{2.4}$$

**b. 具体的な計算例**

気体の定温膨張 ［状態1 $(P_1, V_1, T)$ → 状態2 $(P_2, V_2, T)$］ を例にとり上げ，系が外界に対してする仕事を求める．

**(1) 真空中への拡散**（自由膨張，$P > P_e = 0$） 気体を閉じ込めてある容器と真空容器とを連結し，連結部の活栓を開くと真空容器の中へ気体が拡散していく．この場合，外圧に相当する圧力はゼロ（$P_e = 0$）であるので，系は外界に対して何も仕事をしない．すなわち次式となる．

$$-W = -\int d'W = -\int_{V_1}^{V_2} P_e dV = 0 \tag{2.5}$$

**(2) 一定の外圧に抗して膨張**（$P > P_e = $ 一定） 外圧 $P_e$ が一定であるので次式となる．

$$-W = \int_{V_1}^{V_2} P_e dV = P_e \int_{V_1}^{V_2} dV = P_e(V_2 - V_1) = P_e \Delta V \tag{2.6}$$

**(3) 準静的変化での膨張**（定温可逆膨張，$P = P_e$） 系（気体）の圧力 $P$ と外圧 $P_e$ がほとんど等しく無限小の差しかないとき，系は平衡状態を保ちながら無限に遅く変化していく．この変化過程を**準静的変化**（quasi-static process）という．この場合，外圧を無限小変えることによって，気体は膨張したり圧縮されたりする．すなわち，**可逆的に変化**（reversible change）する．いま，無限小の圧力差 $dP$ が

$$dP = P - P_e > 0$$

であるとき，気体は膨張し外界に対して仕事をするが，外圧は気体の膨張過程において常に $P_e = P - dP ≒ P$ を保ちながら非常にゆっくりと変化していく．したがって，系がする仕事 $-W_r$ は次式で表される．

$$-W_r = -\int_{V_1}^{V_2} P_e dV = \int_{V_1}^{V_2} P dV \tag{2.7}$$

気体が理想気体のときは $P = nRT/V$ であるから，定温可逆変化に対しては

$$-W_r = \int_{V_1}^{V_2} P dV = \int_{V_1}^{V_2} \frac{nRT}{V} dV = nRT \int_{V_1}^{V_2} \frac{1}{V} dV = nRT \ln \frac{V_2}{V_1} \tag{2.8}$$

となる．

(1)，(2)，(3) の関係を理想気体の場合を例にとって図2.3に示した．系の最初と最後の状態は，(1)，(2)，(3) ともすべて同じであるが，系がする仕事は系の変化の仕方でそれぞれ異なっており，準静的膨張のとき系は最大の仕事をする．

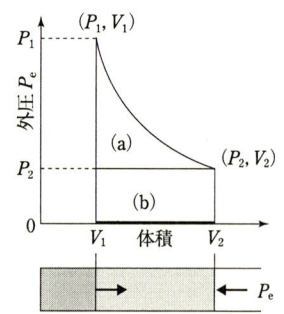

**図 2.3** 気体の膨張に伴う仕事(P-V 図)
(1) 真空中への拡散：
　$-W =$ 面積 0
(2) 一定の外圧（$P_e = P_2$）に抗して膨張：
　$-W =$ 面積(b)
(3) 準静的変化での膨張：
　$-W =$ 面積(a)＋(b)

---

【**例題 2.1**】 物質量 2 mol，圧力 0.2026 MPa，温度 300 K の理想気体からなる系が，外圧 0.1013 MPa のもとで定温膨張して，圧力が 0.1013 MPa まで変化した．このとき，系がした仕事量 $-W$ を求めよ．また，同じ系が圧力 0.1013 MPa まで定温可逆膨張したときの $-W_r$ を求めよ．

［解］
外圧 0.1013 MPa のもとで定温膨張：

$$-W = \int_{V_1}^{V_2} P_e dV = P_e \int_{V_1}^{V_2} dV = P_e(V_2 - V_1) = P_e nRT\left(\frac{1}{P_2} - \frac{1}{P_1}\right)$$

$$= 0.1013 \times 10^6 \times 2 \times 8.314 \times 300 \times [1/(0.1013 \times 10^6) - 1/(0.2026 \times 10^6)]$$

$$= 2.49_4 \text{ kJ}$$

定温可逆膨張：

$$-W_r = \int_{V_1}^{V_2} P dV = nRT \int_{V_1}^{V_2} \frac{dV}{V} = nRT \ln \frac{V_2}{V_1} = -nRT \ln \frac{P_2}{P_1}$$
$$= -2 \times 8.314 \times 300 \times \ln(0.1013/0.2026) = 3.45_8 \text{ kJ}$$

系の状態変化は2つの場合で同じであるが，定温可逆膨張で系がした仕事量は一定の外圧のもとでした仕事量よりも大きい．

#### c. いろいろな仕事

仕事には系の体積変化に基づくもののほかに，いろいろな種類のものがある．それらを表2.1にまとめた．これからは主に体積変化に伴う力学的な仕事を取り扱っていく．

表2.1 いろいろな仕事

| 仕事の型 | 示強性変数 | | | 示量性変数 | | | $d'W$ |
|---|---|---|---|---|---|---|---|
| 体積変化 | 外圧 | $P_e$ | [N m$^{-2}$] | 体積変化 | $dV$ | [m$^3$] | $-P_e dV$ |
| 表面積変化 | 表面張力 | $\gamma$ | [N m$^{-1}$] | 表面積変化 | $dA$ | [m$^2$] | $\gamma dA$ |
| 長さの変化 | 張力 | $f$ | [N] | 長さの変化 | $dl$ | [m] | $f dl$ |
| 電気的仕事 | 電位差 | $\Delta\phi$ | [V] | 電気量変化 | $dQ$ | [C] | $\Delta\phi dQ$ |
| 磁気的仕事 | 磁場 | $H$ | [A m$^{-1}$] | 磁気モーメントの変化 | $dM$ | [Wb m] | $HdM$ |

> 2.5節aのジュールの法則より，理想気体の定温変化では内部エネルギーは一定で，変化しない：
> $$\Delta U = W + Q = 0$$
> $$\therefore -W = Q$$
> （練習問題2.3参照）

## ● 2.3 熱

#### a. 定積変化と定圧変化

仕事として系の体積変化に伴うものだけを取り扱うとき，系の変化の仕方として定積変化と定圧変化を考えると，熱の意味がより明瞭になる．

**(1) 定積変化**（$dV=0$）　系の体積は変化しないで系の状態が変化するとき，これを**定積変化**という．定積変化では，系は外界から仕事をされないし，また，外界に対しても仕事をしない（$W = \int P_e dV = 0$）．したがって，熱力学第一法則より次式となる．

$$Q_V = \Delta U = U_2 - U_1 \tag{2.9}$$

すなわち，定積変化で系が吸収する熱 $Q_V$ は系の内部エネルギー変化に等しい．

微小変化に対しては次式になる．

$$d'Q_V = dU \tag{2.10}$$

**(2) 定圧変化**（$P_e=$一定．ただし，変化の前後においては $P = P_e$. 2.2節b(2)の例との違いに注意）　外圧 $P_e$ が一定で，かつ変化の前後の状態においては系の圧力（内圧 $P$）と外圧 $P_e$ が等しいという条件下で系の状態が変化するとき，これを**定圧変化**という．このとき，系がされる仕事は式(2.6)より

$$W = -\int P_e dV = -P_e \Delta V$$

この式で，$P_e$ を変化の前後の系の圧力 $P$ で置き換えると

$$W = -P\Delta V = -P(V_2 - V_1) \tag{2.11}$$

したがって，熱力学第一法則より

$$Q_P = \Delta U - W = (U_2 - U_1) + P(V_2 - V_1)$$
$$= (U_2 + PV_2) - (U_1 + PV_1) \tag{2.12}$$

となる．ここで，新しい熱力学関数である**エンタルピー**（enthalpy）$H$ を導入する．

$$H \equiv U + PV \tag{2.13}$$

そうすれば，式 (2.12) は次式となる．

$$Q_P = H_2 - H_1 = \Delta H \tag{2.14}$$

すなわち，定圧変化で系が吸収する熱 $Q_P$ は系のエンタルピー変化に等しい．微小変化に対しては次式になる．

$$d'Q_P = dH \tag{2.15}$$

### b. 熱容量

系と外界との境界を通して熱の出入りがあるとき，熱は (1) 系の温度を変化させる，(2) 系の温度は一定であるが，**相変化**や**相転移**を引き起こす，(3) 化学反応を引き起こす．ここでは (1) に関係するものをとり上げる．

いま，温度が $T$ で物質が $n$ mol 含まれている系に，ある微小な熱量 $d'Q$ が入ってくると系の温度は上昇するが，その温度上昇度 $dT$ は流入してきた熱量に比例する．すなわち

$$d'Q = nC_m dT$$

となる．ここで $C_m$ は物質 1 mol の温度を 1 K 上げるために必要な熱量で，温度 $T$ での**モル熱容量** (molar heat capacity) とよばれる．系の状態変化が定積変化であるときは，式 (2.10) より

$$C_{V,m} = \frac{1}{n}\frac{d'Q_V}{dT} = \frac{1}{n}\left(\frac{\partial U}{\partial T}\right)_V = \left(\frac{\partial U_m}{\partial T}\right)_V \tag{2.16}$$

また，定圧変化であるときは，式 (2.15) より次式となる．

$$C_{P,m} = \frac{1}{n}\frac{d'Q_P}{dT} = \frac{1}{n}\left(\frac{\partial H}{\partial T}\right)_P = \left(\frac{\partial H_m}{\partial T}\right)_P \tag{2.17}$$

ただし，$U_m$，$H_m$ はそれぞれ物質 1 mol あたりの内部エネルギー，エンタルピーであり，$C_{V,m}$，$C_{P,m}$ はそれぞれ**定積モル熱容量**，**定圧モル熱容量**とよばれる．

理想気体の温度変化を取り扱うとき，原子核や電子のエネルギーは系の内部エネルギー変化には関係しない．また，分子間相互作用が働いていないので (2.5 節 a)，位置エネルギーもゼロである．したがって，理想気体の内部エネルギーは気体分子の運動エネルギーの総和に等しい．単原子分子理想気体では並進運動エネルギーだけをもつので，1 mol あたりの内部エネルギーは式 (1.44) から次式で表される．

$$U_m = (3/2)RT$$

1 mol あたりのエンタルピーは

$$H_m = U_m + PV_m = (3/2)RT + RT = (5/2)RT$$

したがって，式 (2.16)，(2.17) より

$$C_{V,m} = (3/2)R = 12.47 \text{ J K}^{-1}\text{ mol}^{-1}, \quad C_{P,m} = (5/2)R = 20.79 \text{ J K}^{-1}\text{ mol}^{-1}$$

また，$C_{P,m}$ と $C_{V,m}$ との差および比は

$$C_{P,m} - C_{V,m} = R \tag{2.18}$$

$$\gamma = C_{P,m}/C_{V,m} = 1.67$$

となる．式 (2.18) を**マイヤー** (J. R. Mayer) **の関係式**という．分子の並進と回転の運動エネルギーを考慮した二原子分子理想気体では

$$U_m = (5/2)RT, \quad H_m = U_m + PV_m = (5/2)RT + RT = (7/2)RT$$

したがって，

$$C_{V,m} = (5/2)R = 20.79 \text{ J K}^{-1}\text{ mol}^{-1}, \quad C_{P,m} = (7/2)R = 29.10 \text{ J K}^{-1}\text{ mol}^{-1}$$

$$C_{P,\mathrm{m}}-C_{V,\mathrm{m}}=R, \qquad \gamma=C_{P,\mathrm{m}}/C_{V,\mathrm{m}}=1.40$$

理想気体と同様に，他の物質においても一般に $C_{P,\mathrm{m}}>C_{V,\mathrm{m}}$ である．理想気体を例にとれば，定積変化の場合には 1 mol の単原子分子理想気体からなる系の温度を 1 K 上げるためには，気体分子の運動エネルギーの増加分に相当する $(3/2)R$ の熱量を系に与えるだけでよい．しかし，定圧変化の場合には系は膨張し，外界に対して仕事をする．したがって，運動エネルギーの増加分のほかに，系がする仕事分 $[-W=P\Delta V=P(V_2-V_1)=R(T_2-T_1)=R]$ に相当する熱量がさらに必要となる．

表 2.2 に実在気体の $C_{P,\mathrm{m}}$, $C_{V,\mathrm{m}}$, $C_{P,\mathrm{m}}-C_{V,\mathrm{m}}$ および $\gamma$ の値を示した．また，第 3 章の**表 3.1** にいろいろな物質の 25°C での $C_{P,\mathrm{m}}$ の値を示した．表 2.3 に示すように，一般にモル熱容量は温度の関数であり，系の温度が異なればモル熱容量の値も異なる．なお，$C_P$ と $C_V$ の間には次の関係式が成り立つ．

$$C_P-C_V=\left[P+\left(\frac{\partial U}{\partial V}\right)_T\right]\left(\frac{\partial V}{\partial T}\right)_P \tag{2.19}$$

■内部圧

$(\partial U/\partial V)_T$ を内部圧（次元は圧力）とよぶ．分子間に引力的相互作用が働いている物質では，定温で体積を大きくすると内部エネルギーは大きくなる．

**表 2.2** 実在気体の $C_{P,\mathrm{m}}$, $C_{V,\mathrm{m}}$, $C_{P,\mathrm{m}}-C_{V,\mathrm{m}}$ および $\gamma$ (0.101 MPa)

| 気体 | 温度 [K] | $C_{P,\mathrm{m}}$ [J K$^{-1}$ mol$^{-1}$] | $C_{V,\mathrm{m}}$ [J K$^{-1}$ mol$^{-1}$] | $C_{P,\mathrm{m}}-C_{V,\mathrm{m}}$ [J K$^{-1}$ mol$^{-1}$] | $\gamma=C_{P,\mathrm{m}}/C_{V,\mathrm{m}}$ [—] |
|---|---|---|---|---|---|
| He | 93 | | | | 1.660 |
| Ne | 292 | | | | 1.64 |
| Ar | 300 | 20.83 | 12.47 | 8.36 | 1.670 |
| H$_2$ | 300 | 28.85 | 20.53 | 8.32 | 1.405 |
| N$_2$ | 300 | 29.17 | 20.82 | 8.35 | 1.401 |
| O$_2$ | 300 | 29.44 | 21.09 | 8.35 | 1.396 |
| Cl$_2$ | 288 | | | | 1.355 |
| CO | 300 | 29.19 | 20.84 | 8.35 | 1.401 |
| H$_2$O | (473) | | | | 1.310 |
| H$_2$S | 288 | | | | 1.32 |
| CO$_2$ | 300 | 37.52 | 29.02 | 8.5 | 1.293 |
| NH$_3$ | 288 | | | | 1.310 |
| CH$_4$ | 288 | | | | 1.31 |
| C$_2$H$_2$ | 202 | | | | 1.31 |
| air | 300 | 29.15 | 20.79 | 8.36 | 1.402 |

**表 2.3** 定圧モル熱容量の温度依存性 (0.101 MPa)：$C_{P,\mathrm{m}}=a+bT+cT^{-2}$ [J K$^{-1}$ mol$^{-1}$]

| 物質（状態） | $a$ [J K$^{-1}$ mol$^{-1}$] | $b$ [10$^{-3}$ J K$^{-2}$ mol$^{-1}$] | $c$ [10$^5$ J K mol] | 温度範囲 [K] |
|---|---|---|---|---|
| He, Ne, Ar（希ガス） | 20.8 | | | 298〜3000 |
| C (s, graphite) | 16.9 | 4.77 | −8.53 | 298〜2500 |
| H$_2$ (g) | 27.3 | 3.26 | 0.50 | 298〜3000 |
| N$_2$ (g) | 27.9 | 4.27 | 0 | 298〜2500 |
| O$_2$ (g) | 30 | 4.18 | −1.7 | 298〜3000 |
| Cl$_2$ (g) | 37 | 0.67 | −2.8 | 298〜3000 |
| CO (g) | 28.4 | 4.1 | −0.46 | 298〜2500 |
| HCl (g) | 26.54 | 4.61 | 1.09 | 298〜2000 |
| H$_2$O (g) | 30.5 | 10.3 | 0 | 298〜2750 |
| H$_2$O (l) | 52.96 | 47.65 | 7.24 | 273〜 373 |
| H$_2$S (g) | 29.39 | 15.4 | 0 | 298〜1800 |
| CO$_2$ (g) | 44.2 | 8.79 | −8.62 | 298〜2500 |
| SO$_2$ (g) | 178.11 | 10.63 | −5.94 | 298〜1800 |
| NH$_3$ (g) | 29.77 | 25.12 | −1.55 | 298〜1800 |
| CH$_4$ (g) | 23.6 | 47.9 | −1.92 | 298〜2000 |
| C$_2$H$_2$ (g) | 50.8 | 16.1 | −10.3 | 298〜2000 |

s は固体，l は液体，g は気体を表す．

## 2.4 内部エネルギーと状態量

孤立系を放置しておくと，初めはどのような状態であっても，結局はある1つの最終的な状態に落ち着く．このような状態を**熱平衡状態**という．この熱平衡状態において一義的に決まった値をもつ物理量を**状態量**（quantity of state）あるいは**状態関数**（state function）とよぶ．

いま，図2.4に示したように，系が状態A$(P_A, V_A, T_A)$から経路1を通って状態B$(P_B, V_B, T_B)$になり，さらに経路2を通って元の状態Aに戻る1つのサイクルを考える．状態A（内部エネルギー $U_A$）の系が外界から熱と仕事のエネルギー $|Q_1+W_1|$ を吸収して状態Bになったとする．熱力学第一法則より，状態Bの内部エネルギー $U_B$ は $U_B(1)=U_A+|Q_1+W_1|$ となるが，もし内部エネルギーが状態量でないならば，状態Bの内部エネルギー $U_B$ は $U_B(1)$ よりも大きい $U_B(2)$ になることも可能となる．この状態から，系が経路2を通り $|Q_2+W_2|=U_B(2)-U_A=[U_B(2)-U_B(1)]+|Q_1+W_1|$ のエネルギーを放出して元の状態Aに戻ったとすれば，このサイクルによって，$|Q_2+W_2|-|Q_1+W_1|=U_B(2)-U_B(1)=\Delta U_B>0$ のエネルギーが外界に与えられたことになる．すなわち，このサイクルを繰り返すことによって，無尽蔵にエネルギーを生み出すことができる（第一種永久機関）ことになるが，これは残念ながら今までの経験から不可能である．つまり，系の内部エネルギーは状態量であり，系が熱平衡状態にあるとき一義的に決まった値をもつことになる．

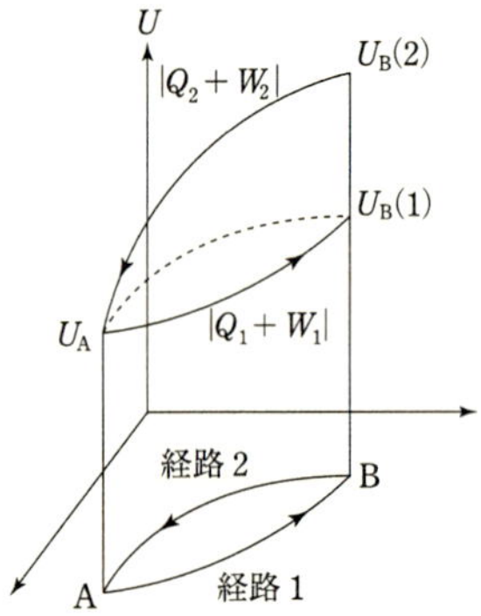

状態量はある熱平衡状態で1つの決まった値をもつから，系の状態がAからBに変化したとき，状態量の変化量は経路によらず一定である．これに比べて，2.2節bで示したように，系の最初と最後の状態は同じでも，系のする仕事は経路によって異なっている．したがって，仕事は状態量ではない．内部エネルギーは状態量であるから，熱もまた状態量ではない（練習問題2.3）．エンタルピーは $H=U+PV$ であるから状態量である．また，状態量 $z$ は系がどのような経路を経ても元の状態に戻れば当然最初と同じ値をもつから，1サイクル後の状態量 $z$ の変化量は常に0である．すなわち次式で表される．

$$\Delta z = \oint dz = 0 \tag{2.20}$$

状態量には系の大きさ（物質量）に依存するものと依存しないものがある．前者を**示量性**（extensive）**状態量**といい，熱力学関数（$U, H$），質量や体積などである．後者を**示強性**（intensive）**状態量**といい，温度，圧力，密度，濃度や1 mol あたりの示量性状態量などが含まれる．また，系はそれを構成する成分物質の化学種と物質量および系の状態を指定することによって定義されるが，系の状態はいくつかの示強性状態量の値を与えることにより完全に規定される（4章を参照）．系の状態を表現するために選んだ状態量を**状態変数**（state variable）という．その他の状態量は状態変数の関数として表される．

## 2.5 ジュールの法則と理想気体

### a. ジュールの実験

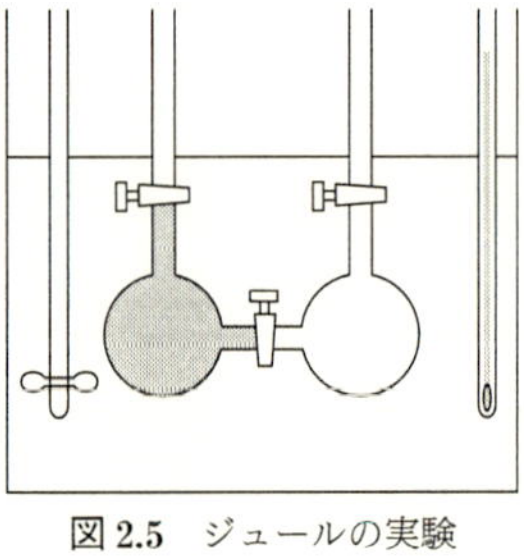

ジュール（J. Joule）は図2.5に示すように，気体を閉じ込めた容器を恒温槽に入れ，これと連結している真空容器中にこの気体を拡散させる実験を行った．こ

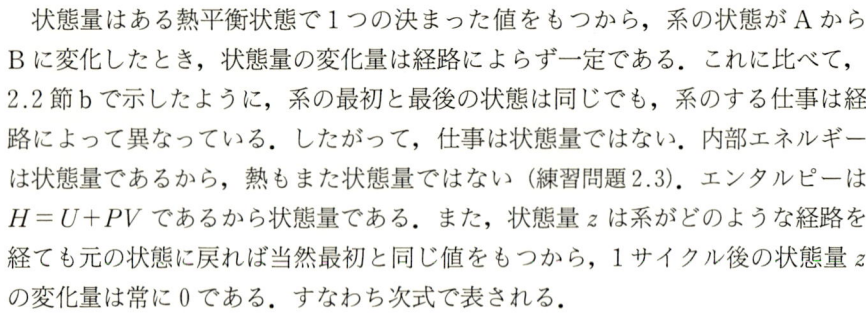

図2.4 内部エネルギーと経路：内部エネルギーが状態量でないなら，1サイクルすることによって，$|Q_2+W_2|-|Q_1+W_1|=U_B(2)-U_B(1)=\Delta U_B>0$ のエネルギーが生み出されることになる．

図2.5 ジュールの実験

の際，恒温槽の温度変化は認められなかった．真空中への拡散であるから，気体は仕事をしていない．また，温度変化がなかったことから，系と外界との間で熱の出入りもなかったことになる．したがって，熱力学第一法則より

$$\Delta U = Q + W = 0$$

となる．この実験からジュールは"気体の内部エネルギーは温度が一定であればその体積に依存しない，すなわち気体の内部エネルギーは温度だけの関数である"ことを示した．この実験は現在からみると精度がよいとはいえず，実在気体を用いたときの正しい結果ではない．しかし，彼の得た結果は気体分子間に相互作用が働いていないことを意味しており，理想気体の性質を表している．そこで，理想気体の特性は次の2つの式で表されると考えてよい．

状態方程式： $\quad PV = nRT \qquad$ (2.21)

ジュールの法則： $\left(\dfrac{\partial U}{\partial V}\right)_T = 0 \qquad$ (2.22)

**ジュールの法則**により，理想気体の定温変化では常に $\Delta U = 0$ であるから，$Q = -W$ である．したがって，定温可逆膨張で系（理想気体）が吸収する熱 $Q$ は式(2.8)より，次式となる．

$$Q = -W = nRT \ln(V_2/V_1) \qquad (2.23)$$

**b．理想気体の内部エネルギーおよびエンタルピーの温度変化**

独立変数 $x, y$ の関数である $z(x, y)$ が連続で微分可能な関数であるとき，独立変数 $x, y$ が $(x, y)$ から $(x+dx, y+dy)$ に無限小変化したときの $z$ の変化量は次式で表される．

$$dz = z(x+dx, y+dy) - z(x, y) = \left(\frac{\partial z}{\partial x}\right)_y dx + \left(\frac{\partial z}{\partial y}\right)_x dy \qquad (2.24)$$

ここで，$dz$ を**全微分**，$(\partial z/\partial x)_y$, $(\partial z/\partial y)_x$ を**偏微分係数**という．いま，系に含まれる化学種およびその物質量に変化がないとき，状態量である系の内部エネルギーやエンタルピーは状態変数 $P, V, T$ のうち2つの独立変数の関数となる．

内部エネルギーを $U = U(T, V)$ と考えると，

$$dU = \left(\frac{\partial U}{\partial T}\right)_V dT + \left(\frac{\partial U}{\partial V}\right)_T dV = C_V dT + \left(\frac{\partial U}{\partial V}\right)_T dV$$

---

*column*

**ジュール**
**James Prescott Joule**
**1818〜89**

イギリスの物理学者．Salford の富裕な醸造業者の次男として生まれた．1834年，J. Dalton の下で教育を受け，基礎的数学，化学などを学んだ．Dalton が会長であった Manchester Literary and Philosophical Society に出入りして科学者の感化を受け，電磁石やモーターに興味をもった．その効率を高めようとして電磁石の極の強さを測定した．引き続いて，M. Faraday に刺激されて，電流による発熱量を精密に調べ，1840年の論文にジュール熱の法則を導き出している．その後次第に熱の仕事当量 $J$（エネルギーの力学的単位（J）を熱的単位（cal）に関係づけるもの，$W = JQ$）の測定に入っていった．1845年には気体の原子論的な立場をとって，気体の膨張や圧縮の際の発熱量を測り，$J$ の値を導いた．また，気体の自由膨張ではその温度の変わらないことを発見した（ジュールの実験）．さらに1847年に至って羽根車を回して水をかき回し，機械的実験によって $J$ の値を測定した（$J = 4.184\,\text{J cal}^{-1}$）．この論文の発表は Lord Kelvin の注意を喚起し，以来全学会の注目の的となってエネルギー保存則の確立に重要な役割を果たした．Kelvin の示唆によって1861年いわゆる Joule-Thomson 効果の測定を完成した．

［参照：主に「岩波理化学辞典 第3版」，岩波書店］

$$= n\left[C_{V,\mathrm{m}}dT + \left(\frac{\partial U_\mathrm{m}}{\partial V_\mathrm{m}}\right)_T dV_\mathrm{m}\right] \tag{2.25}$$

理想気体なら $(\partial U/\partial V)_T = 0$ であるから，常に次式が成り立つ．

$$dU = nC_{V,\mathrm{m}}dT \tag{2.26}$$

また，定積変化なら $dV=0$ であり，式 (2.10)，(2.25) より，"すべての物質"において

$$d'Q_V = dU = nC_{V,\mathrm{m}}dT \tag{2.27}$$

有限の変化に対しては次式になる．

$$Q_V = \Delta U = n\int_{T_1}^{T_2} C_{V,\mathrm{m}}dT \tag{2.28}$$

エンタルピーを $H = H(T, P)$ と考えると，同様にして，

$$dH = \left(\frac{\partial H}{\partial T}\right)_P dT + \left(\frac{\partial H}{\partial P}\right)_T dP = C_P dT + \left(\frac{\partial H}{\partial P}\right)_T dP$$

$$= n\left[C_{P,\mathrm{m}}dT + \left(\frac{\partial H_\mathrm{m}}{\partial P}\right)_T dP\right] \tag{2.29}$$

理想気体なら $(\partial H/\partial P)_T = 0$ であるから（練習問題 2.8），常に次式が成り立つ．

$$dH = nC_{P,\mathrm{m}}dT \tag{2.30}$$

また，定圧変化なら $dP=0$ であり，式 (2.15)，(2.29) より，"すべての物質"において

$$d'Q_P = dH = nC_{P,\mathrm{m}}dT \tag{2.31}$$

有限の変化に対しては次式になる．

$$Q_P = \Delta H = n\int_{T_1}^{T_2} C_{P,\mathrm{m}}dT \tag{2.32}$$

なお，式 (2.25)，(2.29) の $(\partial U/\partial V)_T$ と $(\partial H/\partial P)_T$ はさらに測定しやすい物理量に変換することができる（3.7 節 c(4) を参照，熱力学的状態式）．

---

【例題 2.2】
(1) 定圧のもとで，100.0 g の水の温度が 25°C から 50°C に上昇した．このときの水のエンタルピー変化 $\Delta H$ を求めよ．ただし，水の定圧モル熱容量 $C_{P,\mathrm{m}} = 75.48\,\mathrm{J\,K^{-1}\,mol^{-1}}$ である．

(2) 単原子分子理想気体 2 mol からなる系の温度が 25°C から 50°C に上昇した．このときの系の内部エネルギー変化 $\Delta U$ およびエンタルピー変化 $\Delta H$ を求めよ．

［解］
(1) 水の分子量 $M = 18.015$，水の物質量 $n = 100.0/18.015 = 5.551\,\mathrm{mol}$
定圧での温度変化：

$$\Delta H = \int dH = \int_{T_1}^{T_2} nC_{P,\mathrm{m}}dT = nC_{P,\mathrm{m}}\int_{T_1}^{T_2} dT = nC_{P,\mathrm{m}}(T_2 - T_1)$$
$$= 5.551 \times 75.48 \times (323.15 - 298.15) = 10.47\,\mathrm{kJ}$$

(2) 単原子分子理想気体の定積および定圧モル熱容量（$C_{V,\mathrm{m}}$, $C_{P,\mathrm{m}}$）

$$C_{V,\mathrm{m}} = (3/2)R = 12.47\,\mathrm{J\,K^{-1}\,mol^{-1}}, \quad C_{P,\mathrm{m}} = (5/2)R = 20.79\,\mathrm{J\,K^{-1}\,mol^{-1}}$$

$$\Delta U = \int dU = \int_{T_1}^{T_2} nC_{V,\mathrm{m}}dT = nC_{V,\mathrm{m}}\int_{T_1}^{T_2} dT = nC_{V,\mathrm{m}}(T_2 - T_1)$$

$$= 2 \times 12.47 \times 25.00 = 623.5 \text{ J}$$
$$\Delta H = \int dH = \int_{T_1}^{T_2} nC_{P,m} dT = nC_{P,m} \int_{T_1}^{T_2} dT = nC_{P,m}(T_2 - T_1)$$
$$= 2 \times 20.79 \times 25.00 = 1.040 \text{ kJ}$$

■ 理想気体の $\Delta U$ や $\Delta H$ は温度のみの関数である．

#### c. 理想気体の断熱変化

図 2.2 に示したようなピストンをもつ容器に理想気体が入っている系が状態 1 $(P_1, V_1, T_1)$ から断熱膨張するとき，膨張するときの条件によって最終状態 2 $(P_2, V_2, T_2)$ が異なってくる．しかし，いずれの場合も $Q=0 (d'Q=0)$ であるから $\Delta U = W (dU = d'W)$ であり，系の最初と最後の状態（特に式 (2.26) からわかるように系の温度）がわかれば，系の内部エネルギー変化と系がされた仕事を求めることができる．

(1) **真空中への断熱拡散**（外圧 $P_e=0$）　$Q=0, W=0$ であるから，$\Delta U = nC_{V,m} \Delta T = 0$ である．断熱変化であるが，理想気体の温度は変化しない．

(2) **一定の外圧に抗して断熱膨張**（$P > P_e = $一定）　$\Delta U = W$，および $\Delta U = nC_{V,m} \Delta T$ と $W = -P_e \Delta V$ の関係式から

$$T_2 - T_1 = \Delta T = -\frac{P_e \Delta V}{nC_{V,m}} = -\frac{P_e}{nC_{V,m}}(V_2 - V_1) = -\frac{P_e R}{C_{V,m}}\left(\frac{T_2}{P_2} - \frac{T_1}{P_1}\right) \quad (2.33)$$

$\Delta T < 0$ になるから，理想気体の温度は下がる．熱を吸収せずに，系は膨張して仕事をするから，当然理想気体の温度は下がることになる．

(3) **断熱可逆膨張**（$P_e = P$）　可逆変化のとき，系がする仕事は $-W = \int P_e dV = \int P dV = \int (nRT/V) dV$ に基づいて求めることができる．しかし，定温可逆変化では簡単に計算することができる仕事（式 (2.8)）も，断熱可逆変化では理想気体の温度 $T$ が気体の膨張（体積変化）に伴って変化していくため単純には求めることができない．そこで最初に，断熱可逆変化における理想気体の温度 $T$ と体積 $V$ との関係を求めよう．$dU = d'W$，および $dU = nC_{V,m} dT$ と $d'W = -P dV = -(nRT/V) dV$ の関係式から

$$C_{V,m} dT = -(RT/V) dV$$

変数分離して，積分すれば

$$\int_{T_1}^{T_2} \frac{dT}{T} = -\frac{R}{C_{V,m}} \int_{V_1}^{V_2} \frac{dV}{V}$$
$$\therefore \ln \frac{T_2}{T_1} = -\frac{R}{C_{V,m}} \ln \frac{V_2}{V_1} = \ln \left(\frac{V_1}{V_2}\right)^{R/C_{V,m}}$$

したがって，次式が導かれる．

$$T_2 V_2^{R/C_{V,m}} = T_1 V_1^{R/C_{V,m}} = TV^{\gamma-1} = \text{const.} \quad (2.34)$$

また，$PV = nRT$ より

$$PV^{\gamma} = \text{const.} \quad (2.35)$$
$$TP^{(1-\gamma)/\gamma} = \text{const.} \quad (2.36)$$

が導かれる．式 (2.34)〜(2.36) を**ポアソン**（S. D. Poisson）**の式**という．

式 (2.34) より，$T_2 = (V_1/V_2)^{\gamma-1} T_1$ であり，また，$\gamma - 1 > 0$，$(V_1/V_2) < 1$ であるから，断熱可逆膨張によって理想気体の温度は下がる．また，このときの系の内部エネルギー変化および仕事は，$\Delta U = W (dU = d'W)$ および式 (2.26) より

$$W_r = \Delta U = nC_{V,m}\Delta T = nC_{V,m}(T_2 - T_1) \tag{2.37}$$

として求めることができる．これらの関係式は**カルノーサイクル**（3.2節b）を考えるときの基礎となる．また，ポアソンの式から$T$と$V$あるいは$P$と$V$との関係がわかるので，系がする仕事を直接求めることができる．

$$-W_r = \int_{V_1}^{V_2} PdV = P_1V_1^\gamma \int_{V_1}^{V_2} \frac{dV}{V^\gamma} = \frac{P_1V_1^\gamma}{1-\gamma}(V_2^{1-\gamma} - V_1^{1-\gamma})$$

$$= \frac{1}{1-\gamma}(P_2V_2 - P_1V_1) = -nC_{V,m}(T_2 - T_1) \tag{2.38}$$

なお，実在気体を冷却するには，多孔性隔膜を通して気体を断熱的に一定圧力の高圧部から一定圧力の低圧部へ流す**ジュール-トムソン**（Joule-Thomson）**過程**も利用される．

**【例題2.3】** 0°C（$T_1$），1.013 MPa（$P_1$）の状態にある 10 dm³（$V_1$）の単原子分子理想気体が次の2つのプロセスで膨張して，0.1013 MPa の最終圧力（$P_2$）になった．それぞれの場合で，系の最終温度（$T_2$）および系がした仕事量（$-W$）を求め，比較せよ．

(1) 一定の外圧（$P_e = 0.1013$ MPa）に抗して断熱膨張，(2) 断熱可逆膨張

[解]

$$\text{系の物質量：} n = \frac{P_1V_1}{RT_1} = \frac{(1.013 \times 10^6) \times (10 \times 10^{-3})}{8.314 \times 273.2} = 4.460 \text{ mol}$$

断熱膨張であるので，$Q = 0$．$\therefore \Delta U = W$

(1) 単原子分子理想気体の内部エネルギーの変化量 $\Delta U$ は

$$\Delta U = nC_{V,m}\Delta T = nC_{V,m}(T_2 - T_1) = n(3/2)R(T_2 - T_1)$$

一定の外圧に抗して系がした仕事量 $-W$：

$$-W = P_e\Delta V = P_e(V_2 - V_1) = P_e nR\left(\frac{T_2}{P_2} - \frac{T_1}{P_1}\right)$$

したがって，

$$\frac{3}{2}(T_2 - T_1) = -P_e\left(\frac{T_2}{P_2} - \frac{T_1}{P_1}\right)$$

$$\frac{3}{2}(T_2 - 273.2) = -0.1013 \times \left(\frac{T_2}{0.1013} - \frac{273.2}{1.013}\right)$$

これを解くと，$T_2 = 174.8$ K

$$-W = -\Delta U = -n(3/2)R(T_2 - T_1) = -4.460 \times (3/2) \times 8.314 \times (174.8 - 273.2)$$
$$= 4.460 \times (3/2) \times 8.314 \times 98.4 = 5.47_3 \text{ kJ}$$

(2) 断熱可逆膨張であるから，ポアソンの関係式を用いて $T_2$ を求める．

最終の圧力が与えられているので，$T$ と $P$ の関係式を用いる．

$$T_2 P_2^{(1-\gamma)/\gamma} = T_1 P_1^{(1-\gamma)/\gamma}, \quad \therefore T_2 = T_1 \left(\frac{P_1}{P_2}\right)^{(1-\gamma)/\gamma}$$

単原子分子理想気体であるので，$\gamma = C_{P,m}/C_{V,m} = 5/3$

$$\therefore T_2 = T_1\left(\frac{P_1}{P_2}\right)^{(1-\gamma)/\gamma} = 273.2 \times (1.013/0.1013)^{-2/5} = 273.2 \times 0.3981 = 108.8 \text{ K}$$

$$-W = -\Delta U = -n(3/2)R(T_2 - T_1) = -4.460 \times (3/2) \times 8.314 \times (108.8 - 273.2)$$
$$= 4.460 \times (3/2) \times 8.314 \times 164.4 = 9.144 \text{ kJ}$$

断熱可逆膨張の方が最終温度は低く，系は多くのエネルギーを失っているが，その分多くの仕事をする（練習問題2.7参照）．

## 2.6 反応熱

### a. 定積反応熱と定圧反応熱

化学反応を定温で行うとき，一般に熱の発生あるいは吸収を伴う．化学反応が進行しているとき，系の温度を一定に保つために，系と外界との間で熱のやりとりが生じる．反応が完了したとき，それまでに系が吸収した熱量 $Q$ を**反応熱**（heat of reaction）といい，$Q>0$ のときこの反応を**吸熱反応**（endothermic reaction），$Q<0$ のとき**発熱反応**（exothermic reaction）という．

熱は一般に状態量ではなく，経路関数であるが（2.4節），化学反応のエネルギー（熱）を何か状態量を使って論じることができれば，それは反応経路によらないのでずっと便利である．2.3節aで述べたように，定積のもとでの反応では $Q_V=\varDelta U$，また定圧のもとでの反応では $Q_P=\varDelta H$ であり，**定積反応熱** $Q_V$ および**定圧反応熱** $Q_P$ はそれぞれ状態量である $U$，$H$ の変化量に等しい．これが熱化学と熱力学とを結ぶ中心的な役割を果たすことになる．

定積反応熱 $Q_V$ と定圧反応熱 $Q_P$ との関係を求めよう．成分 A の $a$ mol と成分 B の $b$ mol とが定温定圧のもとで反応して，成分 C が $c$ mol，成分 D が $d$ mol 生成する場合を考える．

$$a\mathrm{A} + b\mathrm{B} \longrightarrow c\mathrm{C} + d\mathrm{D}$$
（反応系：状態1）　（生成系：状態2）

$$H=U+PV, \quad H_2-H_1=(U_2-U_1)+(P_2V_2-P_1V_1)$$

$$\therefore \quad (\varDelta H)_P = (\varDelta U)_P + P(V_2-V_1) = (\varDelta U)_P + P\varDelta V \tag{2.39}$$

一般に，$(\varDelta U)_P$ と $(\varDelta U)_V=Q_V$ との差は小さい．また，固体や液体だけが関与する凝縮系での反応では $P\varDelta V$ の項も無視できる程度なので

$$Q_P = (\varDelta H)_P \cong (\varDelta U)_V = Q_V \quad \text{（凝縮相）} \tag{2.40}$$

しかし，気体が反応に関与しているときは $P\varDelta V$ の項を無視することはできない．反応による気体成分の物質量の変化を $\varDelta n$ とし，理想気体の近似を用いると

$$(\varDelta H)_P \cong (\varDelta U)_V + \varDelta nRT \quad \text{（気体成分が関与）}$$

$$\therefore \quad Q_P \cong Q_V + \varDelta nRT \tag{2.41}$$

上記の反応で，成分 A，B，C，D がすべて気体であるときは

$$\varDelta n = (c+d)-(a+b)$$

である．化学反応は定温定圧のもとで行われることが多いので，今後は特に断らない限り（定温）定圧反応熱 $Q_P=\varDelta H$ を用いて議論する．

反応熱をもとり入れた化学反応式は**熱化学方程式**（thermochemical equation）とよばれる．例えば25℃，0.101 MPa（1 atm）での次の反応

$$\mathrm{H_2(g)} + (1/2)\mathrm{O_2(g)} \longrightarrow \mathrm{H_2O(l)}$$

に対しては，以下のように表す．

$$\mathrm{H_2(g, 298\,K)} + (1/2)\mathrm{O_2(g, 298\,K)} = \mathrm{H_2O(l, 298\,K)} + 285.83\,\mathrm{kJ}$$

あるいは　$\mathrm{H_2(g)} + (1/2)\mathrm{O_2(g)} = \mathrm{H_2O(l)}, \quad \varDelta H_{298} = -285.83\,\mathrm{kJ}$

この反応では 285.83 kJ の熱が発生するため，系の温度を一定に保つためには発生したこの熱を系外にとり出さなければならないことを意味している．

### b. ヘスの総熱量不変の法則

エンタルピー $H$ は状態量であるから，1つの反応に対していくつかの反応経路が考えられる場合，それぞれの反応経路に対するエンタルピー変化 $\Delta H$ はすべて等しい．これを**ヘス**（Hess）**の総熱量不変の法則**（law of constant heat summation）という．これを利用すれば，反応で副生成物が生じたりして，実験で直接的に求めることが困難な反応熱を間接的に決めることができる．例えば25°C，0.101 MPa（1 atm）での次の反応

$$\text{C(graphite)} + (1/2)\text{O}_2(\text{g}) \longrightarrow \text{CO(g)}$$

では，$\text{CO}_2(\text{g})$ を生じないで 1 mol の炭素（黒鉛）を 1 mol の CO(g) にすることは不可能に近い．しかし，図 2.6 に示すように

$$\Delta H(1) = \Delta H(2) + \Delta H(3)$$

$$\text{C(graphite)} + \text{O}_2(\text{g}) = \text{CO}_2(\text{g}), \qquad \Delta H(1) = -393.51 \text{ kJ}$$
$$\text{C(graphite)} + (1/2)\text{O}_2(\text{g}) = \text{CO(g)}, \qquad \Delta H(2) = ?$$
$$\text{CO(g)} + (1/2)\text{O}_2(\text{g}) = \text{CO}_2(\text{g}), \qquad \Delta H(3) = -282.98 \text{ kJ}$$

したがって，

$$\Delta H(2) = \Delta H(1) - \Delta H(3) = -110.53 \text{ kJ}$$

として，$\text{C(graphite)} + (1/2)\text{O}_2(\text{g}) \rightarrow \text{CO(g)}$ の反応熱を求めることができる．

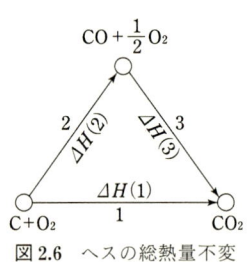

図 2.6 ヘスの総熱量不変の法則

### c. 標準エンタルピー変化と標準生成エンタルピー

化学変化を論じるときよく用いられるのは，反応に関与する全ての物質がそれぞれ**標準状態**（1 atm＝101.325 kPa＝0.101 MPa）にあるときの，任意の温度（通常は 25°C）における反応熱 $Q_P$ である．これを**標準エンタルピー変化**（標準反応熱，standard enthalpy change）とよび，$\Delta H^\ominus$ で表す．$a\text{A} + b\text{B} \rightarrow c\text{C} + d\text{D}$ の反応（係数 $a$, $b$, $c$, $d$ を**化学量論係数**という）に対しては

$$\begin{aligned} Q_P = \Delta H^\ominus &= H^\ominus(\text{生成系}) - H^\ominus(\text{反応系}) \\ &= [cH_\text{m}^\ominus(\text{C}) + dH_\text{m}^\ominus(\text{D})] - [aH_\text{m}^\ominus(\text{A}) + bH_\text{m}^\ominus(\text{B})] \end{aligned} \qquad (2.42)$$

ここで，$H_\text{m}^\ominus(\text{X})$ は標準状態での成分 X の 1 mol あたりのエンタルピーである．表 2.4 に標準エンタルピー変化の1つである**標準燃焼熱**（standard heat of com-

■ 化学量論係数

反応式 $\sum \nu_i X_i = 0$ における係数 $\nu_i$ は**化学量論係数**とよばれ，生成物では正，反応物では負の値であり，また次元（単位）はない．したがって，一般に反応熱の単位は J mol$^{-1}$ である（以後，このように表す）．項 $a$, $b$ のように係数を物質量とみなして計算しているときもあるので注意すること．

表 2.4 標準燃焼熱 $\Delta_c H^\ominus$ [kJ mol$^{-1}$] (298 K, 0.101 MPa)

| 物質 | (状態) | $-\Delta_c H^\ominus$ | 物質 | (状態) | $-\Delta_c H^\ominus$ |
|---|---|---|---|---|---|
| 水素 | $H_2$ (g) | 285.83 | トルエン | $C_7H_8$ (l) | 3910.2 |
| 黒鉛 | C (s, graphite) | 393.51 | ナフタレン | $C_{10}H_8$ (l) | 5156.2 |
| ダイヤモンド | C (s, diamond) | 395.41 | アントラセン | $C_{14}H_{10}$ (s) | 7067.5 |
| 硫黄 | S (s, rhombic) | 296.9 | $\alpha$-D-グルコース | $C_6H_{12}O_6$ (s) | 2805.0 |
| 一酸化炭素 | CO (g) | 282.98 | ショ糖 | $C_{12}H_{22}O_{11}$ (s) | 5653.8 |
| メタン | $CH_4$ (g) | 890.3 | メタノール | $CH_3OH$ (g) | 744.0 |
| アセチレン | $C_2H_2$ (g) | 1299.6 | メタノール | $CH_3OH$ (l) | 726.2 |
| エチレン | $C_2H_4$ (g) | 1411.2 | エタノール | $C_5H_5OH$ (l) | 1367.6 |
| エタン | $C_2H_6$ (g) | 1559.8 | エチレングリコール | $C_2H_6O_2$ (l) | 1189.6 |
| プロピレン | $C_3H_6$ (g) | 2057.8 | 1-ブタノール | $C_4H_9OH$ (l) | 2674.9 |
| プロパン | $C_3H_8$ (g) | 2220 | ギ酸 | HCOOH | 253.8 |
| $n$-ブタン | $C_4H_{10}$ (g) | 2876.29 | 酢酸 | $CH_3COOH$ (l) | 874.2 |
| イソブタン | $i$-$C_4H_{10}$ (g) | 2868.7 | 尿素 | $CO(NH_2)_2$ (s) | 631.4 |
| $n$-ヘキサン | $C_6H_{14}$ (l) | 4163.3 | ホルムアルデヒド | HCHO (g) | 570.8 |
| $n$-ヘプタン | $C_7H_{16}$ (l) | 4817.2 | アセトアルデヒド | $CH_3CHO$ | 1166 |
| $n$-オクタン | $C_8H_{18}$ (l) | 5470.1 | アセトン | $CH_3COCH_3$ | 1790 |
| シクロヘキサン | $C_6H_{12}$ (l) | 3919.6 | アセトニトリル | $CH_3CN$ | 1306 |
| ベンゼン | $C_6H_6$ (l) | 3267.6 | | | |

s は固体，l は液体，g は気体を表す．

bustion) $\Delta_c H^{\ominus}$ の値を示した．

熱化学のデータの中で非常に有用なものに，**標準生成エンタルピー**（標準生成熱, standard enthalpy of formation）$\Delta_f H^{\ominus}$ がある．標準生成エンタルピー $\Delta_f H^{\ominus}$ とは，標準状態にある化合物 1 mol を標準状態にあるその成分元素の単体から生成するときのエンタルピー変化をいう．ただし，単体としては常温（25°C），常圧（0.101 MPa）で最も安定な形態のものとする．例えば，炭素では黒鉛（graphite），酸素では気体の $O_2$ である．また，定義から単体の $\Delta_f H^{\ominus}$ はゼロである．

すでに記載されているものとして，次の例がある．

$H_2(g) + (1/2) O_2(g) = H_2O(l)$,　　$\Delta_f H^{\ominus}(H_2O(l)) = -285.83 \text{ kJ mol}^{-1}$　　(a)

$C(\text{graphite}) + O_2(g) = CO_2(g)$,　　$\Delta_f H^{\ominus}(CO_2(g)) = -393.51 \text{ kJ mol}^{-1}$　　(b)

$C(\text{graphite}) + (1/2) O_2(g) = CO(g)$,　$\Delta_f H^{\ominus}(CO(g)) = -110.53 \text{ kJ mol}^{-1}$　(c)

いくつかの化合物の標準生成エンタルピーは熱量計で直接測ることができるが，他のものはヘスの法則を用いて間接的に求める．すべての炭化水素の標準生成エンタルピー $\Delta_f H^{\ominus}$ は標準燃焼熱 $\Delta_c H^{\ominus}$ から計算で求められる．例えば，メタンの標準燃焼熱は

$CH_4(g) + 2 O_2(g) = CO_2(g) + 2 H_2O(l)$, $\Delta_c H^{\ominus}(CH_4(g)) = -890.3 \text{ kJ mol}^{-1}$ (d)

[(b)+(a)×2-(d)] より，以下のメタンの標準生成エンタルピーを求めることができる．

$$C(\text{graphite}) + 2 H_2(g) = CH_4(g), \quad \Delta_f H^{\ominus}(CH_4(g)) = -74.87 \text{ kJ mol}^{-1}$$

この例のように，ある化合物の標準生成エンタルピーは，その化合物の標準燃焼熱とその化合物の成分元素の単体の標準燃焼熱とを組み合わせることで求めることができる．3章の**表3.1**にいくつかの化合物の標準生成エンタルピー $\Delta_f H^{\ominus}$ の値を示した．

標準生成エンタルピー $\Delta_f H^{\ominus}$ はその化合物の成分元素の単体に対する安定度を示すほかに，標準エンタルピー変化（標準反応熱）$\Delta H^{\ominus}$ を求めるのに役立つ．すなわち

$$\Delta H^{\ominus} = \sum n_j \Delta_f H^{\ominus}(\text{生成物}, j) - \sum n_i \Delta_f H^{\ominus}(\text{反応物}, i) \tag{2.43}$$

式（2.43）は下に示した過程を考えれば容易に理解される．

反応物 ――――→ 単 体 ――――→ 生成物
分解：$-\sum n_i \Delta_f H^{\ominus}(i)$　　　生成：$\sum n_j \Delta_f H^{\ominus}(j)$

$n_i$, $n_j$ は反応式での係数である．

**【例題 2.4】** 反応：$CO(g) + (1/2) O_2(g) \to CO_2(g)$ の標準反応熱 $\Delta H^{\ominus}$ を各化合物の標準生成エンタルピー $\Delta_f H^{\ominus}$ を用いて求めよ．

[解]　　$\Delta H^{\ominus} = \sum n_j \Delta_f H^{\ominus}(\text{生成物}, j) - \sum n_i \Delta_f H^{\ominus}(\text{反応物}, i)$

問の反応に含まれる化合物の標準生成エンタルピーは以下の通りである．

$C(\text{graphite}) + O_2(g) = CO_2(g)$,　$\Delta_f H^{\ominus}(CO_2(g)) = -393.51 \text{ kJ mol}^{-1}$　　(b)

$C(\text{graphite}) + (1/2) O_2(g) = CO(g)$,　$\Delta_f H^{\ominus}(CO(g)) = -110.53 \text{ kJ mol}^{-1}$　(c)

したがって

$$\Delta H^{\ominus} = \Delta_f H^{\ominus}(CO_2(g)) - \Delta_f H^{\ominus}(CO(g)) = (-393.51) - (-110.53)$$
$$= -282.98 \text{ kJ mol}^{-1}$$

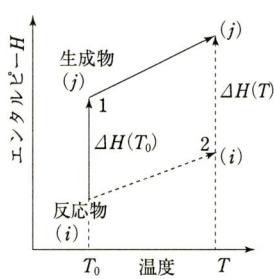

**図 2.7** 反応熱の温度変化

### d. 反応熱の温度変化

25°Cでの反応熱（標準エンタルピー変化 $\Delta H^\ominus$）は**表 3.1** の $\Delta_f H^\ominus$ を利用すれば求めることができるが，任意の温度での反応熱も計算で求めることができれば都合がよい．これも $H$ が状態量であることから，簡単に導くことができる．

図2.7に示すように，経路1（実線）と経路2（破線）でのエンタルピー変化は等しい．

$$\Delta H^\ominus(1) = \Delta H^\ominus(2)$$

さらに，次の関係が成り立つ．

$$\Delta H^\ominus(1) = \Delta H^\ominus(T_0) + \int_{T_0}^{T} \left(\sum n_j C_{P,\mathrm{m}}(j)\right) dT$$

$$\Delta H^\ominus(2) = \Delta H^\ominus(T) + \int_{T_0}^{T} \left(\sum n_i C_{P,\mathrm{m}}(i)\right) dT$$

したがって

$$\Delta H^\ominus(T) = \Delta H^\ominus(T_0) + \int_{T_0}^{T} \Delta C_P \, dT \tag{2.44}$$

$$\Delta C_P = \sum n_j C_{P,\mathrm{m}}(j) - \sum n_i C_{P,\mathrm{m}}(i) \tag{2.45}$$

式（2.44）は**キルヒホッフ**（G. R. Kirchhoff）**の式**とよばれている．表2.3に示すように，一般に物質の定圧モル熱容量 $C_{P,\mathrm{m}}$ には温度依存性があるので式（2.44）を用いなければならないが，温度 $T$ が $T_0$ とあまり違わなければ $\Delta C_P$ は一定とみなしてもよい．この場合，式（2.44）はより簡単な式（2.46）となる．

$$\Delta H^\ominus(T) = \Delta H^\ominus(T_0) + \Delta C_P (T - T_0) \tag{2.46}$$

**表 2.5** 原子化熱 $Q_\mathrm{a}$

| 単体（状態） | $Q_\mathrm{a}$ [kJ mol$^{-1}$] |
|---|---|
| C (s, graphite) | 716.67 |
| 1/2 H$_2$ (g) | 217.97 |
| 1/2 F$_2$ (g) | 79.0 |
| 1/2 Cl$_2$ (g) | 121.68 |
| 1/2 Br$_2$ (g) | 111.88 |
| 1/2 I$_2$ (g) | 106.84 |
| 1/2 O$_2$ (g) | 249.17 |
| 1/2 N$_2$ (g) | 427.7 |
| S (s, rhombic) | 278.81 |

### e. 平均結合エネルギー

単体を気体状の原子にする反応のエンタルピー変化は**解離熱**あるいは**昇華熱**として測定される．これを**原子化熱**（heat of atomization）$Q_\mathrm{a}$ といい，標準状態での反応では原子の標準生成エンタルピーである．表2.5にいくつかのデータを示した．

$$(1/2)\mathrm{H}_2(\mathrm{g}) = \mathrm{H}(\mathrm{atom}), \quad Q_\mathrm{a}(\mathrm{H}) = \Delta_f H^\ominus(\mathrm{H}) = 217.97 \text{ kJ mol}^{-1} \tag{e}$$

$$\mathrm{C}(\mathrm{graphite}) = \mathrm{C}(\mathrm{atom}), \quad Q_\mathrm{a}(\mathrm{C}) = \Delta_f H^\ominus(\mathrm{C}) = 716.67 \text{ kJ mol}^{-1} \tag{f}$$

ある化合物の標準生成エンタルピー $\Delta_f H^\ominus$ と化合物の成分元素（$i$）の原子の原子化熱 $Q_\mathrm{a}(i)$ とを組み合わせると，気体状原子からその化合物を生成するときの反応熱（標準エンタルピー変化）$\Delta_\mathrm{a} H^\ominus$ を求めることができる．

$$\Delta_\mathrm{a} H^\ominus = \Delta_f H^\ominus - \sum n_i Q_\mathrm{a}(i) \tag{2.47}$$

式（2.47）も式（2.43）と同様に，下に示した過程を考えれば理解される．

$$\text{原子} \longrightarrow \text{単体} \longrightarrow \text{化合物}$$
$$-\sum n_i Q_\mathrm{a}(i) \qquad \Delta_f H^\ominus$$

$\Delta_\mathrm{a} H^\ominus$ のデータからは化学結合に関する重要な情報が得られる．例えば，メタン分子の生成の場合，すなわち，式（g）

$$\mathrm{C}(\mathrm{graphite}) + 2\mathrm{H}_2(\mathrm{g}) = \mathrm{CH}_4(\mathrm{g}), \quad \Delta_f H^\ominus(\mathrm{CH}_4) = -74.87 \text{ kJ mol}^{-1} \tag{g}$$

と式（e），（f）とを組み合わせ，(g) $-$ [(f) $+$ (e) $\times 4$] を行えば

$$\mathrm{C}(\mathrm{atom}) + 4\mathrm{H}(\mathrm{atom}) = \mathrm{CH}_4(\mathrm{g}), \quad \Delta_\mathrm{a} H^\ominus(\mathrm{CH}_4) = -1663 \text{ kJ mol}^{-1} \tag{h}$$

が得られる．$\Delta_\mathrm{a} H^\ominus$ には生成物と反応物との並進，回転，振動や $PV$ のエネルギー差も含まれているが，この値は常温では小さいので，$\Delta_\mathrm{a} H^\ominus$ は主に原子間の結合によって生じる安定化エネルギーとみなすことができる．メタン分子は4つのC-H結合をもつので，1つのC-H結合には平均として，$E$(C-H) $= 1663/4 =$

$416\,\mathrm{kJ\,mol^{-1}}$ の安定化エネルギーが割り当てられる．これを C-H 結合の**平均結合エネルギー**（mean bond energy）という．平均結合エネルギーはその結合が含まれている分子によって多少異なる．代表的な値を表 2.6 に示した．

表 2.6 平均結合エネルギー $E$

| 結合 | $E\,[\mathrm{kJ\,mol^{-1}}]$ | 結合 | $E\,[\mathrm{kJ\,mol^{-1}}]$ | 結合 | $E\,[\mathrm{kJ\,mol^{-1}}]$ |
|---|---|---|---|---|---|
| C−C | 347.7 | H−H | 436.0 | H−F | 563.2 |
| C=C* | 1607 | O−O | 138.9 | H−Cl | 431.8 |
| C≡C* | 828 | O=O* | 490.4 | H−Br | 366.1 |
| C−H | 413.4 | N−N | 160.7 | H−I | 298.7 |
| C−O | 351.5 | N≡N* | 941.8 | O−H | 462.8 |
| C=O* | 724 | F−F | 153.1 | N−H | 390.8 |
| C−N | 291.6 | Cl−Cl | 242.7 | S−H | 130.1 |
| C≡N* | 791 | Br−Br | 192.9 | | |
| C−F | 441.0 | I−I | 151.0 | | |
| C−Cl | 328.4 | S−S | 213.0 | | |
| C−Br | 275.7 | | | | |
| C−I | 240.2 | | | | |
| C−S | 259.4 | | | | |

\* 多重結合は 0 K の結合エネルギー．

## 練習問題（2章）

**2.1** 物質量 $n\,\mathrm{mol}$ の理想気体が状態 1 $(P_1, V_1, T_1)$ から状態 2 $(P_2, V_2, T_2)$ に定温圧縮されるとき，系（理想気体）にされる（外界がする）仕事 $W$ を次の 2 つの場合について求めよ．また，系にされる仕事はどちらの場合が大きいか，図を用いて示せ．
　(a) 可逆的に圧縮される．
　(b) 一定の圧力で圧縮される．

**2.2** $C_{V,\mathrm{m}} > C_{P,\mathrm{m}}$ となる物質がある．例をあげよ．

**2.3** 熱量 $Q$ が状態量でないことを，2.2 節 b の例を用いて示せ．ただし，系は理想気体とする．

**2.4** $373.2\,\mathrm{K}\,(100\,°\mathrm{C})$，$0.1013\,\mathrm{MPa}\,(1\,\mathrm{atm})$ 下で $1\,\mathrm{mol}$ の水が蒸発するとき，系がした仕事 $-W$ はいくらか．ただし，水蒸気および水の体積は $373.2\,\mathrm{K}$，$0.1013\,\mathrm{MPa}\,(1\,\mathrm{atm})$ でそれぞれ $1670$，$1.00\,\mathrm{cm^3\,g^{-1}}$ である．

**2.5** 水の蒸発熱は $373.2\,\mathrm{K}$ で $2257\,\mathrm{J\,g^{-1}}$ である．$373.2\,\mathrm{K}$，$0.1013\,\mathrm{MPa}\,(1\,\mathrm{atm})$ での水と水蒸気の $1\,\mathrm{mol}$ あたりのエンタルピー差 $\Delta H$ および内部エネルギー差 $\Delta U$ を求めよ（問 2.4 参照）．

**2.6** $3\,\mathrm{mol}$ の単原子分子理想気体が $298.2\,\mathrm{K}\,(25\,°\mathrm{C})$ で $1\,\mathrm{dm^3}$ から $2\,\mathrm{dm^3}$ まで定温可逆膨張するとき，吸収する熱量 $Q$ を求めよ．

**2.7** $298.2\,\mathrm{K}$，$0.6078\,\mathrm{MPa}\,(6\,\mathrm{atm})$ の単原子分子理想気体 $1\,\mathrm{mol}$ を断熱膨張させ，最終的に $0.1013\,\mathrm{MPa}\,(1\,\mathrm{atm})$ にした．その際，(1) 可逆的に膨張させた．(2) $0.1013\,\mathrm{MPa}\,(1\,\mathrm{atm})$ の外圧に抗して急激に膨張させた．それぞれの場合において，(a) 気体の最終の温度 $T_\mathrm{f}$，(b) 気体がした仕事 $-W$，(c) 気体の内部エネルギー変化 $\Delta U$，(d) 気体のエンタルピー変化 $\Delta H$ を求めよ．

**2.8** 理想気体に対して $(\partial H / \partial P)_T = 0$ が成り立つことを証明せよ．

**2.9** 表 3.1 の標準燃焼熱 $\Delta_\mathrm{c} H^\ominus$ のデータからエチレンおよびエタンの標準生成エンタルピー $\Delta_\mathrm{f} H^\ominus$ を求めよ．また，エチレンの水素添加反応の反応熱 $\Delta H^\ominus$ を求めよ．

**2.10** $100\,°\mathrm{C}$，$0.101\,\mathrm{MPa}\,(1\,\mathrm{atm})$ における水の蒸発熱は $40.66\,\mathrm{kJ\,mol^{-1}}$ である．$27\,°\mathrm{C}$，$0.101\,\mathrm{MPa}\,(1\,\mathrm{atm})$ における水の蒸発熱を計算せよ．ただし，定圧モル熱容量 $C_{P,\mathrm{m}}$ は以下に示すとおりである．
$C_{P,\mathrm{m}}(水) = 75.48\,\mathrm{J\,K^{-1}\,mol^{-1}}$
$C_{P,\mathrm{m}}(水蒸気) = [30.54 + 10.29 \times 10^{-3}(T/\mathrm{K})]\,\mathrm{J\,K^{-1}\,mol^{-1}}$

**2.11** 標準状態でメタンおよびエタンを構成原子から生成するときの反応熱 $\Delta_\mathrm{a} H^\ominus$ を求め，これから平均結合エネルギー $E(\text{C-H})$，$E(\text{C-C})$ を求めよ．

# 3 熱力学第二法則

## ● 3.1 エントロピー

### a. エントロピーの熱力学定義

**熱力学第一法則**はエネルギー保存の法則であるが，この法則から自発変化（不可逆変化）の方向を予測することはできない．例えば，理想気体の真空への拡散を考えよう．理想気体を閉じ込めてある容器の活栓を開くと，気体は自然に真空容器の方に拡散していく．気体が拡散し始めたとき容器内の圧力は均一ではないが，やがて均一状態になり新たな平衡状態に到達する．この状態から再び理想気体が容器の一方に集まり，元の状態が生じることは考えられない．すなわち，理想気体の真空中への拡散は自発変化である．しかし，元の状態が再び生じたとしても熱力学第一法則に反したわけでもない．なぜならば，この変化（定温変化）に対して系（理想気体）の内部エネルギーは変化せず一定であり，また，外界もエネルギーを吸収しておらず，全エネルギーは保存されているからである．今度は熱の移動を考えてみよう．外界と遮断された断熱系になっている金属棒の一部が高温であるとき，金属棒の温度が均一になるまで，すなわち平衡状態になるまで，熱は高温部から低温部へ流れる．逆に，均一な温度の金属棒に高温部と低温部が生じ，元の状態に戻ることはあり得ない．しかし，このような逆の変化が生じたとしても体積変化のない断熱系であるから，系の内部エネルギーは変化せず保存されている．これらの例でみられるように，熱力学第一法則は系の自発変化を完全に規定するものではない．

**熱力学第二法則**では，系の自発変化の方向および最終の平衡状態を予測する**エントロピー**（entropy）という新たな熱力学関数 $S$ を導入する．系の微小な変化に対する系のエントロピー $S$ の増加量を次のように定義する．

$$dS = \frac{d'Q_r}{T} \tag{3.1}$$

ここで，$d'Q_r$ は可逆変化で系が吸収した熱量である．系が状態 1 から状態 2 へ有限の変化をした場合のエントロピー変化は，状態 1, 2 のエントロピーをそれぞれ $S(1)$, $S(2)$ とすると

$$\Delta S = S(2) - S(1) = \int_1^2 dS = \int_1^2 \frac{d'Q_r}{T} \tag{3.2}$$

$S$ は状態量である（3.2 節 c）から，$\Delta S$ は系がたどった経路には無関係で，系の最初と最後の状態のみに依存する．しかし，重要なことは $\Delta S$ を求めるときは**可逆過程**（reversible process）をたどらなければならないということである．

### b. 可逆変化と不可逆変化

**可逆変化**（reversible change）とは，系が平衡状態を保ちながら，外部条件の微小な変化に対して正逆両方に変化することが可能であり，また，系が元の状態に戻ったときに，系および外界を含めた自然界（宇宙）全体が変化の痕跡をまったく

残さず元の状態に戻ることができることをいう．例えば，摩擦のないピストンをもつ容器に物質量 $n$，温度 $T$，圧力 $P$ の理想気体を含む系の定温変化を考えよう．系を温度 $T$ の熱浴（恒温槽）に入れておき，ピストンに気体の圧力に等しい外圧 $P_e$ が作用しているとする．系は平衡状態にあるので，このままでは変化は生じない．しかし，系内の圧力の均一性を乱すことがないように（系の平衡状態を保ちながら）非常にゆっくり，外圧 $P_e$ を気体の圧力 $P$ よりも無限小だけ小さくすると系は膨張し，また，大きくすると圧縮される．系がこのような**準静的変化**で体積 $V_1$ から $V_2$ に膨張したとき，系が外界に対してした仕事 $-W_r$ および系の温度を一定に保つために外界から吸収した熱 $Q_r$ は 2.5 節 a で示したように式 (2.23) で表される．

$$-W_r = Q_r = nRT \ln(V_2/V_1)$$

次に膨張した系を準静的に体積 $V_2$ から $V_1$ に圧縮して系を元の状態に戻すとき，系は外界から $-W_r$ の仕事をされ，また，$Q_r$ の熱を外界に放出する．結局，系内外に何の痕跡も残さないで，系は元の状態に戻ったことになる．つまり，準静的変化は可逆変化である．準静的変化は 1 サイクルするのに無限の時間を要し，実際にこの変化が起こることはない．準静的変化（可逆変化）は思考実験的なものである．

これに対して，系の圧力 $P$ と外圧 $P_e$ との間に有限の差があり，$P > P_e$ であれば，外圧 $P_e$ がわずかに増加しても系は圧縮されず，有限の速さで膨張するだけである．また，変化の途中において系内の圧力が均一でないという非平衡の状態が生じる．さらに，系と系に接触している外界との温度が異なっていれば熱の一方向の（不可逆的な）移動も生じる．いま，**不可逆変化**（irreversible change）の例として，再び理想気体の定温変化を考えよう．系（理想気体）が体積 $V_1$ から $V_2$ に膨張する過程 1 では

$$\Delta U_1 = Q_{1,\text{ir}} + W_{1,\text{ir}} = 0$$

また，外圧を $P_{e,1}$ とすると

$$-W_{1,\text{ir}} = \int_{V_1}^{V_2} P_{e,1} dV = Q_{1,\text{ir}}$$

系を元の状態に有限の速さで戻す過程 2 では，外圧を $P_{e,2}$ とすると同様にして

$$W_{2,\text{ir}} = -\int_{V_2}^{V_1} P_{e,2} dV = -Q_{2,\text{ir}}$$

これらの過程において，系の体積が $V$ のとき，常に $P_{e,2} > P > P_{e,1}$ であるから，

$$|W_{2,\text{ir}}| - |W_{1,\text{ir}}| = |Q_{2,\text{ir}}| - |Q_{1,\text{ir}}| > 0$$

となる．したがって，系が元の状態に戻ったとき，外界がした仕事 $|W_{2,\text{ir}}| - |W_{1,\text{ir}}|$ が熱 $|Q_{2,\text{ir}}| - |Q_{1,\text{ir}}|$ になって外界に残ることになる（この熱を系内外に何の痕跡も残さず，すべて仕事に変えることはできない）．これはこのサイクルが**不可逆過程**（irreversible process）を含んでいることを意味している．

この章では，系の変化の可逆性・不可逆性をエントロピー変化に基づいて判定できることを学ぶ（3.3 節を参照）．その前に，3.2 節で熱機関を用いてエントロピーの性質（状態量）を考えよう．

## ● 3.2 カルノーサイクルとエントロピーの性質

### a．熱機関

熱は力学的な仕事によって発生させることができるが，これとは逆に熱を仕事に変えることが蒸気機関の発明以来，興味の対象となってきた．熱を仕事に変えるもの（タービン，蒸気機関）を**熱機関**という．図 3.1 に示すように，熱機関は一

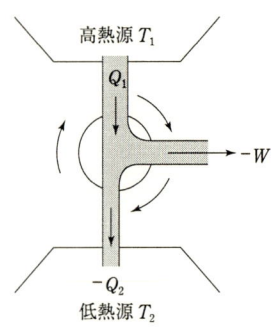

図 3.1 熱機関の模式図
$\Delta U = Q_1 + Q_2 + W = 0$
($Q_1 > 0$, $Q_2 < 0$, $W < 0$)

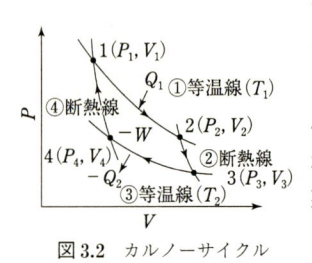

図 3.2 カルノーサイクル

一般的に，温度 $T_1$ の高熱源から熱 $Q_1$ を得て，熱機関の作業物質（例えば水蒸気）を膨張させることで熱 $Q_1$ の一部を仕事 $|W|$ に変え，残りの熱 $|Q_2|$ を温度 $T_2$ の低熱源に戻すという循環過程（サイクル）を繰り返し行うものである．熱機関を系とみなすと，1サイクルしたとき系は元の状態に戻っているから

$$\Delta U = Q_1 + Q_2 + W = 0 \quad (Q_1 > 0,\ Q_2 < 0,\ W < 0) \tag{3.3}$$

熱機関では高熱源から得た熱のうちどのくらいが正味の仕事に使われたかが重要で，それを熱機関の**仕事効率** $e$ として定義する．

$$e = -W/Q_1 = (Q_1 + Q_2)/Q_1 \tag{3.4}$$

**b. カルノーサイクル**

**カルノー熱機関**は作業物質を気体とし，図 3.2 に示す，①等温→②断熱→③等温→④断熱の過程をすべて準静的に行うものである．このサイクルは可逆サイクルをなしており，これを**カルノーサイクル**という．すなわち，気体の圧力はピストンに作用している外圧と無限小異なるだけであり，また，定温過程では系の温度を一定に保つため，熱は気体の膨張や圧縮で生じる微小な温度勾配に従って可逆的に熱源から熱機関にあるいは逆方向に流れる．ここで，カルノー熱機関の作業物質を理想気体とすると，正味の仕事などの解析が非常に簡単になる．以下では各過程での熱および仕事を計算し，カルノー熱機関の仕事効率を求める．

**過程 1** 温度 $T_1$ の高熱源から熱 $Q_1$ を吸収して，理想気体は状態 1 ($V_1$, $T_1$) から状態 2 ($V_2$, $T_1$) に**定温可逆膨張**する．このとき，理想気体がした仕事 $-W_1$ は $\Delta U_1 = 0$ より

$$-W_1 = Q_1 = nRT_1 \ln(V_2/V_1) \tag{3.5}$$

**過程 2** 気体は状態 2 ($V_2$, $T_1$) から状態 3 ($V_3$, $T_2$) に**断熱可逆膨張**する．このとき $Q = 0$ であり，気体が仕事をした分 ($-W_2$)，その内部エネルギーは減少する．したがって温度も低下し $T_2$ になる．理想気体であるので，式 (2.37) より

$$-W_2 = -\Delta U_2 = -nC_{V,m}(T_2 - T_1) \tag{3.6}$$

また，断熱可逆変化であるので，ポアソンの関係式 (2.34) より

$$T_2/T_1 = (V_2/V_3)^{\gamma-1} \tag{3.7}$$

**過程 3** 気体は状態 3 ($V_3$, $T_2$) から状態 4 ($V_4$, $T_2$) に**定温可逆圧縮**される．このとき気体は仕事をされ ($W_3$)，その分，熱 ($-Q_2$) を低熱源に与える．過程 1 と同様にして，$\Delta U_3 = 0$ より

$$W_3 = -Q_2 = -nRT_2 \ln(V_4/V_3) \tag{3.8}$$

**過程 4** 気体は状態 4 ($V_4$, $T_2$) から状態 1 ($V_1$, $T_1$) に**断熱可逆圧縮**される．$Q = 0$ で，気体は仕事をされ ($W_4$)，温度は上昇して $T_1$ に戻る．過程 2 と同様にして

$$W_4 = \Delta U_4 = nC_{V,m}(T_1 - T_2) = -W_2 \tag{3.9}$$

また，ポアソンの関係式 (2.34) より

$$T_2/T_1 = (V_1/V_4)^{\gamma-1} \tag{3.10}$$

以上の結果より，1サイクル後の内部エネルギー変化 $\Delta U$ は

$$\Delta U = \Delta U_1 + \Delta U_2 + \Delta U_3 + \Delta U_4 = 0 \tag{3.11}$$

系（理想気体）がした正味の仕事 $-W$ は図 3.2 のカルノーサイクルで囲まれた面積に相当し，

$$\begin{aligned}-W &= -(W_1 + W_2 + W_3 + W_4) = -(W_1 + W_3) \\ &= nRT_1 \ln(V_2/V_1) + nRT_2 \ln(V_4/V_3)\end{aligned} \tag{3.12}$$

式 (3.12) は，式 (3.7)，(3.10) の関係式 $V_2/V_3 = V_1/V_4$ から次のようになる．

$$-W = nR(T_1 - T_2)\ln(V_2/V_1) \tag{3.13}$$

したがって，カルノー熱機関（可逆熱機関）の仕事効率 $e_r$ は式 (3.4), (3.5), (3.13) より

$$e_r = -W/Q_1 = (Q_1 + Q_2)/Q_1 = (T_1 - T_2)/T_1 \tag{3.14}$$

すなわち，仕事効率 $e_r$ は熱源の温度 $T_1$, $T_2$ によって決まることがわかる．カルノーはまた与えられた 2 つの温度の熱源の間で働く熱機関のうち，可逆熱機関はどんな作業物質のときでもすべて同じ仕事効率をもち，不可逆熱機関の仕事効率はすべてこれより小さいことを証明した．

---

*column*

カルノー
Nicolas Lêonard
Sadi Carnot
1796〜1832

フランスの物理学者・数学者．著名な政治家である Lazare Carnot (1753-1823) の子である．数学・物理・化学・博物学などに異常な天分をもち，音楽・美術・運動にも通じた．一時軍服に服したが 1827 年に退き，コレラのため没した．彼の名はカルノーサイクルにより知られているが，その内容は熱力学第二法則である．しかし，彼の論文 "Rêflexions sur la puissance motrice du feu, et sur les machines propres â dêvelopper cette puissance (1824)（蒸気機関の動力と，その動力を利用するのに適した機関についての考察）" は刊行の 20 年後に Lord Kelvin によって認められるまで一般には知られなかった．なお，1927 年に至って彼の遺稿が公刊されたが，それには熱力学第一法則に相当するエネルギー保存則，熱の仕事量，熱の分子運動などが含まれている．

［参照：主に「岩波理化学辞典 第 3 版」，岩波書店］

---

#### c. エントロピーの性質

式 (3.14) を変形すると

$$Q_1/T_1 + Q_2/T_2 = 0 \tag{3.15}$$

となる．ここで，カルノーサイクルのエントロピー変化 $\Delta S$ を求めよう．過程 1 と 3 が定温可逆変化であり，過程 2 と 4 が断熱可逆変化であることに注意すると

$$\Delta S = \oint dS = \oint \frac{d'Q_r}{T} = \frac{Q_1}{T_1} + \frac{Q_2}{T_2}$$

と表され，式 (3.15) から，$\Delta S = \oint dS = 0$ になることがわかる．これは 2.4 節で述べたように，"エントロピー $S$ が状態量である" ことを示している．また，任意の可逆サイクルは多くの小さなカルノーサイクルからできているとみなすことができる．したがって，一般化すると任意の可逆サイクルに対して次式が成立する．

$$\oint dS = \oint \frac{d'Q_r}{T} = \oint \frac{d'Q_r}{T_e} = 0 \tag{3.16}$$

ここで，$T_e$ は外界（熱源）の温度である．注意すべきなのは，式 (3.14) や (3.15) での温度は式 (3.16) に示したように，外界（熱源）の温度であるということである．ただし，可逆変化では系と外界の温度は等しい．

### ● 3.3 不可逆変化と熱力学第二法則

#### a. 不可逆過程を含む熱機関

図 3.3 に，図 3.2 に対応した**不可逆過程** (irreversible process) を含むサイクルを示した．1 サイクルしたときは，$\Delta U = 0$ であるから

$$-W_{ir} = Q_1 + Q_2' \tag{3.17}$$

$$e_{ir} = -W_{ir}/Q_1 = (Q_1 + Q_2')/Q_1 \tag{3.18}$$

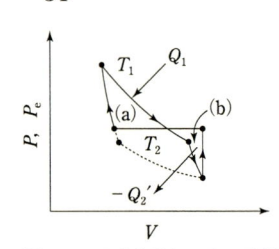

**図3.3** 不可逆過程を含む熱機関のサイクル
$-W_{ir}=$ 面積(a)−(b)（図3.2のカルノーサイクルと比較せよ）

図3.3から明らかなように $-W_{ir} < -W_r$ であるから，不可逆過程を含む熱機関の仕事効率は可逆熱機関のものよりも小さい．すなわち，$e_{ir} < e_r$ である．

$$e_{ir} = (Q_1 + Q_2')/Q_1 < (T_1 - T_2)/T_1 = e_r \tag{3.19}$$

この式を変形すれば

$$Q_1/T_1 + Q_2'/T_2 < 0 \tag{3.20}$$

これを任意の不可逆過程を含むサイクル（不可逆サイクル）にまで一般化すると

$$\oint \frac{d'Q_{ir}}{T_e} < 0 \tag{3.21}$$

が得られる．ここで，$T_e$ は外界の温度である．式（3.16）の可逆サイクルも含めれば

$$\oint \frac{d'Q}{T_e} \leq 0 \quad \text{（等号は可逆のとき）} \tag{3.22}$$

となる．これを**クラウジウス**（R. J. E. Clausius）の**不等式**といい，$d'Q/T_e$ を**換算熱量**（reduced heat quantity）という．

**b. 熱力学第二法則**

図3.4に示すような，実際に生じた不可逆過程（1 → 2）とそれを元に戻す思考的な可逆過程（2 → 1）とからなる1つのサイクルを考える．式（3.21）より

$$\oint \frac{d'Q_{ir}}{T_e} = \int_1^2 \frac{d'Q_{ir}}{T_e} + \int_2^1 \frac{d'Q_r}{T} < 0 \tag{3.23}$$

右辺第2項は $S(1) - S(2)$ であり，これを移項すると

$$S(2) - S(1) > \int_1^2 \frac{d'Q_{ir}}{T_e}$$

すなわち

$$\Delta S = S(2) - S(1) = \int_1^2 dS = \int_1^2 \frac{d'Q_r}{T} > \int_1^2 \frac{d'Q_{ir}}{T_e} \tag{3.24}$$

**図3.4** 不可逆過程と可逆過程とからなるサイクル

式（3.24）は"1から2への系の状態変化に伴うエントロピー変化は，系が実際にたどった1 → 2への不可逆過程での換算熱量の総和よりも大きい"ことを示している．

式（3.2）の可逆変化も含めると，以下のようになる．

$$\Delta S = \int_1^2 dS \geq \int_1^2 \frac{d'Q}{T_e} \quad \text{（等号は可逆のとき）} \tag{3.25}$$

微小な変化に対しては，式（3.25）を微分形で表す．

$$dS \geq \frac{d'Q}{T_e} \quad \text{（等号は可逆のとき）} \tag{3.26}$$

式（3.25），（3.26）が**熱力学第二法則**（second law of thermodynamics）の数式による表現である．式（3.26）を変形すると

$$dS + (-d'Q)/T_e \geq 0 \tag{3.27}$$

この式で，左辺第2項は外界が吸収した熱（$d'Q_e = -d'Q$）を外界の温度 $T_e$ で割ったものであるから，これを外界のエントロピー変化 $dS_e$ と定義すれば，式（3.27）は次式になる．

$$dS + dS_e \geq 0 \tag{3.28}$$

有限の変化に対しては

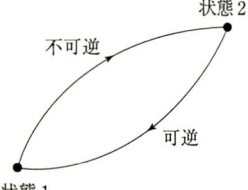

$$\Delta S + \Delta S_e \geq 0 \qquad (3.29)$$

すなわち，"系内で何らかの不可逆変化が生じたとき，系と外界とを含む自然界（宇宙）全体のエントロピーは増加し，可逆変化をするときだけ全エントロピーは変わらず一定であり，全エントロピーが減少することは決して生じない．"これは第二法則の1つの表現であり，エントロピー増大の法則とよばれる．外界との相互作用がまったくない孤立系（断熱系でもある）では $d'Q=0$ であるから，式(3.25)，(3.26) より

$$\Delta S \geq 0, \quad dS \geq 0 \qquad (3.30)$$

である．この場合もエントロピーが減少することはない．孤立系では内部エネルギーは一定であるが，系が平衡に達するまで系のエントロピーは増加し続けることになる．

## ● 3.4 エントロピー変化の計算と熱力学第二法則の適用

これまではエントロピー変化の計算は行わず，概念的なことを述べてきた．しかし，系の変化が可逆変化であるかどうかを判断するためには，当然具体的なエントロピー変化の計算が必要になる．ここでは代表的なエントロピー変化の計算例を示す．エントロピーは状態量であるから系の変化の前後の状態が決まればエントロピーの変化量 $\Delta S$ は一定であるが，$\Delta S$ を求めるとき考慮すべき経路は実際に系がたどった経路ではなく，可逆的な経路である．それゆえ，計算の基本は熱力学第一法則に可逆変化（準静的変化）を適用することである．すなわち

$$d'Q_r = dU + PdV = dH - VdP$$
$$\therefore dS = d'Q_r/T = (dU + PdV)/T = (dH - VdP)/T \qquad (3.31)$$

この節ではさらに，これらの計算結果を基にして，熱力学第二法則を具体的な例に適用する．

### a. エントロピー変化の計算例

**(1) 系の温度変化に伴うエントロピー変化** 系の温度と無限小異なる熱源を系に次々と接触させることによって，可逆的に熱を移動させ，系の温度を可逆的に変化させるようにする．定圧のもとで外界から系に熱を可逆的に加えて系の温度を上昇させるとき，式 (3.31) および (2.31) より

$$dS = \frac{dH}{T} = nC_{P,m}\frac{dT}{T} = nC_{P,m}\, d\ln T \qquad (3.32)$$

$T_1 \to T_2$ の有限の変化に対しては

$$\Delta S = \int_{T_1}^{T_2} nC_{P,m}\frac{dT}{T} = \int_{\ln T_1}^{\ln T_2} nC_{P,m}\, d\ln T \qquad (3.33)$$

$C_{P,m}$ が温度 $T_1 \sim T_2$ の範囲で一定ならば，より簡単な次式になる．

$$\Delta S = nC_{P,m}\ln(T_2/T_1) \qquad (3.34)$$

定積のもとでも同様にして，式 (3.31) および (2.27) より

$$dS = \frac{dU}{T} = nC_{V,m}\frac{dT}{T} = nC_{V,m}\, d\ln T \qquad (3.35)$$

$$\Delta S = \int_{T_1}^{T_2} nC_{V,m}\frac{dT}{T} = \int_{\ln T_1}^{\ln T_2} nC_{V,m}\, d\ln T \qquad (3.36)$$

$C_{V,m}$ が温度 $T_1 \sim T_2$ の範囲で一定ならば次式になる．

$$\Delta S = nC_{V,m}\ln(T_2/T_1) \qquad (3.37)$$

**(2) 相変化（相転移）に伴うエントロピー変化** 定温，定圧のもとで2相が相平衡にあるとき，例えば，0.101 MPa (1 atm)，0°Cでの水と氷，または0.101 MPa，100°Cでの水と水蒸気などは平衡状態を保ちながら可逆的に相変化させることができる．これらの相変化（相転移）に伴って系（物質）が吸収（あるいは放出）する熱はエンタルピー変化に等しい (2.3節 a，2.6節 aを参照)．したがって，固相間の転移点 $T_t$ や融点 $T_m$，沸点 $T_b$ における物質1 molあたりの転移熱，融解熱および蒸発熱をそれぞれ $\Delta_\alpha^\beta H_m$，$\Delta_s^l H_m$，$\Delta_l^g H_m$ とすれば，物質1 molあたりのエントロピー変化は次のようになる．

$$\Delta_\alpha^\beta S_m = \Delta_\alpha^\beta H_m / T_t \tag{3.38}$$

$$\Delta_s^l S_m = \Delta_s^l H_m / T_m \tag{3.39}$$

$$\Delta_l^g S_m = \Delta_l^g H_m / T_b \tag{3.40}$$

注意を促しておくと，相変化も不可逆的に生じることがある．例えば，0.101 MPaのもとで，-10°Cの過冷水が-10°Cの氷に相変化し，熱を発生する．このとき，実際に発生した凝固熱を用いたのではエントロピー変化を求めることはできない．可逆変化を考える必要がある（3.4節 bを参照）．

**(3) 理想気体の状態変化に伴うエントロピー変化** 理想気体は式 (2.26)，(2.30) に示したように，$dU = nC_{V,m}dT$，$dH = nC_{P,m}dT$ である．これらの式と式 (3.31) より

$$dS = n(C_{V,m}dT/T + RdV/V) \tag{3.41}$$

$$dS = n(C_{P,m}dT/T - RdP/P) \tag{3.42}$$

理想気体が状態1 $(P_1, V_1, T_1)$ から状態2 $(P_2, V_2, T_2)$ に可逆変化するとき，定温・体積変化 $(V_1 \rightarrow V_2)$ → 定積・温度変化 $(T_1 \rightarrow T_2)$ を考えると，式 (3.41) より

$$\Delta S = n\{C_{V,m}\ln(T_2/T_1) + R\ln(V_2/V_1)\} \tag{3.43}$$

定温・圧力変化 $(P_1 \rightarrow P_2)$ → 定圧・温度変化 $(T_1 \rightarrow T_2)$ を考えると，式 (3.42) より

$$\Delta S = n\{C_{P,m}\ln(T_2/T_1) - R\ln(P_2/P_1)\} \tag{3.44}$$

となる．もちろん，式 (3.43) と (3.44) の $\Delta S$ の値は等しい．

**(4) 2種類の理想気体の定温定圧混合に伴うエントロピー変化** 物質量 $n_A$，圧力 $P$，温度 $T$ で体積 $V_A$ を占める理想気体 A と物質量 $n_B$，圧力 $P$，温度 $T$ で体積 $V_B$ を占める理想気体 B とを混合して，同温，同圧で体積 $(V_A + V_B)$ を占める混合気体を作るときのエントロピー変化 $\Delta_{mix}S$ を求めよう．この過程は図3.5に示すように，2つの過程に分けて考えるとわかりやすい．最初に，気体 A，B をそれぞれ混合後の体積 $(V_A + V_B)$ まで定温可逆的に膨張させる（過程1）．次に，膨張させた各気体を半透膜を備えた箱を用いて可逆的に混合させる（過程2）．

過程1でのそれぞれの気体のエントロピー変化は式 (3.43) より

$$\Delta S_A = n_A R \ln\{(V_A + V_B)/V_A\} = -n_A R \ln x_A$$

$$\Delta S_B = n_B R \ln\{(V_A + V_B)/V_B\} = -n_B R \ln x_B$$

ここで，$x_A$，$x_B$ は混合気体中での成分 A，B のモル分率である．過程2ではそれぞれ成分気体の一方しか通さない半透膜があるため，各気体は混合に際して仕事をしないし ($W=0$)，また理想気体であるから混合に際して内部エネルギーも変化しない ($\Delta U = 0$)．したがって熱の出入りもなく ($Q_r = 0$)，この過程でのエントロピー変化はないことになる ($\Delta S = 0$)．なお，この操作と逆の操作を行えば，系内外に何の痕跡も残さずに混合する前の状態に系を戻すことができるので，過程

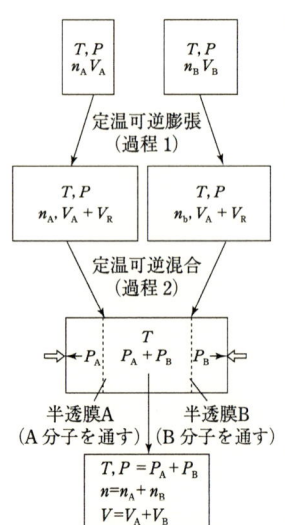

**図3.5** 2種類の理想気体の可逆混合過程

2 は可逆変化である．結局，2 種類の理想気体の定温定圧混合に伴うエントロピー変化 $\Delta_{mix}S$ は次式で表される．

$$\Delta_{mix}S = \Delta S_A + \Delta S_B = -R(n_A \ln x_A + n_B \ln x_B) \tag{3.45}$$

【例題 3.1】 次の変化に対するエントロピー変化を求めよ．
(1) 定圧のもとで，100.0 g の水の温度が 25°C から 50°C に上昇した．ただし，水の定圧モル熱容量 $C_{P,m} = 75.48\ \mathrm{J\ K^{-1}\ mol^{-1}}$ である．
(2) 定圧のもとで，単原子分子理想気体 2 mol からなる系の温度が 25°C から 50°C に上昇した．
(3) 300.0 K，0.1013 MPa の単原子分子理想気体 1 mol (体積 24.52 dm³) が圧縮加熱されて，350.0 K，0.5065 MPa の状態になった．
(4) 373.2 K，0.1013 MPa の水 1 mol が，同温・同圧の水蒸気になった．ただし，373.2 K，0.1013 MPa の水の蒸発熱は 40.66 kJ mol⁻¹ である．
(5) 298.2 K，0.1013 MPa で 2 mol の理想気体 A と同温・同圧の 3 mol の理想気体 B とを混合して，298.2 K，0.1013 MPa の理想混合気体にした．

［解］
(1) 液体の定圧・温度変化であるから

$$\Delta S = \int_{T_1}^{T_2} \frac{nC_{P,m}dT}{T} = nC_{P,m}\ln\frac{T_2}{T_1} = 5.551 \times 75.48 \times \ln\frac{323.2}{298.2} = 33.72\ \mathrm{J\ K^{-1}}$$

(2) 単原子分子理想気体の定圧・温度変化であるから

$$\Delta S = nC_{P,m}\ln\frac{T_2}{T_1} = n\left(\frac{5}{2}R\right)\ln\frac{T_2}{T_1} = 2 \times \frac{5}{2} \times \ln\frac{323.2}{298.2} = 3.345\ \mathrm{J\ K^{-1}}$$

(3) 単原子分子理想気体 1 mol の温度・圧力変化と考えると

$$\Delta S = n\left(C_{P,m}\ln\frac{T_2}{T_1} - R\ln\frac{P_2}{P_1}\right) = 1 \times \left(\frac{5}{2}R\right)\ln\frac{350.0}{300.0} - 1 \times R\ln\frac{0.5065}{0.1013}$$
$$= 3.205 - 13.38 = -10.18\ \mathrm{J\ K^{-1}}$$

(4) (l → g) の定温・定圧可逆相変化であるから

$$\Delta_l^g S = \frac{Q_r}{T_b} = \frac{\Delta_l^g H}{T_b} = \frac{1 \times 40.66 \times 10^3}{373.2} = 108.9\ \mathrm{J\ K^{-1}}$$

(5) 同温・同圧のもとでの理想気体の混合に伴うエントロピー変化であるから

$$\Delta_{mix}S = -R(n_A \ln x_A + n_B \ln x_B)$$
$$= -8.314 \times (2 \times \ln(2/5) + 3 \times \ln(3/5)) = 27.98\ \mathrm{J\ K^{-1}}$$

【例題 3.2】 式 (3.43) と (3.44) の $\Delta S$ が等しいことを証明せよ．
［証明］ 理想気体であるから

$$\frac{P_1V_1}{T_1} = \frac{P_2V_2}{T_2}, \quad \therefore \frac{P_2}{P_1} = \frac{V_1T_2}{V_2T_1} \quad \text{また，} C_{P,m} - C_{V,m} = R$$

これらの関係式を式 (3.44) に代入すると

$$\Delta S = n\left\{C_{P,m}\ln\frac{T_2}{T_1} - R\ln\frac{P_2}{P_1}\right\} = n\left\{(C_{V,m}+R)\ln\frac{T_2}{T_1} - R\ln\frac{V_1T_2}{V_2T_1}\right\}$$
$$= n\left\{C_{V,m}\ln\frac{T_2}{T_1} + R\ln\frac{V_2}{V_1}\right\}$$

**b. 不可逆変化に対する熱力学第二法則の適用**

前項 a でエントロピーの具体的な計算例を示したので，これを基にして不可逆変化の代表的な例に熱力学第二法則を適用しよう．

**(1) 理想気体の真空中への拡散**（定温変化）　2.5 節 a に示したジュールの実験を考える．物質量 $n$ の理想気体を閉じ込めてある容器の活栓を開くと，理想気体は最初の平衡状態（温度 $T$，体積 $V_1$）から容器全体の体積 $V_2$ まで膨張し，新たな平衡状態（$T$, $V_2$）に達する．このとき，系（理想気体）のエントロピー変化は体積 $V_1$ から体積 $V_2$ までの定温可逆膨張を考えて計算する．式 (3.43) より

$$\Delta S = nR \ln(V_2/V_1) > 0$$

温度 $T_\mathrm{e}$ の外界（恒温槽）は何の熱も吸収していないから（$-Q=0$），外界のエントロピー変化 $\Delta S_\mathrm{e}$ は

$$\Delta S_\mathrm{e} = -Q/T_\mathrm{e} = 0$$

したがって，系と外界とを含めたエントロピー変化は $\Delta S + \Delta S_\mathrm{e} > 0$ となる．このことはこの変化が不可逆変化であることを示している．

理想気体が断熱系の容器に最初から閉じ込められているとき（2.5 節 c の(1)），この系は外界との相互作用のない孤立系とみなしてよい．孤立系では系のエントロピーが最大になるまで増加し（$\Delta S = nR\ln(V_2/V_1)$），平衡に達する．

**(2) 相変化**（定温定圧変化）　前項 a (2) で注意を促した相変化の例をとり上げる．0.101 MPa のもとで，$-10°C$ の恒温槽中に侵された容器の中に，$-10°C$ の過冷水が 1 mol 入っている．この過冷水が $-10°C$ の氷に相変化するとき，熱が凝固熱として発生し，外界（恒温槽）はこの熱を吸収する．実際発生した熱は 5.63 kJ mol$^{-1}$ であった（0.101 MPa，$-10°C$ での凝固熱 $= \Delta_\mathrm{l}^\mathrm{s} H_\mathrm{m} = -5.63$ kJ mol$^{-1}$）．外界の熱容量は大きく，熱を吸収しても温度は変化しない．したがって，外界のエントロピー変化は

$$\Delta S_\mathrm{e} = (-Q)/T_\mathrm{e} = -\Delta_\mathrm{l}^\mathrm{s} H_\mathrm{m}(-10°C)/T_\mathrm{e}$$
$$= 5630/263.2 = 21.4 \text{ J K}^{-1} \text{ mol}^{-1} > 0$$

一方，系のエントロピー変化を求めるには可逆変化を考えなければならない．そこで，最初と最後の状態は同じであるが，変化の過程は実際のものとは異なる，0.101 MPa のもとでの次の可逆過程を考える．

$-10°C$ ($T_1$ K) の過冷水 → $0°C$ の ($T_2$ K) 水 → $0°C$ の氷 → $-10°C$ の氷
　　　　　　　　過程 1　　　　　　　　　過程 2　　　　　　過程 3
　　　　　　　（温度変化）　　　　　　　（相変化）　　　　（温度変化）

水および氷の $C_{P,\mathrm{m}}$ が一定であるとすると前項 a の計算例 (1)，(2) より

$$\Delta S = C_{P,\mathrm{m}}(\mathrm{l})\ln\frac{T_2}{T_1} + \frac{\Delta_\mathrm{l}^\mathrm{s} H_\mathrm{m}(T_2)}{T_2} + C_{P,\mathrm{m}}(\mathrm{s})\ln\frac{T_1}{T_2}$$
$$= -20.6 \text{ J K}^{-1} \text{ mol}^{-1} < 0 \quad (\text{練習問題 3.4})$$

したがって，$\Delta S + \Delta S_\mathrm{e} = 0.8$ J K$^{-1}$ mol$^{-1}$ $> 0$ となる．すなわち，この変化は不可逆変化である．系のエントロピーは減少するが，外界のエントロピーがそれ以上に増加している．

## ● 3.5 エントロピーの分子論的意味

いままで，エントロピー変化を熱力学による定義に基づいて考察してきたが，系を構成する分子の挙動に基づいてエントロピー変化を考察すればエントロピー

### a. 理想気体の定温膨張（内部エネルギーが一定の系）

いままでよく例に出てきた理想気体の真空中への拡散を考える（3.4節 b の(1)）．孤立系（断熱系）では系の内部エネルギーは一定であるが，孤立系にある理想気体が体積 $V_1$ から体積 $V_2$ に拡散していくのは自発変化（不可逆変化）であり，拡散後，すべての気体分子が再び小さな体積 $V_1$ 中に存在するという状態は起こりそうもない．ある状態が起こりやすいかどうかは確率の問題と深く関係している．例えば，トランプのポーカーゲームを思い出そう．同じ条件のもとで，ワンペアは生じやすい．それはワンペアというもの（巨視的状態）には多くの組合せ（微視的状態）が存在するからである．孤立系での自発変化ではエントロピーは増大する．エントロピーは状態量であるから，$N$ 個の気体分子が体積 $V$ 中に存在しているという1つの状態に対する微視的状態数が多いほど，エントロピーは大きくなると考えられる．

いま，$N(=nN_A)$ 個の理想気体分子が体積 $V$ 中に熱平衡の状態で存在しているとする．体積 $V$ を1個の体積 $v_0$ が非常に小さい $m$ 個のマス目に分ける．すなわち

$$V = mv_0$$

ただし，気体は希薄な状態であるから，$m \gg N$ である．$N(=nN_A)$ 個の気体分子が体積 $V$ 中に存在しているという微視的状態数 $W$ は，$m$ 個の箱に $N$ 個の分子を配置する方法の数ということになる．ここでは，希薄な状態なので，1つのマス目に2個の気体分子が同時に入ることはまれであり，無視する．また，気体分子は区別できないということを考慮すれば，微視的状態 $W$ は

$$W = m(m-1)(m-2)\cdots(m-N+1)/N! = m!/N!(m-N)!$$

スターリングの近似式により $x$ が非常に大きいとき

$$\ln x! = x \ln x - x$$

および，$m \gg N$ であるので $(N/m)^2 = 0$ の近似を用いると次式が導かれる．

$$\ln W = N - N \ln(N/m)$$

図3.6に示すように，体積 $V_1 = m_1 v_0$（状態1）と体積 $V_2 = m_2 v_0$（状態2）で熱平衡にある $N$ 個の気体分子の微視的状態数 $W_1$ と $W_2$ とを比較すると

$$\ln W_2 - \ln W_1 = N \ln(m_2/m_1) = N \ln(V_2/V_1) = nN_A \ln(V_2/V_1)$$

となる．これを，微視的状態数とエントロピーとを結びつけた有名な**ボルツマンの公式**

$$S = k \ln W \tag{3.46}$$

に適用すれば，状態2と状態1とのエントロピーの差は

$$\Delta S = S(2) - S(1) = nkN_A \ln(V_2/V_1) \tag{3.47}$$

となる．これは**熱力学的エントロピー変化**と対応している．すなわち，理想気体の真空中への拡散は定温変化であるので，熱力学的エントロピー変化は式(3.43)より

$$\Delta S = nR \ln(V_2/V_1) \tag{3.48}$$

したがって，

$$kN_A = R, \quad k = R/N_A \tag{3.49}$$

であり，式(3.46)の比例定数 $k$ はボルツマン定数であることがわかる．

なお，状態1と状態2がそれぞれ独立に存在しているとき，それらをまとめて1つの系とみなすと，そのときの微視的状態数 $W$ は次式で表される．

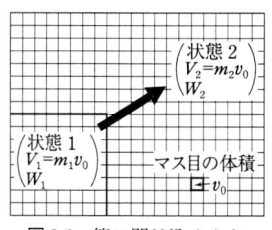

図3.6 箱に閉じ込められている気体の微視的状態数 $W = m!/N!(m-N)!$

$$W = W_1 \times W_2$$

この系のエントロピーを $S$, 状態1および状態2のエントロピーをそれぞれ $S(1)$, $S(2)$ とすると, エントロピーには加成性があるから, $S$, $S(1)$, $S(2)$ と $W$, $W_1$, $W_2$ の間には次の対応関係がある.

$$\begin{array}{ccc} S & = S(1) & + S(2) \\ \downarrow & \downarrow & \downarrow \\ F(W_1 \times W_2) = F(W_1) & + F(W_2) \end{array} \tag{3.50}$$

式 (3.50) を満足する関数は対数であり ($F(x) = \ln x$), ボルツマンの公式 (3.46) が導かれる.

### b. 温度変化

前項 a では気体の温度は一定であった. 気体の温度が高くなると式 (3.34), (3.37) からもわかるように, 定圧であれ, 定積であれ, 気体のエントロピーは増加する. 系の状態は任意の時間における各気体分子の位置と速度がわかれば記述できる. 前項 a でとり扱ったのは配置の問題であった. 体積が増加すれば気体分子のとりうる配置の数も増加し, 微視的状態数が多くなる. 一方, 図 1.12 に示されているように, 温度が高くなると気体分子の平均運動エネルギーは増加し, 気体分子の速度分布曲線は広がりを示す. すなわち, 高温では気体分子のとりうる速度範囲が広くなり, 平均速度に対する微視的状態数が増加することになる.

## ● 3.6 標準エントロピーと熱力学第三法則

3.4 節 a 項に示したエントロピーの計算法により, 物質の定圧モル熱容量 $C_{P,m}$ および転移熱 $\Delta_\alpha^\beta H_m$ などの熱力学的データがあれば, 圧力 0.101 MPa, 温度 $T$ (通常 25°C = 298.2 K) でのその物質 1 mol あたりのエントロピー $S_m^\ominus(T)$ と 0.101 MPa, 0 K でのエントロピー $S_m^\ominus(0)$ との差を求めることができる.

$$\text{固相 }\alpha \xrightarrow[\text{転移}]{T_t} \text{固相 }\beta \xrightarrow[\text{融解}]{T_m} \text{液相} \xrightarrow[\text{蒸発}]{T_b} \text{気相}$$
$$(\text{s}, \alpha) \qquad (\text{s}, \beta) \qquad (\text{l}) \qquad (\text{g})$$

$$S_m^\ominus(T) - S_m^\ominus(0) = \int_0^{T_t} C_{P,m}(\text{s}, \alpha) \frac{dT}{T} + \frac{\Delta_\alpha^\beta H_m}{T_t} + \int_{T_t}^{T_m} C_{P,m}(\text{s}, \alpha) \frac{dT}{T}$$
$$+ \frac{\Delta_s^l H_m}{T_m} + \int_{T_m}^{T_b} C_{P,m}(\text{l}) \frac{dT}{T} + \frac{\Delta_l^g H_m}{T_b} + \int_{T_b}^T C_{P,m}(\text{g}) \frac{dT}{T} \tag{3.51}$$

$S_m^\ominus(T)$ を**標準エントロピー** (standard entropy) という. $S_m^\ominus(0)$ の値がわかれば, 物質のエントロピーの絶対値を決めることができる. ネルンスト (H. Nernst) は実験事実に基づいて, "完全結晶の物質系では化学反応におけるエントロピー変化は温度 0 K の極限ではゼロになる" という仮説を提出した. これを**ネルンストの熱定理** (Nernst's heat theorem) という.

$$\lim_{T \to 0} \Delta S = 0$$

プランク (M. Plank) はこの定理をさらに押し進めて, "すべての純物質の完全結晶のエントロピーは絶対零度でゼロである" とした. すなわち,

$$\lim_{T \to 0} S = 0 \tag{3.52}$$

これを**熱力学第三法則**(third law of thermodynamics)という．これはボルツマンの公式(3.46)で $W=1$ に相当し，絶対零度では完全結晶の微視的状態数は 1，つまり，$N$ 個の分子（原子）を $N$ 個の格子点に配置する方法は 1 つしかないことを示しており，熱力学第三法則を強力に支持している．

表 3.1 に，25°C におけるいくらかの物質の標準エントロピー $S_m^\ominus$ の値を示した．このデータは標準状態（0.101 MPa＝1 atm）における反応のエントロピー変化 $\Delta S^\ominus$，さらに，反応の自由エネルギー変化や平衡定数の計算のときにも用いられる．25°C での標準状態（0.101 MPa）における反応（$a\text{A}+b\text{B} \rightarrow c\text{C}$）のエントロピー変化 $\Delta S^\ominus$ は次式で求めることができる．

$$\Delta S^\ominus = cS_m^\ominus(\text{C}) - \{aS_m^\ominus(\text{A}) + bS_m^\ominus(\text{B})\} \tag{3.53}$$

表 3.1 標準生成エンタルピー $\Delta_f H^\ominus$，標準生成ギブズエネルギー $\Delta_f G^\ominus$，標準エントロピー $S_m^\ominus$ および標準定圧モル熱容量 $C_{P,m}^\ominus$ (298 K, 0.101 MPa)

| 分類 | 物質 (状態) | | $\Delta_f H^\ominus$ [kJ mol$^{-1}$] | $\Delta_f G^\ominus$ [kJ mol$^{-1}$] | $S_m^\ominus$ [kJ mol$^{-1}$ K$^{-1}$] | $C_{P,m}^\ominus$ [kJ mol$^{-1}$ K$^{-1}$] |
|---|---|---|---|---|---|---|
| 元素と無機化合物 | Al | (s) | 0 | 0 | 28.35 | 24.29 |
| | Br$_2$ | (g) | 30.91 | 3.13 | 245.35 | 36.05 |
| | Br$_2$ | (l) | 0 | 0 | 152.21 | 75.69 |
| | C | (g) | 716.67 | 669.58 | 157.88 | 20.84 |
| | C | (s,graphite) | 0 | 0 | 5.74 | 8.53 |
| | C | (s,diamond) | 1.9 | 2.9 | 2.38 | 6.11 |
| | CO | (g) | −110.53 | −137.16 | 197.556 | 29.14 |
| | CO$_2$ | (s) | −393.51 | −394.4 | 213.677 | 37.13 |
| | CaCO$_3$ | (s) | −1206.9 | −1128.2 | 92.9 | 81.88 |
| | CaO | (s) | −635.09 | 604.04 | 38.1 | 42.8 |
| | Cl$_2$ | (g) | 0 | 0 | 222.965 | 33.94 |
| | F$_2$ | (g) | 0 | 0 | 202.685 | 31.34 |
| | Fe | (s, a) | 0 | 0 | 27.32 | 25.06 |
| | Fe$_2$O$_3$ | (s) | −824.3 | −724.2 | 87.4 | 103.85 |
| | H$_2$ | (g) | 0 | 0 | 130.57 | 28.84 |
| | HBr | (g) | −36.38 | −53.49 | 198.585 | 29.14 |
| | HCl | (g) | −92.31 | −95.3 | 186.786 | 29.14 |
| | HF | (g) | −273.3 | −274.64 | 173.665 | 29.14 |
| | HI | (g) | 26.36 | 1.57 | 206.48 | 29.16 |
| | H$_2$O | (g) | −241.814 | −228.6 | 188.724 | 33.58 |
| | H$_2$O | (l) | −285.83 | −237.178 | 69.95 | 75.291 |
| | H$_2$S | (g) | −20.42 | −33.28 | 205.65 | 34.19 |
| | I$_2$ | (s) | 0 | 0 | 116.139 | 54.44 |
| | N$_2$ | (g) | 0 | 0 | 191.502 | 29.12 |
| | NH$_3$ | (g) | −45.94 | −16.38 | 192.67 | 35.63 |
| | NH$_4$Cl | (s) | −314.55 | −203.19 | 94.86 | 86.44 |
| | NO | (g) | 90.29 | 86.6 | 210.65 | 29.84 |
| | NO$_2$ | (g) | 33.1 | 51.24 | 239.92 | 36.97 |
| | N$_2$O$_4$ | (g) | 9.08 | 97.72 | 304.28 | 77.26 |
| | Na | (s) | 0 | 0 | 51.3 | 28.16 |
| | NaCl | (s) | −411.12 | −384.04 | 238.82 | 39.24 |
| | O$_2$ | (g) | 0 | 0 | 205.037 | 29.37 |
| | O$_3$ | (g) | 142.67 | 163.16 | 238.82 | 39.24 |
| | S | (s,rhombic) | 0 | 0 | 32.054 | 22.6 |
| | SO$_2$ | (g) | −296.81 | −300.16 | 248.11 | 39.87 |
| | SO$_3$ | (g) | −395.76 | −371.07 | 256.66 | 50.66 |
| 炭化水素類 | CH$_4$ | (g) | −74.87 | −50.82 | 186.15 | 35.64 |
| | C$_2$H$_2$ | (g) | 226.73 | 209.17 | 200.85 | 44.1 |
| | C$_2$H$_4$ | (g) | 52.47 | 68.36 | 219.22 | 42.89 |
| | C$_2$H$_6$ | (g) | −84.67 | −32.89 | 229.49 | 52.64 |
| | C$_3$H$_6$ | (g) | 20.41 | 62.72 | 266.94 | 63.89 |

表 3.1 （つづき）

| 分類 | 物質（状態） | $\Delta_f H^{\ominus}$ [kJ mol$^{-1}$] | $\Delta_f G^{\ominus}$ [kJ mol$^{-1}$] | $S_m^{\ominus}$ [kJ mol$^{-1}$ K$^{-1}$] | $C_{P,m}^{\ominus}$ [kJ mol$^{-1}$ K$^{-1}$] |
|---|---|---|---|---|---|
| 炭化水素類 | C$_3$H$_8$ (g) | −103.85 | −23.49 | 269.91 | 73.51 |
| | C$_6$H$_6$ (g) | 82.93 | 129.66 | 269.2 | 81.64 |
| | C$_6$H$_6$ (l) | 49.03 | 124.5 | 172.8 | 136.1 |
| | cyc-C$_6$H$_{12}$ (g) | −123.14 | 31.8 | 298.24 | 106.27 |
| | cyc-C$_6$H$_{12}$ (l) | −156.19 | 26.74 | 204.39 | 157.74 |
| | C$_6$H$_5$CH$_3$ (g) | 50.00 | 122.29 | 319.74 | 103.8 |
| | C$_6$H$_5$CH$_3$ (l) | 12.00 | 114.15 | 219.58 | 162 |
| 塩化炭化水素 | CH$_3$Cl (g) | −86.44 | −62.95 | 234.25 | 40.69 |
| | CCl$_4$ (g) | −95.98 | −53.67 | 309.7 | 83.4 |
| | CCl$_4$ (l) | −139.5 | −68.7 | 214.4 | 131.8 |
| アルコール類 | CH$_3$OH (g) | −201.04 | −162.38 | 239.7 | 43.89 |
| | CH$_3$OH (l) | −238.95 | −166.73 | 127.19 | 81.17 |
| | C$_2$H$_5$OH (g) | −234.43 | −167.9 | 282.59 | 65.44 |
| | C$_2$H$_5$OH (l) | −276.98 | −174.26 | 161.21 | 112.55 |
| | $n$-C$_3$H$_7$OH (g) | −256.6 | −162.13 | 325.1 | 86.48 |
| | $n$-C$_3$H$_7$OH (l) | −304.01 | 171.29 | 196.65 | 142.26 |
| フェノール類 | C$_6$H$_5$OH (g) | −403.3 | −136.5 | 1317 | 431.9 |
| | C$_6$H$_5$OH (s) | −697.3 | −216.7 | 600.2 | 530.4 |
| エーテル類 | C$_2$H$_5$OC$_2$H$_5$ (g) | −252.13 | −121.75 | 341 | 117.2 |
| | C$_2$H$_5$OC$_2$H$_5$ (l) | −279.62 | 122.67 | 251.9 | 173.05 |
| 酸 | HCOOH (l) | −424.7 | −361.4 | 128.9 | 99.04 |
| | CH$_3$COOH (l) | −484.5 | −390 | 159.8 | 124.3 |
| アルデヒド | HCHO (g) | −115.9 | −109.9 | 218.7 | 35.4 |
| | CH$_3$CHO (g) | −166.4 | −133.7 | 265.7 | 62.8 |
| | CH$_3$CHO (l) | −192.3 | −128.2 | 160.3 | |
| ケトン | (CH$_3$)$_2$CO (g) | −217.2 | −157.7 | | 74.9 |
| | (CH$_3$)$_2$CO (l) | −248 | | | 125 |

## ● 3.7 自由エネルギー

### a. 定温変化と熱力学第二法則

熱力学第二法則を用いて系の変化に対する可逆・不可逆（平衡・非平衡）を論じるときには，系だけでなく外界の変化をも考慮してきた．系の変化に条件を付けることによって，系の性質だけで可逆・不可逆の判定ができればより簡単で便利である．ここではこのような条件に則した新たな熱力学関数の導入を試みよう．

第二法則を表す式 (3.25), (3.26) で外界の性質が入っているのは外界の温度 $T_e$ だけである．

$$\Delta S = \int_1^2 dS \geq \int_1^2 \frac{d'Q}{T_e}$$

ここで，定温変化を考える．定温変化とは外界の温度 $T_e$ が一定のもとでの変化である．ただし，系の変化前後の状態においては系と外界とが熱平衡状態にあるので，$T_e = T$（系の温度）である．式 (3.25) で $T_e$ が一定のときは

$$\Delta S \geq \frac{1}{T_e} \int_1^2 d'Q = \frac{Q}{T_e} \tag{3.54}$$

$T_e > 0$ であるから，$T_e \Delta S \geq Q$ である．これと熱力学第一法則 $\Delta U = Q + W$ とを組み合わせると

$$\Delta U - T_e \Delta S \leq W \tag{3.55}$$

さらに，変化前後の状態を考えれば
$$\Delta U - T\Delta S \leq W \tag{3.56}$$
ここで，状態量であり，**ヘルムホルツエネルギー**または**ヘルムホルツの自由エネルギー**（Helmholtz free energy）とよばれる新しい熱力学関数 $A$ を定義する．
$$A \equiv U - TS \tag{3.57}$$
そうすれば，定温変化であるから式 (3.56) より
$$\Delta U - T\Delta S = \Delta A \leq W \tag{3.58}$$
あるいは次式が得られる．
$$-\Delta A \geq -W \tag{3.59}$$
系の状態が $1 \to 2$ に定温変化するとき，可逆変化であっても不可逆変化であっても，$A$ の変化量は $A$ が状態量であるから同じである．したがって，系は可逆変化のとき最大の仕事をし，その値は $A$ の減少量に等しい．このように $A$ の変化量は定温変化で系がなしうる最大の仕事量を示すので，$A$ は**仕事関数**（work function）ともよばれる．

**(1) 定温・定積変化** 一般に，仕事 $W$ は体積変化に基づくもの $W_V$ とそれ以外の有効な正味の仕事 $W_\text{net}$ からなる．例えば，電池の放電に伴う仕事は電気的な仕事 (7章) と電池の体積変化に基づく仕事からなるが，われわれが利用するのは電気的な仕事（正味の仕事）だけである．ここで，定積変化の場合には $W_V = -\int P_e dV = 0$ であるから，定温・定積変化では式 (3.58) より
$$\Delta A \leq W_\text{net}, \quad -\Delta A \geq -W_\text{net} \tag{3.60}$$
定温・定積変化で系がする正味の仕事 $-W_\text{net}$ は，可逆変化のとき $A$ の減少量 $-\Delta A$ に等しく最大で，不可逆変化ではこれよりも小さい．

さらに，体積変化の仕事だけしかしないとき
$$\Delta U - T\Delta S = \Delta A \leq 0 \tag{3.61}$$
式 (3.61) より，定温，定積の条件下では，可逆変化のとき系は平衡状態を保ちながら変化し，$\Delta U$ と $T\Delta S$ がつり合っているため $A$ は変化せず一定であるが，不可逆変化（自発変化）では $A$ は減少していき，系がそれ以上変化しない平衡状態では $A$ は最小となることがわかる．

**(2) 定温・定圧変化** 定温・定圧変化とは，外界の温度 $T_e$ と外圧 $P_e$ が一定のもとでの変化である．ただし，系の変化前後の状態においては $T_e = T$ (系の温度)，$P_e = P$ (系の圧力) である．定圧変化の場合には $W_V = -\int P_e dV = -P_e \Delta V = -P\Delta V$ であるから（式 (2.11) を参照），式 (3.56) より
$$\Delta U - T\Delta S \leq W = W_V + W_\text{net} = -P\Delta V + W_\text{net}$$
すなわち，次式が得られる．
$$\Delta U - T\Delta S + P\Delta V = \Delta A + P\Delta V = \Delta H - T\Delta S \leq W_\text{net} \tag{3.62}$$
ここで，状態量であり，**ギブズエネルギー**または**ギブズの自由エネルギー**（Gibbs free energy）とよばれる熱力学関数 $G$ を定義する．
$$G \equiv U - TS + PV = A + PV = H - TS \tag{3.63}$$
定温・定圧変化では
$$\Delta G = \Delta U - T\Delta S + P\Delta V = \Delta A + P\Delta V = \Delta H - T\Delta S \tag{3.64}$$
である．式 (3.62)，(3.64) より
$$\Delta G \leq W_\text{net}, \quad -\Delta G \geq -W_\text{net} \tag{3.65}$$
定温・定圧変化で系がする正味の仕事 $-W_\text{net}$ は，可逆変化のとき $G$ の減少量

$-\Delta G$ に等しく最大で,不可逆変化ではこれよりも小さい.

さらに,体積変化の仕事だけしかないとき
$$\Delta H - T\Delta S = \Delta G \leq 0 \tag{3.66}$$

式(3.66)より,定温定圧の条件下ではギブズエネルギーの変化を調べれば,その変化が可逆か不可逆であるのかを判断することができる.可逆変化のとき $\Delta H$ と $T\Delta S$ がつり合い(例えば相変化の例),$G$ は変化せず一定であり,不可逆変化では減少していき,平衡状態では $G$ は最小となる.

実際に実験は定温・定積または定温・定圧の条件下で行われることが多く,また,系の状態変化だけを考えればよいことから,$A$ と $G$ が系の変化が可逆か不可逆か(平衡か非平衡か)を判定するうえで最も重要な熱力学関数である.

---

**column**

**ギブズ**
**Josiah Willard Gibbs**
**1839〜1903**

[参照:主に「岩波理化学辞典 第3版」,岩波書店]

アメリカの理論物理学者・理論化学者.New Harven で生まれ,Yale 大学に学んだ.1866 年に渡欧し,パリ,ベルリン,ハイデルベルクに留学した.1871 年から一生母校の数理物理学教授を務めた.熱力学の化学への応用を研究し,1874-78 年にわたって彼の最大の業績である相律を含む論文「不均一物質系の平衡」を発表したが,その難解さと発表されたのがアメリカの地方学会誌だったことのため,1892 年に F. W. Ostwald がドイツ語訳を公刊するまで認められなかった.続いて代数学,ベクトル解析,光の電磁波説に関する諸論著を公けにし,1902 年には "Elementary Principles in Statistical Mechanics" を発表して統計力学で新しい面を開拓した.

---

### b. 平衡の条件

ここでは閉鎖系で仕事として体積変化の仕事のみが考えられるときの,可逆変化(平衡)の条件をまとめておく.可逆変化のとき,熱力学第一法則 $dU = d'Q_r - PdV$ と第二法則 $dS = d'Q_r/T$ より

$$dU = TdS - PdV \tag{3.67}$$

また,$H$, $A$, $G$ の定義式を用いると

$$dH = TdS + VdP \tag{3.68}$$
$$dA = -SdT - PdV \tag{3.69}$$
$$dG = -SdT + VdP \tag{3.70}$$

が導かれる.これらの式から平衡の条件として以下のようにまとめられる.

$$S, V \text{ 一定のとき,} \quad (dU)_{S,V} = 0 \tag{3.71}$$
$$S, P \text{ 一定のとき,} \quad (dH)_{S,P} = 0 \tag{3.72}$$
$$T, V \text{ 一定のとき,} \quad (dA)_{T,V} = 0 \tag{3.73}$$
$$T, P \text{ 一定のとき,} \quad (dG)_{T,P} = 0 \tag{3.74}$$

### c. 自由エネルギーの圧力および温度変化と状態量の条件

**(1) 状態量の変化量** 前項 b の式(3.67)〜(3.70)は系の変化が可逆変化のときに成り立つものであるが,熱力学関数である $U$, $H$, $A$, $G$ は状態量であるから,それらの変化量は系の実際の変化の仕方(経路)に依存せず一定である.したがって,系の変化がたとえ不可逆変化であっても,状態1と状態2との $U$, $H$, $A$, $G$ の差(変化量)は式(3.67)〜(3.70)を用いて求めることができる.

また,式(3.70)は $G$ を $T$, $P$ の関数とみなしていることになる.したがって,$G$ の全微分の式は 2.5 節 b に示したように

$$dG = (\partial G/\partial T)_P dT + (\partial G/\partial P)_T dP \tag{3.75}$$

と表されるから
$$(\partial G/\partial T)_P = -S \tag{3.76}$$
$$(\partial G/\partial P)_T = V \tag{3.77}$$
同じような関係式が式 (3.67)〜(3.69) から導かれる．式 (3.69) からは次の関係式が得られる．
$$(\partial A/\partial T)_V = -S \tag{3.78}$$
$$(\partial A/\partial V)_T = -P \tag{3.79}$$

以下の (2), (3) ではギブズエネルギーを例にとって有限の変化について調べよう．

**(2) ギブズエネルギーの圧力変化** 式 (3.77) での系の体積 $V$ は正であるから，定温のもとで圧力を上げるとギブズエネルギー $G$ は常に増加する．式 (3.70) あるいは式 (3.77) から，定温のもとで圧力を $P_1$ から $P_2$ に変化させたとき，ギブズエネルギーの変化は次式で求めることができる．

$$\Delta G = G(2) - G(1) = \int_1^2 dG = \int_{P_1}^{P_2} \left(\frac{\partial G}{\partial P}\right)_T dP = \int_{P_1}^{P_2} V dP \tag{3.80}$$

固体や液体のときはモル体積 $V_m$ の圧力依存性は一般に小さい．したがって，1 mol あたりでは

$$\Delta G_m = G_m(2) - G_m(1) = V_m(P_2 - P_1) = V_m \Delta P \tag{3.81}$$

さらに圧力差があまり大きくなければ，$G_m(2) = G_m(1)$ とみなしてもよい．

一方，理想気体では $V = nRT/P$ であるから

$$\Delta G = G(2) - G(1) = \int_{P_1}^{P_2} \frac{nRT}{P} dP = nRT \ln \frac{P_2}{P_1} \tag{3.82}$$

標準状態として，$P_1 = P^\ominus = 0.101325\,\mathrm{MPa}$ ($=1\,\mathrm{atm}$) を選び，この状態での理想気体のモルギブズエネルギーを $G_m^\ominus(P^\ominus)$ とすると，任意の圧力 $P$ における理想気体のモルギブズエネルギー $G_m(P)$ は式 (3.82) より

$$G_m(P) = G_m^\ominus(P^\ominus) + RT \ln(P/P^\ominus) \tag{3.83}$$

となる．$G_m^\ominus(P^\ominus)$ は気体の種類と温度のみによって決まる量である．なお，実在気体では圧力 $P$ の代わりに**フガシティ** (fugacity) $f$ という量を用いる．

$$\Delta G = G(2) - G(1) = nRT \ln(f_2/f_1)$$

式 (3.77) を化学反応 (反応系 R → 生成系 P) に応用するときは

$$\Delta G = G(\mathrm{P}) - G(\mathrm{R}) \tag{3.84}$$

$$\left(\frac{\partial \Delta G}{\partial P}\right)_T = \left[\frac{\partial}{\partial P}(G(\mathrm{P}) - G(\mathrm{R}))\right]_T = V(\mathrm{P}) - V(\mathrm{R}) = \Delta V \tag{3.85}$$

として用いる．

**(3) ギブズエネルギーの温度変化** 式 (3.76) での系のエントロピー $S$ は正であるので，定圧のもとで温度を上げるとギブズエネルギー $G$ は常に減少する．

定圧のもとでの $G/T$ の温度依存性は系のエンタルピー $H$ と関係した式で表される．この関係式を導くために，まず $G/T$ の偏微分を行う．

$$\left[\frac{\partial}{\partial T}\left(\frac{G}{T}\right)\right]_P = \frac{1}{T}\left(\frac{\partial G}{\partial T}\right)_P + G\left[\frac{\partial}{\partial T}\left(\frac{1}{T}\right)\right]_P = \frac{1}{T}\left[\left(\frac{\partial G}{\partial T}\right)_P - \frac{G}{T}\right] \tag{3.86}$$

この式に，式 (3.76)

$$\left(\frac{\partial G}{\partial T}\right)_P = -S = \frac{G-H}{T}$$

を代入すると

$$\left[\frac{\partial}{\partial T}\left(\frac{G}{T}\right)\right]_P = -\frac{H}{T^2} \tag{3.87}$$

が得られる．これを**ギブズ-ヘルムホルツ**（Gibbs-Helmholtz）**の式**という．この式も化学反応によく用いられる．式（3.84），（3.87）より

$$\left(\frac{\partial(\Delta G/T)}{\partial T}\right)_P = \left[\frac{\partial}{\partial T}\left(\frac{G(\mathrm{P})}{T} - \frac{G(\mathrm{R})}{T}\right)\right]_P$$

$$= -\left(\frac{H(\mathrm{P})}{T^2} - \frac{H(\mathrm{R})}{T^2}\right) = -\frac{\Delta H}{T^2} \tag{3.88}$$

あるいは

$$\left[\frac{\partial}{\partial(1/T)}\left(\frac{\Delta G}{T}\right)\right]_P = \Delta H \tag{3.89}$$

これらの式の化学平衡への適用は5章で行う．

**(4) マクスウェルの関係式**　状態量 $z$ は系の状態にのみ依存し，その変化量は経路によらない．いま，閉サイクルを考えると，その変化量はどんな閉サイクルであってもゼロになる．

$$\oint dz = 0$$

いま，$dz = X(x,y)dx + Y(x,y)dy$ と表され，$X(x,y)$, $Y(x,y)$ が一価の連続，微分可能な関数であるとき，**グリーン**（Green）**の公式**より

$$\oint dz = \oint (Xdx + Ydy) = \iint_\sigma \left[\left(\frac{\partial Y}{\partial x}\right)_y - \left(\frac{\partial X}{\partial y}\right)_x\right] dxdy$$

この値がすべての閉サイクルでゼロになるためには

$$\left(\frac{\partial Y}{\partial x}\right)_y = \left(\frac{\partial X}{\partial y}\right)_x, \quad \text{すなわち} \quad \left[\frac{\partial}{\partial x}\left(\frac{\partial z}{\partial y}\right)_x\right]_y = \left[\frac{\partial}{\partial y}\left(\frac{\partial z}{\partial x}\right)_y\right]_x \tag{3.90}$$

の関係が常に成立しなければならない．すなわち，$z$ を $x$, $y$ で偏微分するとき，偏微分するときの順序を交換しても等しいならば，$z$ は状態量である．これが関数 $z$ が状態量であるときの必要十分条件である．

$A$, $G$ は状態量であるから，式（3.69）（3.70）より次の関係式が成り立つ．

$$(\partial S/\partial V)_T = (\partial P/\partial T)_V \tag{3.91}$$

$$-(\partial S/\partial P)_T = (\partial V/\partial T)_P \tag{3.92}$$

これらを**マクスウェルの関係式**という．これらの式は式（2.25）での $(\partial U/\partial V)_T$ や式（2.29）での $(\partial H/\partial P)_T$ を測定しやすい物理量に変換するために用いられる．すなわち，式（3.67），（3.68）および式（3.91），（3.92）より

$$\left(\frac{\partial U}{\partial V}\right)_T = T\left(\frac{\partial P}{\partial T}\right)_V - P \tag{3.93}$$

$$\left(\frac{\partial H}{\partial P}\right)_T = -T\left(\frac{\partial V}{\partial T}\right)_P + V \tag{3.94}$$

が導かれる（練習問題3.9）．式（3.93），（3.94）は**熱力学的状態式**とよばれている．これらの式から理想気体のときは $(\partial U/\partial V)_T = 0$, $(\partial H/\partial P)_T = 0$ が導き出せる．

【例題 3.3】 純物質は一般に固相 (s)・液相 (l)・気相 (g) の 3 態を示す．3 相におけるモルギブズエネルギー $G_m$ の圧力変化および温度変化の大きさを比較せよ．

[解説]

$G_m$ の圧力変化：$(\partial G_m/\partial P)_T = V_m > 0$ より，$G_m$ は圧力の増加とともに大きくなるが，一般に $V_m(s) < V_m(l) \ll V_m(g)$ であるから，増加の割合は固相 (s) → 液相 (l) → 気相 (g) の順に大きくなる．

$G_m$ の温度変化：$(\partial G_m/\partial T)_P = -S_m < 0$ より，$G_m$ は温度の増加とともに小さくなるが，一般に $S_m(s) < S_m(l) \ll S_m(g)$ であるから，減少の割合は固相 (s) → 液相 (l) → 気相 (g) の順に大きくなる．

注：これらのことは相図の作成や溶液の束一的性質と関係する．

【例題 3.4】 式 (3.93) は熱力学的状態式とよばれている．この式から理想気体のときは $(\partial U/\partial V)_T = 0$ が導かれることを示せ．

[証明] 理想気体 ($PV = nRT$) では，

$$P = \frac{nRT}{V}, \quad \therefore \left(\frac{\partial P}{\partial T}\right)_V = \left(\frac{\partial (nRT/V)}{\partial T}\right)_V = \frac{nR}{V}$$

これを式 (3.93) に代入すれば

$$\left(\frac{\partial U}{\partial V}\right)_T = T\left(\frac{\partial P}{\partial T}\right)_V - P = \frac{nRT}{V} - P = P - P = 0$$

## 練 習 問 題 (3 章)

**3.1** 次の変化 (a)〜(f) に対するエントロピー変化を求めよ．

(a) 2 mol の理想気体が 300 K で定温可逆的に 10 dm³ から 20 dm³ に膨張したとき．また，0.101 MPa (1 atm) から 0.404 MPa (4 atm) に圧縮されたとき．

(b) 0.101 MPa (1 atm) 下で 373.2 K の水 1 g が同温度の水蒸気になるとき．ただし，この温度での蒸発熱は 2257 J g⁻¹ である．また，0.101 MPa (1 atm) 下で 273.2 K の水 1 g が同温度の氷になるとき．ただし，この温度での融解熱は 333.6 J g⁻¹ である．

(c) 1 mol，300 K の理想気体が，0.101 MPa (1 atm) の外圧下で 2 dm³ から 5 dm³ まで不可逆的に定温膨張したとき．

(d) 400 K で 7.00 dm³ を占める単原子分子理想気体 2 mol が断熱可逆膨張をして，温度 200 K，体積 19.8 dm³ の状態になったとき．

(e) 400 K で 7.00 dm³ を占める単原子分子理想気体 2 mol が，0.101 MPa (1 atm) の外圧下で不可逆的に断熱膨張して，温度 348 K，体積 19.8 dm³ の状態になったとき．

(f) 1 mol の $H_2$(g) を定圧で 100°C から 1000°C まで加熱したとき．ただし，$C_{P,m}(H_2) = [29.06 - 0.837 \times 10^{-3}(T/K) + 2.013 \times 10^{-6}(T/K)^2]$ J K⁻¹ mol⁻¹ である．

**3.2** 作業物質を理想気体としたときの可逆カルノーサイクルの $P$-$V$ 図を $T$-$S$ 図に書き換えよ．$T$-$S$ 図において，線で囲まれた面積は何に相当するか．

**3.3** 結晶ベンゼンおよび液体ベンゼンの定圧モル熱容量 $C_{P,m}$ はそれぞれ 123.4，133.9 J K⁻¹ mol⁻¹ である．また，ベンゼンの融点 $T_m$ は 278.7 K，融解熱は 9.837 kJ mol⁻¹ である．1 mol の結晶ベンゼンを 275 K から 295 K まで上昇させたときのエントロピー変化はいくらか．

**3.4** 0.101 MPa (1 atm)，-10°C の過冷水 1 mol が同圧のもとで同温度の氷に変化した．このときのエントロピー変化を求めよ．また，この変化は不可逆変化であることを示せ．ただし，0°C，0.101 MPa (1 atm) における氷の融解熱は 6.01 kJ mol⁻¹，水および氷の定圧比熱容量はそれぞれ 4.18，2.09 J K⁻¹ g⁻¹ とする．

**3.5** 一酸化炭素 CO の結晶は CO が単位になるいわゆる分子結晶である．CO が同じ向きで格子をつくる結

晶の1 mol あたりのエントロピー $S_1$ と，反対向きすなわち OC も格子点に入りうるような結晶の 1 mol あたりのエントロピー $S_2$ を求めて比較せよ．

**3.6** 298.2 K，定圧のもとで 4 mol の窒素と 1 mol の酸素を混合したときの，(a) エントロピー変化 $\varDelta S$，(b) エンタルピー変化 $\varDelta H$，および (c) ギブズエネルギー変化 $\varDelta G$ を求めよ．ただし，窒素および酸素は理想気体とみなしてよい．

**3.7** 次の変化の $\varDelta A$ および $\varDelta G$ を求めよ．
(a) 300 K，1.52 MPa (15 atm) で体積 1 dm$^3$ を占める理想気体が体積 10 dm$^3$ まで定温膨張する．
(b) 0.1013 MPa (1 atm) 下で 373.2 K の水 1 mol が蒸発する．ただし，蒸発熱は 40.66 kJ mol$^{-1}$ である．

**3.8** 過冷却された $-10°C$ の水が 0.101 MPa (1 atm) 下で同温度の氷になるときのギブズエネルギー変化 $\varDelta G$ を求め，この変化が自発的に生じるかどうかを判定せよ（問 3.4 参照）．

**3.9** $(\partial U/\partial V)_P = T(\partial P/\partial T)_V - P$ を証明せよ．

**3.10** 1 mol のファンデルワールス気体を一定温度 $T$ のもとで体積 $V_1$ から $V_2$ まで可逆的に膨張させた．このとき，(a) 系がした仕事 $-W$，(b) 系が吸収した熱 $Q$，(c) 系の内部エネルギー変化 $\varDelta U$，(d) 系のエントロピー変化 $\varDelta S$，(e) 系のヘルムホルツエネルギー変化 $\varDelta A$ を求めよ．得られた結果を理想気体の場合と比較せよ（問 3.9 参照）．

# 相 平 衡    4

## 4.1 蒸気圧の温度変化

ある一定温度で平衡にある純物質の液体と気体の2相を考えよう．液相と気相の1 mol あたりのギブズエネルギーを，それぞれ $G_m^l$, $G_m^g$ とし，また物質量を $n^l$, $n^g$ とすると，系全体のギブズエネルギーは次のように表される．

$$G = n^l G_m^l + n^g G_m^g \tag{4.1}$$

密閉容器内で液体が $dn^l$ 蒸発して，$dn^g$ の蒸気になったとすると，このときの系のギブズエネルギーは

$$G + dG = (n^l + dn^l) G_m^l + (n^g + dn^g) G_m^g \tag{4.2}$$

いま，$dn = -dn^l = dn^g$ とおくと

$$G + dG = n^l G_m^l + n^g G_m^g + (G_m^g - G_m^l) dn \tag{4.3}$$

式 (4.1) および (4.3) より

$$dG = (G_m^g - G_m^l) dn \tag{4.4}$$

定温，定圧のもとで，平衡状態にあるとすると $dG = 0$ だから

$$G_m^l = G_m^g \tag{4.5}$$

式 (4.5) は一定温度，一定圧力のもとで純物質の液体と気体の2相が平衡状態にあるための条件は，各相のギブズエネルギーが等しいということを示している．

定温，定圧のもとで純物質の液相と気相が平衡状態にあるときの気相の圧力が，その温度における蒸気圧である．蒸気圧は温度のみによって決まる．いま平衡状態にある気液2相系の温度を $T$ から $dT$ だけ変化させたとき，これに伴って圧力が $P$ から $dP$ だけ変化し，かつ気相1 mol あたりのギブズエネルギーが $G_m^g$ から $dG_m^g$ だけ変化し，液相のそれが $G_m^l$ から $dG_m^l$ だけ変化して新しい平衡状態になったとする．このとき

$$G_m^l + dG_m^l = G_m^g + dG_m^g \tag{4.6}$$

である．式 (4.5) および (4.6) より

$$dG_m^l = dG_m^g \tag{4.7}$$

が成立する．ここでモルギブズエネルギー変化はモルエントロピーとモル体積を用いると式 (3.70) より次のように表される．

$$dG_m = -S_m dT + V_m dP \tag{4.8}$$

これを式 (4.7) に適用すると

$$-S_m^l dT + V_m^l dP = -S_m^g dT + V_m^g dP \tag{4.9}$$

したがって

$$\frac{dP}{dT} = \frac{S_m^g - S_m^l}{V_m^g - V_m^l} = \frac{\Delta S_m}{\Delta V_m} \tag{4.10}$$

となる．ここで $\Delta S_m$ および $\Delta V_m$ は，それぞれ1 mol の液体が蒸発する際のエントロピー変化および体積変化である．可逆変化では $\Delta H_m = T\Delta S_m$ の関係がある

から，モルエンタルピー変化を用いると上式は次のように書きなおされる．

$$\frac{dP}{dT} = \frac{\Delta H_\mathrm{m}}{T \Delta V_\mathrm{m}} \tag{4.11}$$

式（4.11）は**クラウジウス-クラペイロンの式**（Clausius-Clapeyron equation）とよばれる．また $\Delta H_\mathrm{m}$ は 1 mol の液体の蒸発熱である．すべての物質において $V_\mathrm{m}^\mathrm{g} > V_\mathrm{m}^\mathrm{l}$，また液体の蒸発は吸熱過程であるから $\Delta H_\mathrm{m} > 0$，したがって，式（4.11）において必ず $dP/dT > 0$ となる．図 4.1 に代表的な物質についての蒸気圧の温度変化を示している．これを蒸気圧曲線という．このようにすべての物質について蒸気圧曲線は正の勾配をもつ曲線となる．クラウジウス-クラペイロンの式は気液間のみならず，純物質が 2 相間で平衡にある場合すべてに適用できる．蒸気を理想気体と仮定すると，式（4.11）は近似的に式（4.12）となる．

$$\frac{dP}{dT} = \frac{\Delta H_\mathrm{m}}{RT^2} P \tag{4.12}$$

せまい温度範囲で $\Delta H_\mathrm{m}$ が一定であると仮定して，式（4.12）を積分すると

$$\ln P = -\frac{\Delta H_\mathrm{m}}{RT} + C \tag{4.13}$$

となる．ここで，$C$ は積分定数である．$\ln P$ と $1/T$ の関係は直線関係にあり，その勾配が $-\Delta H_\mathrm{m}/R$ となる．これからモル蒸発熱 $\Delta H_\mathrm{m}$ が求められる．逆にある物質のモル蒸発熱，ならびにある温度における蒸気圧がわかっていれば，式（4.13）を用いて任意の温度における蒸気圧を求めることができる．

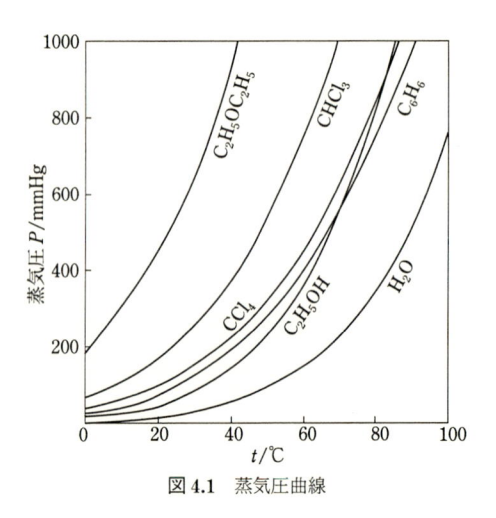

図 4.1　蒸気圧曲線

---

**column**

**クラウジウス**
**Rudolf Clausius**
**1822-88**
**クラペイロン**
**Benoît Paul Émile Clapeyron**
**1799-1864**

クラペイロンはフランスの物理学者・工学者．パリのエコール・ポリテクニークで，カルノー（Nicolas Leonard Sadi Carnot, 1796-1832）と同時期に学生であった．カルノーの死後，1834 年，カルノーの考え方を発展させた論文を書いた．可逆過程の概念を導入するなど，カルノーの考え方を数学的に定式化して発展させた．一方，クラウジウスはドイツの物理学者・数学者．カルノーの理論と力学的仕事の理論とを統合し，熱力学の第二法則，エントロピーの概念，熱と仕事の不可逆性を証明した．クラウジウス-クラペイロンの式は，クラペイロンが導いた式とヘルマン・フォン・ヘルムホルツの理論をクラウジウスが組み合わせたものである．

## 4.2 純物質の相平衡

純物質の固相と液相，固相と気相間についても式（4.11）が成立する．固体と液体が平衡にある系において，一定圧力のもとで加熱していくと固体が融解し，液体になる．このとき外部から吸収する熱を**融解熱**（heat of fusion）といい，そのときの温度を**融点**（melting point）という．圧力と融点の関係を示した曲線を融解曲線という．物質が融解するときも熱を吸収するから $\Delta H_m > 0$，またほとんどの物質については $V_m^l > V_m^s$ であるから $dP/dT > 0$ になる．しかし，水，アンチモン，ビスマスなどにおいては $V_m^l < V_m^s$ であるので $dP/dT < 0$ になる．

同様に固体がその蒸気になるのを**昇華**（sublimation）といい，そのとき吸収される熱を**昇華熱**（heat of sublimation）という．また固相と平衡にある気相の圧力を昇華圧といい，昇華圧と温度の関係を示す曲線を昇華曲線という．昇華曲線に関してはすべての物質で $dP/dT > 0$ である．

図 4.2 に水の蒸発曲線，融解曲線および昇華曲線を示した．このように各相間の平衡関係を表した図を**相図**（phase diagram）あるいは**状態図**という．水の固体（氷）と気体（水蒸気）のみからなる平衡状態にある系の温度を徐々に上げていくと，昇華圧は昇華曲線に沿って上昇していく．昇華曲線が蒸発曲線と交わる温度と圧力になると固体（氷）が融解し始める．このとき固相，液相および気相の 3 相が平衡で共存する．この点を三重点（T）とよぶ．水の三重点は 273.16 K（0.01 °C），610.6 Pa（0.006 atm）である．

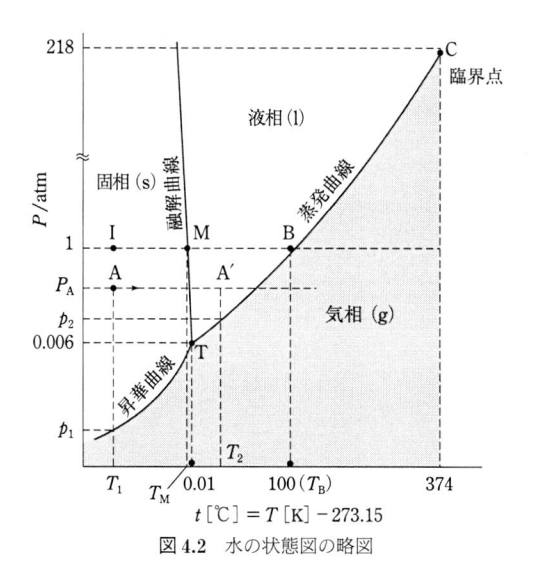

**図 4.2 水の状態図の略図**

純物質のみからなる系の場合，各曲線上の状態では 2 相が平衡で存在し，3 相が共存しうるのは三重点のみである．図 4.2 で s，l および g で示した領域ではそれぞれ氷，水および水蒸気としてのみしか存在しえない．101.325 kPa（1 atm）のもとで I 点の状態にある氷を加熱していくと，M 点で氷が融解し始め，氷と水が共存するようになる．この間，温度は 0 °C に保たれたままである．さらに加熱していき，氷が全部融解し終えたあと，系の温度が上昇し始める．系の圧力は 1 atm に保たれたままであるから，温度が $T_M$ と $T_B$ の間では水のみが存在する．B 点に達すると水の蒸発が始まり，水と水蒸気が共存するようになる．この間，温

度は 1 atm における水の沸点，373.124 K（99.974℃）に保たれる．水がすべて水蒸気になったのち，加熱を続けることにより，系の温度は上昇する．

これまでの話は系が純物質，すなわち系が水だけからなる場合であるが，他の物質が含まれている場合には系の状態図の考え方は違ってくる．例えば空気と接している水の系を考えてみよう．図中 A 点は大気圧 $P_A$，温度 $T_1$ の状態を示しているが，これは分圧 $p_1$ の水蒸気を含む空気が氷と平衡状態にあることを意味している．同じように考えると A′ 点は大気圧 $P_A$，温度 $T_2$ のもとで，分圧 $p_2$ の水蒸気を含む空気が水と平衡状態にあることを意味している．

純物質が固相で 2 種以上の異なった結晶状態をとる場合がある．このような場合の相転移についてもクラウジウス-クラペイロンの式が成り立つ．斜方結晶および単斜結晶をもつ硫黄がその代表的な例である．この場合のように 2 つの固相が存在する場合は 3 つの三重点が存在する．

### ● 4.3 溶液と蒸気の平衡

#### a. 溶液と濃度

液体状態にある，均一な混合物を**溶液**（solution）という．溶液は純粋な物質のみからなる場合もあるが，普通は液体に他の液体，気体または固体を溶かしてつくられる．このとき，元の液体を**溶媒**（solvent），溶解している物質を**溶質**（solute）という．

溶液中の各成分組成を表すときに分率が用いられるが，それには**質量分率**（mass fraction），**モル分率**（mole fraction）および**体積分率**（volume fraction）があり，それぞれ次のように定義される．

$$\text{質量分率}: \quad w_i = \frac{m'_i}{\sum m'_i}, \quad \sum w_i = 1 \tag{4.14}$$

$$\text{モル分率}: \quad x_i = \frac{n_i}{\sum n_i}, \quad \sum x_i = 1 \tag{4.15}$$

$$\text{体積分率}: \quad \phi_i = \frac{V_i}{\sum V_i}, \quad \sum \phi_i = 1 \tag{4.16}$$

$m'_i$，$n_i$ および $V_i$ はそれぞれ成分 $i$ の質量，物質量および体積である．溶液組成は濃度で表されることが多い．成分 $i$ の濃度は

$$C_i = n_i / V \quad [\text{mol m}^{-3}] \tag{4.17}$$

で定義され，$C_i$ をモル濃度という．また，濃度を質量モル濃度 $m_i$，すなわち溶媒 1 kg 中に含まれる溶質の物質量で表すこともある．

$$m_i = n_i / (n_1 M_1) \quad [\text{mol kg}^{-1}] \tag{4.18}$$

ここで，添字 1 は溶媒成分を表しており，$M_1$ は溶媒成分の分子量である．

#### b. 溶液と蒸気の平衡

溶液とその蒸気の平衡について考えてみよう．平衡蒸気圧について 2 つの経験則が知られている．1 つは溶質の蒸気圧に関するものであり，希薄溶液中の溶質の蒸気圧はその溶液濃度に比例する．これがいわゆる**ヘンリーの法則**（Henry's law）である．もう 1 つは溶媒の蒸気圧に関するものであり，希薄溶液で溶媒の蒸気圧の相対的降下度は溶質のモル分率に等しい，というものである．ここで溶媒を添字 1，溶質を添字 2 で表すと

$$(P_1° - P_1)/P_1° = x_2 \tag{4.19}$$

となる．ここで $P_1°$ は純溶媒の蒸気圧を表す．式 (4.19) の関係は 1886 年，ラウール（F. Raoult）により実験的に証明されたもので，**ラウールの法則**（Raoult's law）とよばれる．全組成範囲にわたって，ラウールの法則が成立する溶液を**理想溶液**（ideal solution）という．理想溶液をつくる 2 成分系は少ないが，例えばベンゼンとトルエン，あるいは $n$-ヘキサンと $n$-ヘプタンのように化学構造が類似していて分子間相互作用の小さい 2 成分は，互いに理想溶液に近い性質を示すことが知られている．

理想溶液について，式 (4.19) および $x_1 + x_2 = 1$ の関係より
$$P_1 = P_1° x_1 \tag{4.20}$$
溶質成分 2 についても式 (4.20) と同様の関係が成り立つ．全蒸気圧を $P$ とすると
$$P = P_1 + P_2 = P_1° x_1 + P_2° x_2 = P_1° + (P_2° - P_1°) x_2 \tag{4.21}$$
の関係が得られる．すなわち，全蒸気圧 $P$ は溶質のモル分率に対して直線的に変化する．図 4.3 に 25°C におけるベンゼン-トルエン溶液系の蒸気圧を示している．式 (4.20) および (4.21) の関係が成立していることがわかる．また，式 (4.21) および $P_2 = P_2° x_2$ の関係より
$$P = \frac{P_1°}{1 + (P_1°/P_2° - 1) y_2} \tag{4.22}$$
が得られる．

図 4.4 に 25°C におけるベンゼン-トルエン溶液系の蒸気圧-溶液組成（気相，液相）曲線を示した．式 (4.21) および (4.22) の関係が成立していることがわかる．図 4.4 において蒸気組成を示す曲線，式 (4.22) を**気相線**，溶液組成を示す直線，式 (4.21) を**液相線**という．なお，蒸気相のモル分率 $y_1$ および $y_2$ は次式で与えられる．
$$y_1 = P_1/P, \quad y_2 = P_2/P \tag{4.23}$$

ラウールの法則が成立しない溶液を**非理想溶液**という．例として図 4.5 にアセトン-クロロホルム系の 35°C における蒸気圧-溶液組成曲線を示した．この系は蒸気圧と組成の関係がラウールの法則に従う線（図中の破線）より下側にずれる場合であるが，これとは逆に蒸気圧-溶液組成曲線が上側にずれる場合もある．非理想溶液ではラウールの法則の代わりに
$$P_1 = a_1 P_1°, \quad P_2 = a_2 P_2° \tag{4.24}$$
で定義される $a$ を用いる．$a_1$, $a_2$ はそれぞれ，溶媒および溶質の**活量**（activity）である．活量は非理想溶液の実効的なモル分率を示すために $x$ の代わりに用いられる．このとき $a_i/x_i$ の比を成分 $i$ の**活量係数**（activity coefficient）といい，普通 $\gamma_i$ で表す．活量係数は非理想溶液がどの程度，理想溶液からずれているかについての目安を表している．

次に溶液の組成が変わったときに，沸点がどのように変化するかについて考えてみよう．図 4.6 にベンゼン-トルエン系の 1 atm における沸点とベンゼンのモル分率との関係を示した．この図は沸点-溶液組成図とよばれる．図 4.6 で組成 $x_a$ の混合溶液を加熱すると温度 $t_a$ で沸騰し始める．このときの蒸気組成は $y_a$ であることがわかる．したがって，液相中のベンゼン組成よりも気相中のベンゼン組成が高くなる．ベンゼン蒸気を凝縮させて，再び同じ操作を繰り返すことによりベンゼンの割合を次第に高くすることができる．蒸留はこの理論を応用したも

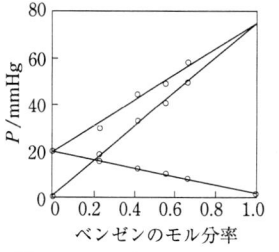

図 4.3 ベンゼン-トルエン溶液の蒸気圧-溶液組成曲線 (25°C)

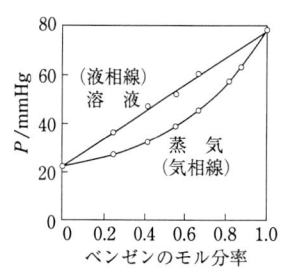

図 4.4 ベンゼン-トルエン溶液の蒸気圧-組成曲線 (25°C)

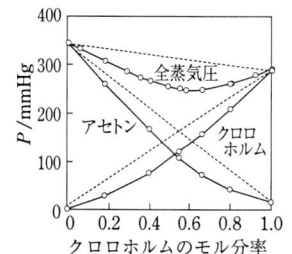

図 4.5 アセトン-クロロホルム溶液の蒸気圧-溶液組成曲線 (35°C)

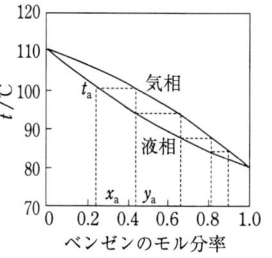

図 4.6 ベンゼン-トルエン溶液の沸点-組成図 (1 atm)

**【例題 4.1】** 100 g の水に 11.94 g の物質を含む溶液の蒸気圧は 100°C で 740.9 mmHg であった．ラウールの法則を適用してこの物質の分子量を求めよ．
[解] 水の蒸気圧は式 (4.19) より $(P_1^\circ - P_1)/P_1^\circ = x_2$ で表される．
この式に $P_1^\circ = 760$ mmHg，$P_1 = 740.9$ mmHg，$x_2 = (11.94/M)/(100/18.01 + 11.94/M)$ を代入して $M$ を求めると，$M = 83.4$ が得られる．

---

**column**

ラウール
François Marie Raoult
1830-1901

フランスの物理化学者．希薄溶液について研究し，凝固点降下の法則，蒸気圧降下についてのラウールの法則を発見したが，この法則を自身で再検討し「ラウールの法則は溶質溶媒間相互作用の強い電解質水溶液で成立しない」という結果も得た．この結果は後にファントホッフの希薄溶液理論やアレニウスの電解質分子の解離に関する学説にとって重要な研究の基礎となり，物理化学の創設に貢献した．

---

## ● 4.4 部分モル量

多成分系を熱力学的に取り扱うために，状態量の**部分モル量**（partial molar quantity）を定義しよう．示量性の状態変数として系の体積 $V$ を考える．$V$ は温度および圧力の関数であると同時に，各成分の物質量 $n_i$ の関数でもある．ここで，次式のように定温，定圧のもと，成分 $i$ 以外の物質量を一定にして $V$ を $n_i$ で微分した量を定義する．

$$\left(\frac{\partial V}{\partial n_i}\right)_{T, P, n_j} = V_i \tag{4.25}$$

$V_i$ は**部分モル体積**（partial molar volume）とよばれる．系の全体積は部分モル体積を用いると

$$V = \sum n_i V_i \tag{4.26}$$

で与えられる．部分モル体積は成分 $i$ の 1 mol が占める体積と考えることができる．理想溶液では混合による体積変化はないので，混合前後の各成分の部分モル体積が同じである．しかし，実際の溶液では混合に伴う体積変化が生じ，その変化も組成により異なる．このため，溶液中の各成分の部分モル体積 $V_i$ は一般的には純液体のそれとは異なり，溶液の種類や組成に依存する．純物質からなる溶液に対しては

$$V_1 = V/n_1 = V_{m_1} \tag{4.27}$$

となり，$V_1$ は成分 1 のモル体積 $V_{m_1}$ に等しくなる．

次に，示量変数の 1 つであるギブズエネルギー $G$ に対して部分モル量を考えてみよう．

$$\mu_i = \left(\frac{\partial G}{\partial n_i}\right)_{T, P, n_j} \tag{4.28}$$

$\mu_i$ は**化学ポテンシャル**（chemical potential）とよばれる．化学ポテンシャルは温度，圧力および成分 $i$ 以外のすべての成分の物質量を一定に保った場合の成分 $i$ の部分モルギブズエネルギーである．式 (4.26) に対応させると，系の全ギブズエネルギーは化学ポテンシャルを用いて次式で表されることになる．

$$G = \sum n_i \mu_i \tag{4.29}$$

化学ポテンシャル $\mu_i$ は，定温，定圧のもと，系の成分 $i$ を 1 mol 変化させたときのギブズエネルギー変化を表していることになる．

さて，一般的に多成分系において系を構成する各成分の物質量 $n_i$ が変化する系では，系の状態関数は $T$，$P$ および物質量 $n_i$ の関数である．例えば，ギブズエネルギーを例にとり，その全微分を考えると

$$dG = \left(\frac{\partial G}{\partial T}\right)_{P, n_i} dT + \left(\frac{\partial G}{\partial P}\right)_{T, n_i} dP + \sum \left(\frac{\partial G}{\partial n_i}\right)_{T, P, n_j} dn_i \tag{4.30}$$

となる．ここで，$S = -(\partial G/\partial T)_{P, n_i}$，$V = (\partial G/\partial P)_{T, n_i}$（式 (3.76)，(3.77) 参照）および式 (4.28) の関係を用いると

$$dG = -SdT + VdP + \sum \mu_i dn_i \tag{4.31}$$

となる．ここで $G$ は状態関数であるから，次の完全微分の条件が成り立つ．

$$\left[\frac{\partial}{\partial P}\left(\frac{\partial G}{\partial n_i}\right)_{T, P, n_j}\right]_{T, n_j} = \left[\frac{\partial}{\partial n_i}\left(\frac{\partial G}{\partial P}\right)_{T, n_i}\right]_{T, P, n_j} \tag{4.32}$$

となるから

$$\left(\frac{\partial \mu_i}{\partial P}\right)_{T, n_j} = \left(\frac{\partial V}{\partial n_i}\right)_{T, P, n_j} = V_i \tag{4.33}$$

が得られる．$V_i$ は式 (4.25) で定義された部分モル体積である．また，

$$\left[\frac{\partial}{\partial T}\left(\frac{\partial G}{\partial n_i}\right)_{T, P, n_j}\right]_{P, n_j} = \left[\frac{\partial}{\partial n_i}\left(\frac{\partial G}{\partial T}\right)_{P, n_i}\right]_{T, P, n_j} \tag{4.34}$$

$$\left(\frac{\partial \mu_i}{\partial T}\right)_{P, n_j} = -\left(\frac{\partial S}{\partial n_i}\right)_{T, P, n_j} = -S_i \tag{4.35}$$

となる．ここで $S_i$ は成分 $i$ の部分モルエントロピーである．式 (4.33) および (4.35) は部分モル体積および部分モルエントロピーが，それぞれ化学ポテンシャルの圧力偏微分量および温度偏微分量で表されることを示している．

さて，式 (4.29) の微分をとると，

$$dG = \sum n_i d\mu_i + \sum \mu_i dn_i \tag{4.36}$$

これと式 (4.31) を比較すると

$$SdT - VdP + \sum n_i d\mu_i = 0 \tag{4.37}$$

となる．式 (4.37) を**ギブズ-デュエムの式**（Gibbs-Duhem equation）という．特に温度および圧力が一定の条件下では

$$\sum n_i d\mu_i = 0 \tag{4.38}$$

となる．2 成分系を考えると，$d\mu_2 = -(n_1 d\mu_1/n_2)$ となり，溶媒の化学ポテンシャルから溶質のそれを求めるのに用いられる重要な式である．

## ● 4.5 溶液の束一的性質

溶液がもつ性質の中で特に重要なものに蒸気圧降下，沸点上昇，凝固点降下，および浸透圧がある．これらの性質は共通の原因によるので，溶液の**束一的性質**（colligative property）といわれる．この性質は溶媒の性質と溶液中の溶質分子数に依存し，溶質の種類には無関係である．

### a. 蒸気圧降下

十分希薄な溶液では，溶媒に対してラウールの法則が成り立つ．このような理想希薄溶液については式 (4.19) より

$$\frac{P_1^\circ - P_1}{P_1^\circ} = \frac{\Delta P_1}{P_1^\circ} = x_2 = \frac{n_2}{n_1 + n_2} \fallingdotseq \frac{n_2}{n_1} \tag{4.39}$$

$\Delta P_1$ は溶媒の**蒸気圧降下**（vapour-pressure lowering）を示す．質量モル濃度を $m$ とし，また溶媒の分子量を $M_1$ とすると式(4.18)より

$$\frac{n_2}{n_1} = \frac{m}{1000/M_1} \tag{4.40}$$

上の諸式をまとめると次式を得る．

$$\Delta P_1 = K_V m, \qquad K_V = M_1 P_1^\circ / 1000 \tag{4.41}$$

ここで，$K_V$ は溶媒の性質のみによって決まる定数である．溶質が非揮発性のとき，$P_1$ は溶液の蒸気圧 $P$ に等しく，蒸気圧測定から溶質の分子量を求めることができる．

### b. 沸点上昇

前項で述べたように非揮発性の溶質の溶解により蒸気圧が降下するので，圧力一定の条件下では沸点は上昇する．溶液と平衡にある蒸気には溶媒1のみが存在するから，相平衡の条件より

$$\mu_1^{\mathrm{g}} = \mu_1^{\ominus \mathrm{g}} = \mu_1^{\mathrm{l}} = \mu_1^{\ominus \mathrm{l}} + RT \ln x_1 \tag{4.42}$$

よって

$$\mu_1^{\ominus \mathrm{g}} - \mu_1^{\ominus \mathrm{l}} = RT \ln x_1 \tag{4.43}$$

となる．式(4.43)の左辺は純溶媒1が液体から気体に変化するときの1 mol あたりのギブズエネルギー変化 $\Delta_1^{\mathrm{g}} G_{\mathrm{m}}$ に等しい．

$$\Delta_1^{\mathrm{g}} G_{\mathrm{m}} = RT \ln x_1 \tag{4.44}$$

式(4.44)の両辺を $T$ で割り，圧力一定のもとで $T$ で微分し，さらにギブズ-ヘルムホルツの式(3.87)を用いると，

$$R \left(\frac{\partial \ln x_1}{\partial T}\right)_P = \left[\frac{\partial}{\partial T}\left(\frac{\Delta_1^{\mathrm{g}} G_{\mathrm{m}}}{T}\right)\right]_P = -\frac{\Delta_1^{\mathrm{g}} H_{\mathrm{m}}}{T^2} \tag{4.45}$$

が得られる．モル蒸発熱 $\Delta_1^{\mathrm{g}} H_{\mathrm{m}}$ を一定として式(4.45)を積分すると

$$R \ln x_1 = \Delta_1^{\mathrm{g}} H_{\mathrm{m}} \left(\frac{1}{T_{\mathrm{b}}} - \frac{1}{T_{\mathrm{b}}^0}\right) = -\Delta_1^{\mathrm{g}} H_{\mathrm{m}} \frac{T_{\mathrm{b}} - T_{\mathrm{b}}^0}{T_{\mathrm{b}} T_{\mathrm{b}}^0} \tag{4.46}$$

が得られる．ここで，$T_{\mathrm{b}}^0$ は純溶媒の沸点である．希薄溶液では $x_2$ が小さく，テイラー級数展開により

$$-\ln x_1 = -\ln(1-x_2) = x_2 + (1/2) x_2^2 + \cdots \fallingdotseq x_2 \tag{4.47}$$

また，$\Delta T_{\mathrm{b}} = T_{\mathrm{b}} - T_{\mathrm{b}}^0$ とおき，$T_{\mathrm{b}} T_{\mathrm{b}}^0 \fallingdotseq (T_{\mathrm{b}}^0)^2$ と近似すると

$$x_2 = \frac{\Delta_1^{\mathrm{g}} H_{\mathrm{m}}}{R} \frac{\Delta T_{\mathrm{b}}}{(T_{\mathrm{b}}^0)^2} \tag{4.48}$$

式(4.40)および(4.48)をまとめると次式が得られる．

$$\Delta T_{\mathrm{b}} = K_{\mathrm{b}} m, \qquad K_{\mathrm{b}} = M_1 R (T_{\mathrm{b}}^0)^2 / (1000 \Delta_1^{\mathrm{g}} H_{\mathrm{m}}) \tag{4.49}$$

$\Delta T_{\mathrm{b}}$ を**沸点上昇**（boiling point elevation），また $K_{\mathrm{b}}$ を**モル沸点上昇定数**といい，溶媒の性質のみによって決まる定数である．いくつかの溶媒についてモル沸点上昇定数を表4.1に示した．

表4.1 モル沸点上昇定数 $K_{\mathrm{b}}$

| 溶媒 | 沸点 [°C] | $K_{\mathrm{b}}$ [kg K mol$^{-1}$] |
|---|---|---|
| 水 | 100.0 | 0.51 |
| エタノール | 78.4 | 1.22 |
| アセトン | 56.2 | 1.71 |
| ジエチルエーテル | 34.6 | 2.02 |
| ベンゼン | 80.1 | 2.53 |
| クロロホルム | 61.3 | 3.63 |

### c. 凝固点降下

溶媒の凝固点は溶質が溶けることにより降下する．溶媒の固体と溶液が平衡にあるときの平衡条件を考えることにより，前項と同様に考察していくと，次の関係が得られる．

$$\Delta T_\mathrm{f} = K_\mathrm{f} m, \qquad K_\mathrm{f} = M_1 R (T_\mathrm{f}^0)^2 / (1000\, \Delta_\mathrm{s}^\mathrm{l} H_\mathrm{m}) \tag{4.50}$$

ここで，$\Delta T_\mathrm{f} = T_\mathrm{f}^\circ - T_\mathrm{f}$ は**凝固点降下**（freezing point depression）であり，$K_\mathrm{f}$ を**モル凝固点降下定数**といい，溶媒の性質のみによって決まる定数である．ただし，$\Delta_\mathrm{s}^\mathrm{l} H_\mathrm{m}$ は溶媒のモル融解熱である．表 4.2 にいくつかの溶媒のモル凝固点降下定数を示した．

表 4.2 モル凝固点降下定数 $K_\mathrm{f}$

| 溶媒 | 凝固点 [°C] | $K_\mathrm{f}$ [kg K mol$^{-1}$] |
|---|---|---|
| 水 | 0.00 | 1.86 |
| 酢酸 | 16.6 | 3.90 |
| ベンゼン | 5.5 | 5.12 |
| ブロモホルム | 7.8 | 14.4 |
| シクロヘキサン | 6.5 | 20 |
| ショウノウ | 173 | 40 |

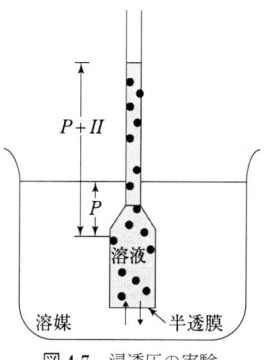

#### d. 浸　透　圧

溶質分子は透過させないが，溶媒分子を透過させる膜を**半透膜**という．図 4.7 のように半透膜を張った管に溶液を入れ，これを純溶媒の入った容器に入れ，両液の液面を同じ高さにして固定する．時間がたつにつれ，半透膜を通って溶媒分子が溶液中に浸透してくるため，徐々に管内の液面が上昇してくる．平衡状態では半透膜を出入りする溶媒の速度が等しくなり，一定の液面の高さになる．このとき，溶液側の液面の上昇分に相当する圧力が加わって平衡が保たれている．この圧力を**浸透圧**（osmotic pressure）という．平衡状態においては図 4.7 の溶媒相と溶液相の溶媒成分の化学ポテンシャルは等しい．このことを考慮すると次式が導かれる．

$$\Pi = C_2 RT \tag{4.51}$$

ここで，$\Pi$ は浸透圧，$C_2$ は溶質のモル濃度である．式 (4.51) は**ファントホッフ**（van't Hoff）**の浸透圧法則**とよばれる．

図 4.7 浸透圧の実験

**【例題 4.2】** $1\,\mathrm{dm}^3$ の水に溶質 32.6 g を含む水溶液の浸透圧は 0°C で 2.43 atm であった．同じ溶質 90.1 g を含む水溶液の 20°C での浸透圧を求めよ．

[解] 溶質の分子量を $M$ として，式 (4.51) $\Pi = C_2 RT$ に 0°C，20°C の数値を入れると

$$2.43 = \left(\frac{32.6}{M}\right) R \times 273, \qquad \Pi = \left(\frac{90.1}{M}\right) R \times 293$$

となる．後者を前者で割ると，$\Pi = 7.21\,\mathrm{atm}$ が得られる．

## ● 4.6　ギブズの相律と状態図

図 4.2 に示した水の状態図において，水蒸気，水および氷の 3 相が共存して平衡状態にある条件は三重点の 1 点のみである．しかし水蒸気と水が平衡にある条件は図の蒸発曲線で示される線上にあり，温度あるいは圧力のどちらかを定めることができる．例えば温度を定めてしまえば，その他の示強性変数はすべて定まってしまう．このように自由に定めることのできる示強性変数をその**系の自由度**（degree of freedom）という．水の三重点では自由度は 0，気液平衡のように 2 相共存系の場合は自由度は 1 である．

一般的に，多成分ならびに多数の相からなる系の自由度はどのように考えればよいのだろうか．系の自由度 $f$ は，示強性変数の総数からこれらの変数間に成り立つ条件式の数を差し引いたものと考えることができる．これが**ギブズの相律**（Gibbs' phase rule）である．そこで温度 $T$，圧力 $P$ の条件下で $p$ 種の相にわたって $c'$ 種の化学種が $r$ 種の反応に関与する場合を考える．この系での示強性変数の数は，温度と圧力で 2 つ，および $c'$ 種の化学種のモル分率を $p$ 種の相について考えることになるから，全部で $2 + c'p$ となる．次にこの示強性変数間に成り立つ条件には

(1) 各相のモル分率の和は1

$$\sum_{i=1}^{c'} x_{i,\alpha} = 1 \qquad (\alpha = 1 \sim p) \tag{4.52}$$

(2) 成分 $i$ に対する相平衡条件

$$\mu_{i,1} = \mu_{i,2} = \cdots = \mu_{i,p} \qquad (i = 1 \sim c') \tag{4.53}$$

(3) 反応に対する平衡条件

$$\Delta G_j = -\sum \nu_{i,j} \mu_{i,j} = 0 \qquad (j = 1 \sim r) \tag{4.54}$$

が考えられる．(1) の条件は $p$ 個，(2) の条件は $c'(p-1)$ 個，(3) の条件は $r$ 個あるから，条件式の総数は $p + c'(p-1) + r$ 個となる．したがって，系の自由度 $f$ は

$$f = (2 + c'p) - \{p + c'(p-1) + r\} = 2 + (c' - r) - p \tag{4.55}$$

となる．ここで $c' - r$ は独立成分の数を表しており，これを $c$ とすると

$$f = 2 + c - p \tag{4.56}$$

となる．$c$ は各相の組成を表すのに必要最小限の成分の数である．

1成分系の例として水の状態図はすでに示した．相律によってわかるように，1つの相よりなる系では $f = 2 + 1 - 1 = 2$ で温度および圧力を自由に変えることができる．2相共存系では $f = 2 + 1 - 2 = 1$ で温度あるいは圧力のどちらかを定めれば他の変数は定まり，2相の平衡状態は1本の曲線で表される．3相共存系では $f = 0$ となり，状態図上のただ1点，すなわち三重点でのみ平衡状態が存在する．

## 練習問題（4章）

**4.1** 水の標準沸点における蒸発熱は $40.65\,\mathrm{kJ\,mol^{-1}}$ である．90°Cにおける水の蒸気圧を求めよ．

**4.2** あるベンゼン-トルエン溶液系の1 atmにおける沸点は88.0°Cであった．この溶液から沸騰する蒸気の組成を求めたところ，ベンゼンのモル分率が0.830であった．最初の溶液のベンゼンのモル分率を求めよ．88.0°Cにおけるベンゼンおよびトルエンの蒸気圧はそれぞれ，957 mmHg および 379.5 mmHg である．

**4.3** ある不揮発性アルコール 4.85 g を 100 g の水に溶解した溶液は，20°Cで 17.453 mmHg の蒸気圧を示した．この温度で純水の蒸気圧は 17.535 mmHg，密度は $0.998\,\mathrm{g\,cm^{-3}}$，および沸点100°Cにおける蒸発熱は $2259\,\mathrm{J\,g^{-1}}$ である．(a) アルコールの分子量，(b) 溶液の沸点上昇，(c) 溶液の浸透圧をそれぞれ求めよ．

**4.4** $o$-キシレンと $m$-キシレンは理想溶液をつくる．25°C，1 atm で，$x = 0.85$ の溶液から $x = 0.66$ の溶液へ，1モルの $o$-キシレンが組成変化するときのギブズエネルギー変化を求めよ．

**4.5** 非電解質の無水物の結晶 6.78 g を水 100 g に溶かしたとき，その溶液の蒸気圧は 25°C で 3.1033 kPa になった．この溶質の分子量を求めよ．ただし，25°C の純水の蒸気圧は 3.1672 kPa である．

**4.6** 50 モル％のベンゼンと 50 モル％のトルエンからなる理想溶液がある．この蒸気を理想気体として，20°C の全蒸気圧とその組成をモル分率で表せ．ただし，20°C のベンゼンの蒸気圧は 9.96 kPa，トルエンの蒸気圧は 2.97 kPa である．

**4.7** 0.8 atm のもとで 100°C で沸騰するベンゼン-トルエン溶液がある．溶液は理想溶液，蒸気は理想気体として，溶液とその組成のモル分率をそれぞれ求めよ．ただし，100°C における蒸気圧はベンゼンが 179.2 kPa，トルエンが 74.5 kPa である．

**4.8** 100 g のアニリンにベンジル $C_6H_5\cdot CO\cdot CO\cdot C_6H_5$ を 1.00 g 溶かしたとき，アニリンの沸点（184.55°C）が 0.158°C 上昇した．アニリンのモル蒸発熱を求めよ．

**4.9** 塩化水銀(II) $HgCl_2$ の融解熱は融点 276°C で $19.20\,\mathrm{kJ\,mol^{-1}}$ である．塩化水銀(II) 50.0 g に塩化水銀(I) 0.350 g を溶かしたとき，溶液の凝固点は 0.523°C 降下した．塩化水銀(I) の分子量を求めよ．

**4.10** 理想溶液について温度，圧力ともに一定の条件では，(a) 液体の混合によるギブズエネルギーの変化 $\Delta G$ は $\Delta G = RT \sum n_i \ln x_i$，(b) 液体の混合によるエントロピーの変化 $\Delta S$ は $\Delta S = -R \sum n_i \ln x_i$ と表されることを示せ．

# 化学平衡　5

## ● 5.1 平衡定数とギブズエネルギー

物質 A と B が反応して，物質 P と Q が生成する次の気相反応を考える．

$$a\mathrm{A} + b\mathrm{B} \rightleftharpoons p\mathrm{P} + q\mathrm{Q} \tag{5.1}$$

右向きの反応を正反応，左向きの反応を逆反応とよぶ．正反応の速度と逆反応の速度が等しくなったとき，式 (5.1) の反応は見かけ上停止したようになる．この状態を反応が平衡に達した，すなわち平衡状態にあるという．平衡状態における各成分の濃度を [A], [B], [P] および [Q] で表すと

$$K = \frac{[\mathrm{P}]^p [\mathrm{Q}]^q}{[\mathrm{A}]^a [\mathrm{B}]^b} \tag{5.2}$$

で定義される $K$ は各成分の初期濃度にかかわらず，温度が一定であれば一定となる．これが**質量作用の法則**（law of mass action）である．**平衡の法則**（law of equilibrium）ともいう．式 (5.2) を一般化した形で表すと，次のようになる．

$$K = \prod_{i=1}^{n} [\mathrm{A}_i]^{\nu_i} \tag{5.3}$$

$\nu_i$ は**化学量論係数**であり，反応物に対して負，生成物に対して正の値をとるものとする．式 (5.3) で定義される $K$ を**化学平衡定数**，あるいは単に**平衡定数**（equilibrium constant）という．

式 (5.1) の反応が定温，定圧下で進行するとき，成分 $i$ の物質量 $n_i$ を

$$n_i = n_{i0} + \nu_i \xi \tag{5.4}$$

と表し，$\xi$ を**反応進行度**（extent of reaction）とよぶ．$n_{i0}$ は反応の初期状態の物質量である．反応進行度が $\xi$ から $\xi + d\xi$ まで変化したときの反応系のギブズエネルギー変化は

$$dG = \{(p\mu_\mathrm{P} + q\mu_\mathrm{Q}) - (a\mu_\mathrm{A} + b\mu_\mathrm{B})\} d\xi \tag{5.5}$$

で表される．反応が平衡に達したときは $(\partial G / \partial \xi)_{T,P} = 0$ であるから

$$(p\mu_\mathrm{P} + q\mu_\mathrm{Q}) - (a\mu_\mathrm{A} + b\mu_\mathrm{B}) = 0 \tag{5.6}$$

となる．ここで $\mu_i (i = \mathrm{A, B, P, Q})$ は平衡状態における各成分の**化学ポテンシャル**（chemical potential）である．

ここで，理想気体の化学ポテンシャルを求めてみよう．式 (3.77) より

$$\left(\frac{\partial G}{\partial P}\right)_T = V \tag{5.7}$$

が成立するから，これを圧力 $p_1$ から $p_2$ まで積分する．

$$G_{p_2, T} - G_{p_1, T} = \int_{p_1}^{p_2} V dp = nRT \int_{p_1}^{p_2} \frac{dp}{p} = nRT \ln \frac{p_2}{p_1} \tag{5.8}$$

$$G_{p_2, T} = G_{p_1, T} + nRT \ln \frac{p_2}{p_1} \tag{5.9}$$

純物質の化学ポテンシャルはモルギブズエネルギーに等しいから，式 (5.9) の両

辺を $n$ で割ると

$$\mu_{p_2,T} = \mu_{p_1,T} + RT \ln \frac{p_2}{p_1} \tag{5.10}$$

となる．標準状態の圧力を $p^{\ominus}$ とし，$p_1=p^{\ominus}$，$p_2=p$ とすると，式 (5.10) は次式となる．

$$\mu = \mu^{\ominus} + RT \ln \frac{p}{p^{\ominus}} \tag{5.11}$$

標準圧力として $p^{\ominus}=1\,\text{atm}$ をとると，成分 $i$ の化学ポテンシャルは次のように表される．

$$\mu_i = \mu^{\ominus}_i + RT \ln p_i \tag{5.12}$$

式 (5.6)，(5.12) より

$$(p\mu^{\ominus}_\text{P} + q\mu^{\ominus}_\text{Q}) - (a\mu^{\ominus}_\text{A} + b\mu^{\ominus}_\text{B}) = -RT \ln \frac{p_\text{P}{}^p p_\text{Q}{}^q}{p_\text{A}{}^a p_\text{B}{}^b} \tag{5.13}$$

式 (5.13) の左辺は，圧力 1 atm の標準状態で $a$ mol の A と $b$ mol の B が完全に反応して $p$ mol の P と $q$ mol の Q になるときのギブズエネルギー変化であり，これを**標準ギブズエネルギー変化** $\Delta G^{\ominus}$ という．

また，式 (5.13) の右辺の自然対数の項は圧平衡定数 $K_\text{p}$ とよばれる平衡定数の 1 つである．したがって，式 (5.13) は

$$\Delta G^{\ominus} = -RT \ln K_\text{p} \tag{5.14}$$

となる．$\Delta G^{\ominus}$ は一定温度では反応に固有の変量であるから，$K_\text{p}$ は定温条件下では一定の値をとることがわかる．これが前述した質量作用の法則の熱力学的な証明である．非理想気体の場合には分圧 $p_i$ の代わりに，実効的な分圧 $f_i$ を導入して式 (5.12) を

$$\mu_i = \mu^{\ominus}_i + RT \ln f_i \tag{5.15}$$

とする．$f_i$ はフガシティ（fugacity）または逃散能とよばれる．

## 5.2 標準生成ギブズエネルギー

標準ギブズエネルギー変化 $\Delta G^{\ominus}$ は，標準エンタルピー変化 $\Delta H^{\ominus}$ と標準エントロピー変化 $\Delta S^{\ominus}$ と次の関係にある．

$$\Delta G^{\ominus} = \Delta H^{\ominus} - T\Delta S^{\ominus} \tag{5.16}$$

$\Delta H^{\ominus}$ はいわゆる**標準反応熱**である．また，$\Delta S^{\ominus}$ は標準状態で式 (5.1) で表される反応が正反応の方向に完全に進行したときのエントロピー変化である．したがって，式 (5.16) を用いることにより，標準状態でのギブズエネルギー変化を求めることができる．

標準状態において，ある物質 1 mol をその構成元素の単体からつくるときの反応のギブズエネルギー変化を，その物質の**標準生成ギブズエネルギー**（standard Gibbs energy of formation）$\Delta G^{\ominus}_\text{f}$ という．表 5.1 にいろいろな物質の 25°C における標準生成ギブズエネルギーを示した．これらの値を用いることによって，任意の反応の標準ギブズエネルギー変化を次式により求めることができる．

$$\Delta G^{\ominus} = \sum_i^n \nu_i \Delta G^{\ominus}_{\text{f}i} \tag{5.17}$$

ここで $\Delta G^{\ominus}_{\text{f}i}$ は $i$ 成分の標準生成ギブズエネルギーである．ある反応の $\Delta G^{\ominus}$ を式 (5.17) を用いて求め，これを式 (5.14) に適用することにより**圧平衡定数** $K_\text{p}$

**表 5.1** 標準生成ギブズエネルギー (25°C)

| 物質 | $\Delta G^{\ominus}_\text{f}$ [kJ mol$^{-1}$] |
|---|---|
| $H_2O$ (g) | $-228.60$ |
| $H_2O$ (l) | $-237.19$ |
| $HCl$ (g) | $-95.265$ |
| $HBr$ (g) | $-53.26$ |
| $HI$ (g) | $1.30$ |
| $S$ (monoclinic) | $0.096$ |
| $SO_2$ (g) | $-300.4$ |
| $SO_3$ (g) | $-370.4$ |
| $H_2S$ (g) | $-33.02$ |
| $NO$ (g) | $86.688$ |
| $NO_2$ (g) | $51.840$ |
| $NH_3$ (g) | $-16.636$ |
| $HNO_3$ (l) | $-79.914$ |
| $PCl_3$ (g) | $-286.3$ |
| $PCl_5$ (g) | $-324.6$ |
| $C$ (diamond) | $2.87$ |
| $CO$ (g) | $-137.27$ |
| $CO_2$ (g) | $-394.38$ |
| $PbO_2$ (s) | $-219.0$ |
| $PbSO_4$ (s) | $-811.24$ |
| $AgCl$ (s) | $-109.72$ |
| $Fe_2O_3$ (s) | $-741.0$ |
| $Fe_3O_4$ (s) | $-1014$ |
| $Al_2O_3$ (s) | $-1576.4$ |
| $CaO$ (s) | $-604.2$ |
| $CaCO_3$ (s) | $-1128.8$ |
| $NaCl$ (s) | $-384.03$ |
| $KCl$ (s) | $-408.32$ |
| $CH_4$ (g) | $-50.793$ |
| $C_2H_6$ (g) | $-32.89$ |
| $C_3H_8$ (g) | $-23.49$ |
| $n$-$C_4H_{10}$ (g) | $-15.71$ |
| $C_2H_4$ (g) | $68.124$ |
| $C_2H_2$ (g) | $209.2$ |
| $C_6H_6$ (l) | $124.50$ |
| $CH_3OH$ (l) | $-166.2$ |
| $C_2H_5OH$ (l) | $-174.8$ |
| $HCHO$ (g) | $-110$ |
| $CH_3CHO$ (g) | $-133.7$ |
| $HCOOH$ (l) | $-346$ |
| $CH_3COOH$ (l) | $-392$ |
| $NH_2CH_2COOH$ (s) | $-370.7$ |

## 5.3 種々の平衡定数の表し方

式 (5.2) で表した平衡定数は平衡状態にある各成分の濃度により定義されているので，これを**濃度平衡定数**とよび，$K_c$ で表す．これに対して式 (5.13) 中で定義された平衡定数

$$K_p = \frac{p_P{}^p p_Q{}^q}{p_A{}^a p_B{}^b} \tag{5.18}$$

は**圧平衡定数**とよばれる．ここで圧平衡定数と濃度平衡定数の関係について考えてみる．理想気体の法則が成立する混合気体中の各成分の分圧は次のように表される．

$$p_i = \frac{n_i}{V} RT = C_i RT \tag{5.19}$$

$n_i$ は成分 $i$ の物質量 [mol]，$V$ は反応系の容積 [m³] であるから，$n_i/V$ が成分 $i$ のモル濃度 $C_i$ になる．この関係を式 (5.18) に代入すると

$$K_p = \prod_{i=1}^{n} p_i{}^{\nu_i} = \prod_i C_i{}^{\nu_i}(RT) = K_c (RT)^{\Delta\nu} \tag{5.20}$$

ここで，$\Delta\nu$ は生成系の各成分の化学量論係数の総和と原系の各成分の化学量論係数の総和との差を表す．式 (5.1) でいえば，$\Delta\nu = (p+q) - (a+b)$ である．したがって，反応により物質量が増加する系では $\Delta\nu > 0$，逆に物質量が減少する系では $\Delta\nu < 0$ となる．反応前後で物質量の変化がない場合のみ $K_p = K_c$ となる．

**【例題 5.1】** アンモニアの合成反応，$3H_2 + N_2 \rightleftharpoons 2NH_3$ の 25°C における圧平衡定数は $K_p = 6.8 \times 10^5 \text{ atm}^{-2}$ である．濃度平衡定数はいくらか．

**[解]** 濃度平衡定数 $K_c$ は

$$K_c = \frac{[NH_3]^2}{[H_2]^3[N_2]}$$

で表される．$\Delta\nu = 2 - (3+1) = -2$ であるから，式 (5.20) より

$$K_p = K_c(RT)^{-2}$$

となる．これより濃度平衡定数は次のように求められる．

$$K_c = K_p(RT)^2 = 6.8 \times 10^5 \times (0.08205 \times 298)^2 = 4.1 \times 10^8 \text{ (mol dm}^{-3})^{-2}$$

すでに述べたように平衡定数は温度のみに依存し，圧力には関係しないが，平衡時の成分組成は一般的には全圧により変化する．例えばアンモニアの合成反応において水素と窒素が 3 mol : 1 mol の混合ガスを反応させて，平衡状態において $2x$ mol のアンモニアが生成したとする．このときの全物質量は $(4-2x)$ mol である．したがって全圧を $P$ とすると，各成分の分圧は

$$p_{H_2} = \frac{3(1-x)}{4-2x}P, \quad p_{N_2} = \frac{1-x}{4-2x}P, \quad p_{NH_3} = \frac{2x}{4-2x}P$$

となる．圧平衡定数 $K_p$ は

$$K_p = \frac{p_{NH_3}{}^2}{p_{H_2}{}^3 p_{N_2}} = \frac{4x^2(4-2x)^2}{27(1-x)^4 P^2} = \frac{[4x(2-x)]^2}{27[(1-x)^2 P]^2} \tag{5.21}$$

で表される．$K_p$ は一定なので，式 (5.21) から明らかなように，アンモニアの生

成量 $x$ は全圧 $P$ により変化する．なお，反応前後において物質量が変化しない系においては，式（5.21）とは違って平衡組成は全圧 $P$ に依存しないことに注意すべきである．

## ● 5.4 平衡定数の温度による変化

式（3.88）で述べたようにギブズ-ヘルムホルツの式は次のように表される．

$$\left[\frac{\partial}{\partial T}\left(\frac{\Delta G^\ominus}{T}\right)\right]_P = -\frac{\Delta H^\ominus}{T^2} \tag{5.22}$$

また，標準ギブズエネルギー変化と圧平衡定数との関係を表す式（5.14）より

$$\frac{\Delta G^\ominus}{T} = -R \ln K_p \tag{5.23}$$

となる．式（5.23）を（5.22）に代入すると

$$\left[\frac{\partial(\ln K_p)}{\partial T}\right]_P = \frac{\Delta H^\ominus}{RT^2} \tag{5.24}$$

が得られる．これは**ファントホッフの式**（van't Hoff equation）とよばれ，平衡定数の温度依存性を表す式として知られている．式（5.24）を $\Delta H^\ominus$ 一定として積分すると

$$\ln K_p = -\frac{\Delta H^\ominus}{RT} + C \tag{5.25}$$

となる．ただし，$C$ は積分定数である．式（5.25）は，種々の温度について平衡定数の対数と絶対温度の逆数をプロットすることにより，その直線の勾配から標準反応熱が得られることを示している．図 5.1 に $CO_2$ と $H_2$ から $CO$ と $H_2O$ が生成する反応の例を示している．このようにして得られる標準反応熱から，平衡移動に関する**ルシャトリエ**（Le châtelier）**の法則**が次のように熱力学的に説明される．すなわち，発熱反応（$\Delta H^\ominus < 0$）の場合，式（5.24）からわかるように，$K_p$ は温度の増加とともに小さくなる．一方，吸熱反応（$\Delta H^\ominus > 0$）の場合はこれとは逆に，$K_p$ は温度の上昇にともなって大きくなる．

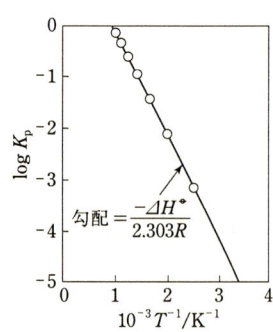

図 5.1 反応 $CO_2(g) + H_2(g) \rightleftharpoons CO(g) + H_2O(g)$ の平衡定数と温度の逆数の関係

勾配 $= \dfrac{-\Delta H^*}{2.303R}$

---

**column**

**ファントホッフ**
**Jacobus Henricus**
**van't Hoff**
**1852-1911**

オランダ生まれ．第1回ノーベル化学賞受賞者．彼には3つの大きな業績がある．1つ目は炭素原子の正四面体構造と不斉炭素原子の仮説，つまり分子には立体構造があるという仮説を提唱したことである．2つ目は熱力学的平衡論を打ち立てたこと，3つ目は溶液の浸透圧現象と理想気体の法則との類似性をとらえ，理想溶液の概念を定立したことである．これらの業績により彼は立体化学の創設者，またオストワルトやアレニウスと並ぶ 1870 年代以降の物理化学の創設者であると称えられている．第1回ノーベル化学賞が贈られた 1901 年，日本は明治 34 年であった．ちょうど日本が日英同盟の交渉を始めた頃である．

---

## ● 5.5 平衡定数の計算法

種々の反応について化学平衡を検討するには，第1にその反応の平衡定数の算出が必要である．平衡定数の算出法にはいろいろな方法があるが，いくつかの例を以下に述べる．

(1) 標準ギブスエネルギー変化のデータがある場合
　式 (5.14) により計算できる.
(2) 標準エンタルピー変化ならびに標準エントロピー変化のデータがある場合
　式 (5.16) を用いて標準ギブスエネルギー変化を求め，これより平衡定数を算出できる.
(3) 反応に関与する全成分の標準生成ギブズエネルギーが既知の場合
　5.2 節で述べたように，式 (5.17) を用いてその反応の標準ギブスエネルギー変化を計算し，これより平衡定数を算出できる.
(4) 標準エンタルピー変化とある温度での平衡定数が既知の場合
　各成分の定圧熱容量 $C_P$ は

$$C_P = \alpha + \beta T + \gamma T^2 \tag{5.26}$$

のように与えられているから，$\varDelta\alpha$, $\varDelta\beta$ および $\varDelta\gamma$ が計算できる．式 (5.1) の反応に対しては，$\varDelta\alpha$ は

$$\varDelta\alpha = (p\alpha_P + q\alpha_Q) - (a\alpha_A + b\alpha_B) \tag{5.27}$$

と求められ，$\varDelta\beta$, $\varDelta\gamma$ も同様に計算できる．式 (2.44) のキルヒホッフの式

$$\varDelta H^\ominus(T) = \varDelta H^\ominus(T_0) + \int_{T_0}^{T} \varDelta C_P dT = \varDelta H_0 + \varDelta\alpha T + \frac{\varDelta\beta}{2}T^2 + \frac{\varDelta\gamma}{3}T^3 \tag{5.28}$$

より $\varDelta H_0$ がわかり，$\varDelta H^\ominus$ が温度の関数として一般的に表現されたことになる．そこでファントホッフの式 (5.24) に式 (5.28) を代入して積分すると

$$\ln K_p = -\frac{\varDelta H_0}{RT} + \frac{\varDelta\alpha}{R}\ln T + \frac{\varDelta\beta}{2R}T + \frac{\varDelta\gamma}{6R}T^2 + C \tag{5.29}$$

ここで $C$ は積分定数である．ある温度での $K_p$ がわかっていると定数 $C$ を求めることができるので，式 (5.29) を用いて任意の温度における $K_p$ が計算できる.
(5) 標準エンタルピー変化とある温度での標準ギブズエネルギー変化が既知の場合
　まず式 (5.28) より $\varDelta H_0$ を計算し，$\varDelta H^\ominus$ の一般式を求める．次にギブズ-ヘルムホルツの式 (5.22) に $\varDelta H^\ominus$ を代入し，積分すると次式が得られる．

$$\varDelta G^\ominus = \varDelta H_0 - \varDelta\alpha T\ln T - \frac{\varDelta\beta}{2}T^2 - \frac{\varDelta\gamma}{6}T^3 - C'T \tag{5.30}$$

ある温度での $\varDelta G^\ominus$ がわかっているから，式 (5.30) より定数 $C'$ が計算できる．式 (5.29) 中の $C$ は $C = C'/R$ であるから，任意の温度における $K_p$ が計算できる.
(6) 2 つの温度における平衡定数が既知の場合
　各温度について式 (5.29) を適用すると，$\varDelta H_0^\ominus$ と $C$ についての連立方程式ができるから，これを解いて式 (5.29) に代入することにより任意の温度での $K_p$ を求めることができる.

【例題 5.2】　プロパンからプロピレンへの脱水素反応

$$C_3H_8 \rightleftharpoons C_3H_6 + H_2$$

の平衡定数の一般式を求めよ．なおこの反応の標準エンタルピー変化は 124.27 kJ mol$^{-1}$ であり，850 K, 1 atm での平衡定数は 0.2047 である．
［解］　この例題は上述した (4) の場合に相当する．各成分の比熱 $C_P$ [J mol$^{-1}$ K$^{-1}$] は次のようである．

　　$C_3H_8$ : $C_P = 10.083 + 239.304 \times 10^{-3}T - 73.358 \times 10^{-6}T^2$

$$C_3H_6 : C_p = 13.611 + 188.765 \times 10^{-3} T - 57.489 \times 10^{-6} T^2$$
$$H_2 \ \ : C_p = 29.066 - 0.8364 \times 10^{-3} T + 2.012 \times 10^{-6} T^2$$

これより $\Delta\alpha$, $\Delta\beta$ および $\Delta\gamma$ を求めると

$$\Delta\alpha = 13.611 + 29.066 - 10.083 = 32.594$$
$$\Delta\beta = (188.765 - 0.8364 - 239.304) \times 10^{-3} = -51.375 \times 10^{-3}$$
$$\Delta\gamma = (-57.489 + 2.012 + 73.358) \times 10^{-6} = 17.881 \times 10^{-6}$$

となる．これらの値および与えられた標準エンタルピー変化を式 (5.28) に代入すると

$$\Delta H_0 = 116.676 \text{ kJ mol}^{-1}$$

が得られる．この値および与えられた 850 K における平衡定数の値を式 (5.29) に代入すると

$$C = -9.153$$

が得られる．この $\Delta H_0$ および $C$ の値を式 (5.29) に適用することにより，平衡定数 $K_p$ の温度の関数としての一般式が得られる．

## ● 5.6　不均一系の化学平衡

すべての反応が気相のみ，あるいは液相のみで起こる均一反応であるとは限らない．気相や液相以外に他の液相や固相が関与する不均一系反応の場合，平衡式をどのように取り扱うかについて考えてみる．例えば

$$2\,\mathrm{NaHCO_3(s)} \rightleftharpoons \mathrm{Na_2CO_3(s)} + \mathrm{CO_2(g)} + \mathrm{H_2O(g)} \tag{5.31}$$

なる反応について考えてみよう．この場合，固体の化学ポテンシャルを理想気体と同じように $\mu_i = \mu_i^\ominus + RT \ln a_i$ と表したとき，$\mu_i^\ominus$ は標準状態における成分 $i$ の化学ポテンシャルである．しかし，この値は液体や固体では圧力によってほとんど変化しない．このことは $\ln a_i = 0$ すなわち $a_i = 1$ としてよいことを示している．

同様に炭酸カルシウムを定容積下で一定温度に加熱すると，次の平衡が成立する．

$$\mathrm{CaCO_3(s)} \rightleftharpoons \mathrm{CaO(s)} + \mathrm{CO_2(g)} \tag{5.32}$$

この反応の平衡定数は圧力のみに依存することになり，

$$K_p = p_{\mathrm{CO_2}} \tag{5.33}$$

と表される．$p_{\mathrm{CO_2}}$ は炭酸カルシウムの**解離圧**（dissociation pressure）とよばれる．25°C でのこの解離圧は，$K_p = 1.175 \times 10^{-23}$ atm であり，きわめて小さい．この値は空気中の二酸化炭素の分圧 0.0314 atm よりも小さいので，常温では炭酸カルシウムは空気に触れても分解することはない．しかし，炭酸カルシウムの解離圧は高温では急激に大きくなり，897°C で 1 atm になる．したがって，炭酸カルシウムを 897°C 以上に加熱すると空気中で激しく分解して酸化カルシウムと二酸化炭素になる．

さて，次の反応を考えてみよう．

$$2\,\mathrm{NOBr(g)} \rightleftharpoons 2\,\mathrm{NO(g)} + \mathrm{Br_2(g, l)} \tag{5.34}$$

NOBr は分解し，NO および $\mathrm{Br_2}$ を生成し，平衡に達する．平衡定数は 25°C において

$$K_p = \frac{p_{\mathrm{NO}}^2 p_{\mathrm{Br_2}}}{p_{\mathrm{NOBr}}^2} = 1.0 \times 10^{-2} \text{ atm} \tag{5.35}$$

である．しかし，$Br_2$ の分圧が大きいと一部の $Br_2$ が凝縮する．25°C での $Br_2$ の飽和蒸気圧は $p_{Br_2}^\ominus = 2.82 \times 10^{-1}$ atm である．したがって，液体臭素が共存するときの平衡定数は

$$K_p = \frac{p_{NO}^2 \times 0.282}{p_{NOBr}^2} \tag{5.36}$$

となる．したがって，見かけの平衡定数を $K_p'$ とすると

$$K_p' = \frac{p_{NO}^2}{p_{NOBr}^2} = \frac{K_p}{0.282} = 3.5 \times 10^{-2} \tag{5.37}$$

となる．このように生成物の一部が凝縮する系では，平衡定数の取り扱いには十分に注意する必要がある．

## 練習問題（5章）

**5.1** アンモニア生成反応の 327°C における圧平衡定数は $4.42 \times 10^{-2}$ atm$^{-2}$ である．327°C で分圧がそれぞれ 10 atm の $H_2$ および $N_2$ と平衡に達しているときの $NH_3$ の分圧および混合気体の全圧を求めよ．

**5.2** $H_2(g) + I_2(g) \rightleftharpoons 2 HI(g)$ の反応について，温度 298 K で，$K_p = 870$，$\Delta H_{298}^\ominus = -10.38$ kJ mol$^{-1}$ である．温度 423 K における $K_p$ を求めよ．

**5.3** エタノールと酢酸から酢酸エチルおよび水を生成する反応を考える．室温で系が平衡に達したとき，エタノールと酢酸の濃度が等しく，酢酸エチルの濃度が 1.0 mol dm$^{-3}$ であった．濃度平衡定数 $K_c = 4$ として，平衡時のエタノールの濃度を求めよ．

**5.4** NOBr は次のように分解する．

$$2 NOBr \rightleftharpoons 2 NO + Br_2$$

この反応の 25°C における $K_p$ は $1.0 \times 10^{-2}$ atm である．平衡混合物中に液体臭素が生じるのに十分なほど圧力が高い条件で，NOBr の分圧が 15 atm のときの NO の分圧を求めよ．ただし，25°C における臭素の蒸気圧は 210 mmHg である．

**5.5** $N_2 + 3 H_2 \rightleftharpoons 2 NH_3$ の反応について，はじめ $N_2$ と $H_2$ とを 1:3 のモル比で混ぜて反応させ，500°C，10 atm で平衡に達した．このとき，生じたアンモニアのモル分率を求めよ．ただし，この温度での圧平衡定数 $K_p$ は $1.43 \times 10^{-5}$ atm$^{-2}$ である．

**5.6** $A + 2 B \rightleftharpoons 2 C$ の反応について，はじめ反応物質 A と B のモル比を 1:2 として混ぜて反応させ，平衡にしたところ，C は A の 1 モルに対して $x$ モル生成した．全圧を $P$ として $K_p$ を与える式を求めよ．ここに A，B，C はともに気体である．

**5.7** $NO + (1/2)O_2 \rightleftharpoons NO_2$ の反応について，1 atm の標準状態でギブズエネルギー変化は，温度 $T$ の関数として

$$\Delta G^\ominus = -14.17 \times 10^3 + 2.75\, T \ln T - 2.8 \times 10^{-3} T^2 + 3.1 \times 10^{-7} T^3 + 2.73\, T \text{ cal}$$

で与えられている．NO の標準生成ギブズエネルギー $\Delta G_{f,298}^\ominus$ は 86.688 kJ mol$^{-1}$ である．$NO_2$ について $\Delta G_{f,298}^\ominus$ を求めよ．またこの化学平衡について 500°C の $K_p$ を求めよ．

**5.8** $Fe_3O_4(s) + 4 H_2(g) \rightleftharpoons 3 Fe(s) + 4 H_2O(g)$ の化学平衡について，700°C の平衡定数は $9.22 \times 10^{-2}$ である．900°C での平衡時の分圧はそれぞれ $p_{H_2O} = 6.57 \times 10^4$ Pa，$p_{H_2} = 9.57 \times 10^4$ Pa であった．この温度範囲での平均の反応熱を求めよ．また反応は発熱か吸熱か．

**5.9** 定圧モル熱容量［J K$^{-1}$ mol$^{-1}$］は近似的に温度 $T$ の 1 次関数として

$CO_2(g): 43.3 + 0.01146\, T$；$H_2(g): 27.7 + 0.00339\, T$
$CO(g): 27.6 + 0.00502\, T$；$H_2O(g): 34.4 + 0.00063\, T$

で与えられるものとする．また標準生成熱 $\Delta H_{f,298}^\ominus$［kJ mol$^{-1}$］は，$CO_2(g)$，$CO(g)$ および $H_2O(g)$ に対して，それぞれ，$-393.513$，$-110.523$，および $-241.826$ である．

$$CO_2(g) + H_2(g) \rightleftharpoons CO(g) + H_2O(g)$$

の水性ガス転化反応の 400 K における平衡定数は $6.76 \times 10^{-4}$ である．この反応の 700 K における平衡定数を求めよ．

**5.10** 次の各平衡について，atm 単位の圧平衡定数 $K_p$ は温度 1200 K で

$C(s) + CO_2 \rightleftharpoons 2 CO: K_p = 57.1$
$CO_2 + H_2 \rightleftharpoons CO + H_2O: K_p = 1.44$
$H_2O \rightleftharpoons H_2 + (1/2)O_2: K_p = 1.28 \times 10^{-8}$

である．温度 1200 K における $C(s) + H_2O \rightleftharpoons CO + H_2$ の平衡定数 $K_p$ を求めよ．ここで C(s) は黒鉛である．

# 6 界面化学

## ● 6.1 界面化学とは

　界面での物質の吸着に関する現象あるいはコロイド粒子の挙動を取り扱う化学の分野は界面化学とよばれる．物質の界面には次の4つの場合が考えられる．すなわち，気体-固体，気体-液体，液体-固体，液体-液体の界面である．液体と液体の界面は，例えば水と油のような混じり合わない液体同士の界面である．固体と固体の界面も考えられないことはないが，これはむしろ接着面として捉えて界面には含めない．

　**コロイド**はその大きさが数 nm～1 $\mu$m の範囲の粒子のことをいい，化粧品や塗料の顔料に用いられるのはこのような大きさの粒子である．コロイド粒子はろ紙を自由に通過することができるが，硫酸紙やコロジオン膜や動物膜のような膜を通ることはできない．

　**吸着**（adsorption）とは，界面に物質が集まって，界面でのその物質の濃度が高くなる現象のことである．例えば，石鹸は気体-液体界面に吸着されてシャボン玉を安定化させたり，油-水界面に吸着されて洗剤の働きをする．活性炭が臭いを除去する吸着剤として，シリカゲルが水蒸気を吸着する乾燥剤として用いられるのは，固体-気体界面での吸着現象である．このような吸着現象は，工業的には物質の分離や精製に利用されている．活性炭やイオン交換樹脂は気体の分離や水溶液中の有機物の吸着分離に工業的に用いられている．

> **column**
> **吸着現象**
>
> 　吸着現象の発見は，1773年にシェーレ（C. Scheele）が木炭によるアンモニアの吸着現象を見出したことに始まる．1814年には，ディ・ソーサー（De Sauser）が木炭やアスベストがアンモニアや亜硫酸ガスを吸着することを見出した．木炭やアスベストは多くの細孔をもった，いわゆる多孔性の固体であって，多孔性の固体ほど気体をよく吸着する．気体側から考えると，分子間引力の大きい液化しやすい気体ほどよく吸着される．1900年代になると，フロイントリヒ（H. Freundlich）やラングミュア（I. Langmuir）とその研究グループが多くの吸着現象の研究を行い，吸着等温式を見出し，吸着理論の発展に大きく貢献した．

## ● 6.2 吸着現象の応用分野

　吸着現象は次のような多くの分野に応用されたり，界面で起こる現象と深くかかわっている．

### a. 混合物からの特定成分の分離

　除湿・乾燥の目的でシリカゲルが利用される．湿気を好まない食品に袋入りのシリカゲルが添えられていることは，日常よく目にすることである．シリカゲルはその表面が水になじみやすく，500 m$^2$ g$^{-1}$ 程度の大きい表面積をもっているの

で，除湿・乾燥の役割を果たすのである．冷蔵庫の脱臭や水道水の脱臭，あるいは糖液から精白糖の製造過程での脱色のために活性炭が用いられている．**活性炭**はその表面が疎水性であり，800～1000 $m^2 g^{-1}$ 程度の表面積をもっているので，このような有機物の吸着の役割を生じる．

**モレキュラーシーブ**（molecular sieve；分子ふるい）はアメリカのリンデ社の製品である吸着剤の商品名であったが，現在では合成ゼオライト吸着剤の一般名称になっている．モレキュラーシーブは石油留分中の芳香族炭化水素の分離のために用いられる．その組成は合成ゼオライト（$CaNa_2Al_2Si_4O_{12} \cdot 6H_2O$）であり，これを加熱脱水すると，約 0.5 nm の均一な細孔をもつ吸着剤となる．さらに，Na，Ca などのアルカリおよびアルカリ土類金属の組成を変えることによって，異なる孔径をもつモレキュラーシーブを合成できる．イソパラフィン（直径 0.56 nm）と $n$-パラフィン（直径 0.49 nm）との分離には，細孔径 0.5 nm のモレキュラーシーブが用いられる．ベンゼン（直径 0.6 nm）と $n$-テトラデカン（直径 0.49 nm）との分離にも細孔径 0.5 nm のモレキュラーシーブが用いられる．

その他，天然ガスに含まれているプロパンの吸着分離には，活性炭やシリカゲルが利用できる．水溶液中の金属イオンの分離には，イオン交換樹脂による吸着が使われている．

### b．粉体の表面改質

粉体粒子の表面性質の重要なものの 1 つに，表面の疎水性の程度または親水性の程度があげられる．疎水性の粒子は炭化水素の中で分散し安定して存在でき，一方，親水性の粒子は水の中で分散して存在できる．表面性質を変えることを**表面改質**とよび，この目的には固体表面への界面活性剤（surface active reagent）の吸着が利用される．粉体の表面性質，すなわち親水性・疎水性の状態は界面活性剤を表面に吸着させることによって，目的に応じて変化させることができる．

### c．懸濁液の凝集・分散現象

水または炭化水素中に固体粒子が懸濁しているものを**懸濁液**または**スラリー**とよび，懸濁液はその溶液の状態によって，あるときには凝集を起こし，あるときには分散状態を生じる．工業分野では，例えば塗料や化粧品の製造では粒子を分散状態とすることが望まれるが，水処理や固液分離の場合には懸濁している粒子を凝集させることが求められる．粒子径を大きくさせて，沈降速度を速くするためである．分散と凝集の現象は，懸濁液中の粒子間に作用する静電的反発力とファンデルワールス（van der Waals）引力の和によって決定される．溶液中の電解質濃度や界面活性剤の存在や親水性高分子物質の存在によって，粒子を分散させたり，凝集させたり，かなり自由に制御することが可能である．

### d．粉体の比表面積や細孔径の測定

粉体の表面積は板の寸法を計るようにその長さや幅を実測して求めることはできない．粉体に大きさのわかっている気体分子や脂肪酸を吸着させて，粉体に吸着した物質量（mol 数）を測定すると，粉体の表面積を知ることができる．このとき，ラングミュア吸着式やベット（BET）吸着式を利用して，単分子層飽和吸着量を求める．単分子層飽和吸着量とは，気体や脂肪酸などの吸着分子が固体表面に単分子層状態でぎっしりと密に吸着したときの吸着量のことである．単分子層飽和吸着量を $V_m$ で表すと，粉体の表面積 $A$ は次式で算出される．

$$A = V_m \times N_A \times 吸着分子の大きさ$$

ここで，$N_A$ はアボガドロ数である．粉体の1gあたりの表面積は**比表面積**（specific surface area）とよばれる．

### e. 不均一触媒

気体反応や液体反応に固体触媒が用いられるとき，反応物質と触媒との相（気相，液相，固相）が異なるので，これは**不均一触媒**（heterogeneous catalyst）とよばれる．触媒として金属，金属酸化物，金属硫化物が多く用いられる．触媒表面に反応物質が吸着されて，触媒表面で反応が生じる．これによって反応の機構が変わり，活性化エネルギーが低下して，反応速度が速くなる．アンモニア合成では，鉄や酸化鉄触媒が用いられ，メタノール合成では，酸化亜鉛や酸化銅触媒が使われる．亜硫酸ガスの酸化では，五酸化バナジウムや白金触媒が用いられる．

### f. 乳化・洗浄作用

クリームやドレッシングのような物質は油と水が混合して短時間では分離しなくなったものであり，**エマルション**（乳化物）とよばれる．通常，油と水は混じり合わずに明確な界面を生じ，激しく混合しても撹拌を停止するともとの油と水に分離する．しかし，**乳化剤**とよばれる界面活性剤（例えば，Span80やTween20）を少量加えると，界面張力が低下して油と水の混合物が短時間では分離しなくなり，エマルションを形成する．エマルションには，油が連続相で水が分散相である油中水滴型（W/Oエマルション）と，その反対である水中油滴型（O/Wエマルション）の2つのタイプがある．界面活性剤は1つの分子内に疎水基と親水基をもつ物質で，気液界面や油水界面に吸着して，表面張力を低下させる作用をする．乳化現象には界面エネルギーの減少が関係している．界面（または表面）エネルギーは「表面積 $A$ × 表面張力 $\gamma$」で定義される．あらゆるエネルギーは高い状態から低い状態になろうとする傾向を示し，界面エネルギーもまた低い状態に向かおうとする．エマルションを生じると油水の表面積は増加するが，界面活性剤が存在すれば表面張力が低下して，その結果，界面（または表面）エネルギーは低く保たれる．このようにして，油と水が明確な界面をもって分離したり，エマルションをつくったりする現象が説明できる．

## 6.3 表面張力と界面活性剤

液体内部にある分子は多くの仲間の分子によって取り囲まれていて，その分子間力はつり合っている．しかし，液体表面の分子は，この引力がつり合っておらず，液体内部に引っ張られている．このために，液体表面はできるだけ収縮して表面積を小さくする傾向をもつ．このようにして液体表面に作用する力を表面張力（surface tension）という．**表面張力**の模式的な説明を図6.1に示す．単位は，$N\ m^{-1}$ [dyne $cm^{-1}$] である．いくつかの液体の表面張力の値を表6.1に示す．表面張力は以下に示すいくつかの方法で測定することができる．

**毛管上昇法**による測定は次のとおりである．図6.2に示すように，液中に毛細

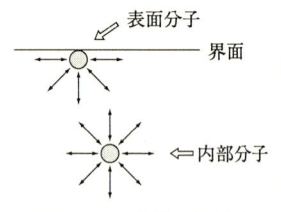

**図 6.1** 表面分子に作用する力

表 6.1 いくつかの液体の表面張力 [単位 $N\ m^{-1}$]

| 液体 | 20°C | 60°C | 100°C | 液体 | $t$ [°C] | 表面張力 |
|---|---|---|---|---|---|---|
| $H_2O$ | 0.07275 | 0.06618 | 0.0588 | Hg | 0 | 0.480 |
| $C_2H_5OH$ | 0.0223 | 0.0223 | 0.0190 | As | 970 | 0.800 |
| $C_2H_6$ | 0.0289 | 0.0237 | — | NaCl | 1080 | 0.094 |
| $(C_2H_5)_2O$ | 0.0170 | — | 0.0080 | Hg | 452 | 0.125 |

管を差し込むと液体の表面張力に応じて液体が管壁に広がっていくので，その結果，液体は毛管を上昇する．表面張力を $\gamma$，毛管半径を $r$，接触角を $\theta$，液柱の高さを $l$，液体の密度を $\rho$，重力加速度を $g$ とすると，表面張力が液柱を引き上げる力（$2\pi r\gamma\cos\theta$）と液柱に作用する重力（$\pi r^2\rho lg$）が等しくなるまで毛管上昇が生じるので，両者を等置して次式が得られる．

$$\gamma = \frac{1}{2\cos\theta}\,r\rho lg \tag{6.1}$$

**ジュヌーイ**（Du Nouy）**法**（輪環法）によっても表面張力は測定できる．図6.3に示されているように，白金の細いリングを液面につけて，これを垂直に引き上げて，リングがまさに液面を離れるときの最大張力を測定すると，表面張力が求められる．最大張力を $F$，リングの半径を $R$，液体の表面張力を $\gamma$ とすると，糸に作用する張力と表面張力によりリングを下に引く力とを等置して，次式が得られる．表面張力はリングの内側と外側に作用することに注意しよう．

$$\gamma = F/4\pi R \tag{6.2}$$

**ウィルヘルミー**（Wilhelmy）**法**（垂直板法）では次のような方法で表面張力が測定される．図6.4に示されているように，顕微鏡観察で用いるカバーガラスのようなガラス板を液面から垂直に引き上げるときの最大張力を測定すると，表面張力が求められる．液体の表面張力を $\gamma$，ガラス板の周長を $L$，ガラス板の質量を $M$，重力加速度を $g$ とすると，糸に作用する張力と表面張力と板の重力とのつり合いから，次式が得られる．

$$F = Mg + L\gamma \tag{6.3}$$

その他の方法として，最大泡圧法や滴重法が知られている．

脂肪酸，アミン，アルコールなどは溶液の表面張力を著しく低下させる．先に述べたように，表面張力を下げる物質を**界面活性剤**という．-COOH，-OH，-NH$_2$，-SO$_3$H などの極性基は**親水基**とよばれ，水に溶け込みやすい．一方，アルキル基は水に対する親和性がないので，**疎水基**とよばれる．親水基と疎水基をもつ物質は界面活性が強い．すなわち，気体と液体，液体と液体（一方が水で他方が油）の界面に吸着されやすい．界面活性剤には**陰イオン界面活性剤**，**陽イオン界面活性剤**および**非イオン性界面活性剤**があり，いくつかの例をあげると次のようである．陰イオン界面活性剤にはステアリン酸ナトリウム（C$_{17}$H$_{35}$COONa），パルミチン酸ナトリウム（C$_{15}$H$_{31}$COONa），アルキルベンゼンスルホン酸ナトリウム（R(C$_{10}$〜C$_{18}$)-◯-SO$_3$Na）があり，陽イオン界面活性剤には第1級から第4級までのアミン類がある．非イオン性界面活性剤は，分子内に水酸基，エーテル結合，エステル結合などをもつ物質で，多価アルコールやポリオキシエチレンがあてはまる．非イオン性界面活性剤にはきわめて多くの物質があって，洗剤，繊維柔軟剤，乳化剤などの目的に利用される．

界面活性剤の性質や用途を特徴づけるパラメータとして **HLB**（hydrophile lipophile balance）**値**がある．すでに述べたように，界面活性剤は1分子中に親水基と疎水基をもつ物質であって，親水基と疎水基の分子量バランスを表したものがHLB値である．親水基が疎水基に比べて大きいときには，水に十分に溶解して界面活性を示す．逆に，疎水基が親水基よりも大きいときには水に十分に溶けず，炭化水素に溶けやすくなる．HLB値が小さいものは水に溶けにくく，消泡剤やW/Oエマルションに用いられ，HLB値が大きくなると水溶性が増加して，O/W

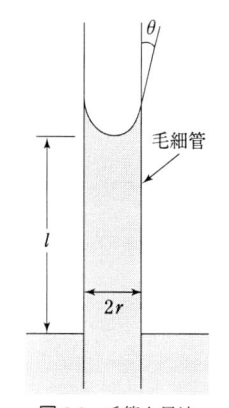

図6.2 毛管上昇法

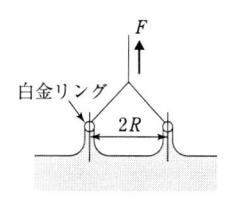

図6.3 ジュヌーイ法

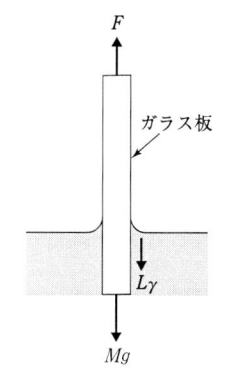

図6.4 ウィルヘルミー法

表6.2 HLB値とその用途

| HLB | 用途 |
|---|---|
| 1.5〜3 | 消泡剤 |
| 3.5〜6 | W/O乳化剤 |
| 7〜9 | 湿潤剤 |
| 8〜18 | O/W乳化剤 |
| 13〜15 | 洗剤 |
| 15〜18 | 可溶化剤 |

エマルションや可溶化剤や洗剤として用いられる．表6.2は界面活性剤のHLB値と用途の関係を示している．

界面活性剤の濃い溶液をつくると，界面に吸着したのちにも，余剰の界面活性剤分子がバルク相中に存在する．この界面活性剤分子は水中では親水基をバルク相に向けて，油相中では疎水基を外に向けて，分子集合体を形成する．この集合体は**ミセル**（micelle）とよばれる．ミセルは界面活性剤の濃度によっていろいろな形をとる．一般的には球状ミセルが多いとされているが，層状ミセルや棒状ミセルなどもある．ミセルができるときの界面活性剤の濃度は**臨界ミセル濃度**（critical micelle concentration）とよばれ，表面張力と濃度の関係や電気伝導度と濃度の関係から決定される．

固体表面の濡れ性質，すなわち表面が親水性か疎水性かを評価するのに**接触角**（contact angle）が用いられる．接触角は固体表面の濡れ性質を評価する唯一の方法であるから，重要な物性である．接触角の測定は次のようにして行う．平らな固体表面上に水滴のような液滴を置き，固体と液体の接点から液滴面に接線を引いたときに，固体表面とこの接線のなす角のうち液滴を含む方の角が接触角である．接触角は上記のような角度を顕微鏡で読みとって求めることができ，この方法を直接法という．粉体の接触角が工業的に大切である場合もある．粉体を加圧成形してつくった成形板を試料にして，上と同じように接触角を直接測ることができる．この際，表面の不均一性や凹凸は，接触角測定に影響を与えるので注意を要する．

## ● 6.4 ケルビン式

小さい液滴のもっている蒸気圧や小さい結晶粒子のもっている溶解度は普通とは異なった挙動をすることが知られている．そのような関係を表す式は**ケルビン**（Kelvin）**式**とよばれる．

$$\ln(P/P_0) = 2\gamma M/\rho r RT \tag{6.4}$$

ここで，$M$はモル質量 [kg mol$^{-1}$]，$\gamma$は表面張力 [N m$^{-1}$]，$\rho$は液密度 [kg m$^{-3}$]，$r$は液滴半径 [m]，$R$は気体定数（8.314 J mol$^{-1}$ K$^{-1}$），$T$は絶対温度 [K] である．同様に，微小結晶の溶解度について，次の式が成り立つ．

$$\ln(S/S_0) = 2\gamma M/\rho r RT \tag{6.5}$$

**【例題6.1】** ケルビン式を用いて，$10^{-8}$ m の直径をもつ水滴の蒸気圧を求めよ．25°Cでの水の蒸気圧は24.4 mmHgである．

[**解**] ケルビン式は $\ln(P/P_0) = 2\gamma M/\rho r RT$ である．水について $\rho = 10^3$ kg m$^{-3}$，$\gamma = 72.8 \times 10^{-3}$ N m$^{-1}$，$M = 18 \times 10^{-3}$ kg mol$^{-1}$，$r = 5 \times 10^{-9}$ m である．

$$\ln\frac{P}{P_0} = \frac{2 \times 18 \times 10^{-3}\,\text{kg mol}^{-1} \times 72.8 \times 10^{-3}\,\text{N m}^{-1}}{10^3\,\text{kg m}^{-3} \times 5 \times 10^{-9}\,\text{m} \times 8.314\,\text{J mol}^{-1}\text{K}^{-1} \times 298\,\text{K}} = 0.212$$

$P/P_0 = 1.24$，$P = 30.3$ mmHg となる．

ケルビン式は次のようにして誘導される．物質量 $dn$ [mol] の液体を平らな表面から半径 $r$ の液滴に移すと考えよう．液体の蒸気圧は $P_0$，微小液滴の蒸気圧は $P$ であるとすれば，この移動過程に伴うギブズエネルギー変化は，次のように書

$$\Delta G = dnRT \ln(P/P_0) \tag{6.6}$$

このギブズエネルギー変化は，物質量 $dn$ [mol]，すなわち $Mdn/\rho$ の体積の液体を微小液滴に加えたために表面積が増加し，これによる表面自由エネルギーの変化に等しい．物質量 $dn$ [mol] の液体が半径 $r$ の微小液滴に加えられ，その半径が $r+dr$ となったときの体積の増加と表面積の増加は次のようである．ただし，微小値の $dr^2$ および $dr^3$ は無視している．

$$(4/3)\pi(r+dr)^3 - (4/3)\pi r^3 = 4\pi r^2 dr \tag{6.7}$$

$$4\pi(r+dr)^2 - 4\pi r^2 = 8\pi r dr \tag{6.8}$$

体積の増加 $4\pi r^2 dr$ は $Mdn/\rho$ に等しいので，$dr$ について次式が得られる．

$$dr = Mdn/4\pi r^2 \rho \tag{6.9}$$

表面自由エネルギーの増加は液体の表面張力 $\gamma$ と表面積の増加分 $8\pi r dr$ の積であるので，次のようになる．

$$\gamma 8\pi r dr = 2\gamma Mdn/\rho r \tag{6.10}$$

式(6.6)と(6.10)を等置すると，次の関係が得られる．

$$\ln(P/P_0) = 2\gamma M/\rho rRT \tag{6.11}$$

これらの式は，$10^{-8}$～$10^{-9}$ m 程度の小さい液滴の蒸気圧は同じ液体の通常の蒸気圧よりも大きいことを意味する．同様に $10^{-8}$～$10^{-9}$ m 程度の小さい結晶の溶解度は大きい結晶の溶解度よりも大きい．結晶の析出は核の発生と核の成長の過程を経て起こることが知られているが，発生した結晶の核は小さいので溶解度が高く，核の発生と消滅を繰り返すことになる．このことは結晶ができるときに，過飽和溶液からすぐには結晶の析出が起こらないという日常の経験と一致する．

アルミナの製造工程の1つに種子分解という工程があり，ここではアルミナ粉を種晶として加えて粒子径の調節をする．酸化チタンの製造工程に水酸化チタンを沈殿させる工程があるが，ここでは酸化チタン粉を結晶核として加えて，同様に得られる粒子径の制御をしている．これらの結晶核添加の理由はケルビン式に見出すことができる．種晶の添加は結晶成長と二次核発生を促進し，種晶の添加量によって粒子径の制御が可能になる．種晶の添加は準安定領域で行われる．準安定領域では一次核発生は起こらないが，二次核発生が生じる過飽和溶液の状態である．

---

**column**
**ケルビン式の意味**

ケルビンの式は，微小な液滴（凸面）の蒸気圧は普通の液面からの蒸気圧よりも大きいことを表している．反対に，凹面からの液の蒸気圧は小さいことを述べている．液滴の成長は，クラスター（数分子から数十分子の集合体）→ 臨界核（数百分子の集合体）→ 目に見える大きさの液滴のような行程を経て起こる．このときクラスターのようなサイズの粒子は蒸気圧が高く，発生と消滅を繰り返すことになる．液滴の生成には時間がかかるわけである．

---

## ● 6.5　ラングミュアの表面圧力計

ラングミュアトラフとよばれる表面圧力計を使って，分子の断面積や分子の長さを決定することができる．ラングミュアトラフの模式図は図 6.5 に示すとおりである．例えば，水を入れたラングミュアトラフ上にステアリン酸の一定量をべ

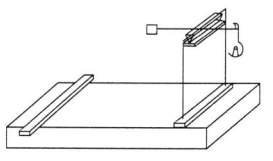

図 6.5　ラングミュアトラフ

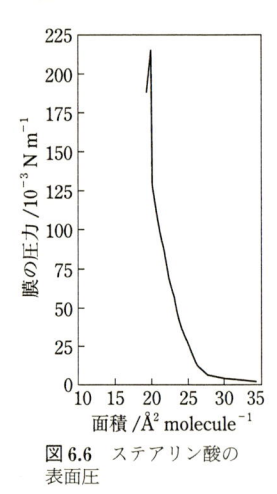

ンゼンのような揮発性の溶媒で希釈したものを浮かせると，やがてベンゼンは揮発してステアリン酸の膜が残る．可動仕切を動かして，膜面積を小さくしていくと，膜面積と膜圧との間に図6.6に示すような関係が得られる．膜圧が急増して，その後膜圧が急減する部分は単分子膜が完成し，それが破壊する点に相当する．膜圧の最大値の点は，ステアリン酸の単分子膜が完成した点に対応する．したがって，この点での膜面積からステアリン酸分子1個の断面積が評価できる．表面圧力計による測定からステアリン酸の分子断面積は 0.205 nm² とわかる．ステアリン酸1分子の体積を見積もると，これはステアリン酸のモル体積 $V_\mathrm{m}$ をアボガドロ数 $N_\mathrm{A}$ で割って得られる．

$$V_\mathrm{m}/N_\mathrm{A} = M/\rho N_\mathrm{A}$$
$$= 284/(0.85 \times 6.02 \times 10^{23}) = 5.55 \times 10^{-22}\,\mathrm{cm^3} = 0.555\,\mathrm{nm^3}$$

図6.6 ステアリン酸の表面圧

ステアリン酸の1分子の体積をその分子断面積で割ると，ステアリン酸分子の長さが推算できる．ステアリン酸分子の長さは，$0.555/0.205 = 2.71$ nm である．

---

**column**

**アーヴィング・ラングミュア**
**Irving Langmuir**
**1881-1957**

アメリカの化学者，物理学者である．1932年に界面化学の分野への貢献でノーベル化学賞を受賞した．コロンビア大学を卒業後，ゲッティンゲン大学でネルンストのもとで化学を学び，1909年からGE（ゼネラル・エレクトリック）の研究所で研究を始めて1950年まで在籍した．ラングミュアの吸着式は，気体がある一定温度下で固体に吸着される際の圧力と吸着量の関係を表した式である．溶液中の溶質がある一定温度下で固体に吸着される際の吸着現象にも適用できる．吸着現象には，フロイントリヒの吸着式やギブズの吸着式のような経験的な式や理論的な式が数多く提案されている．

---

## ● 6.6 ギブズの吸着式と吸着等温式

気体–液体界面での吸着量と溶質濃度，表面張力を関係づける式として次の**ギブズ**（Gibbs）**の吸着式**が知られている．

$$\Gamma = -\frac{1}{RT}\frac{d\gamma}{d\ln C} = -\frac{C}{RT}\frac{d\gamma}{dC} \tag{6.12}$$

ここで，$\Gamma$ は界面過剰濃度（界面での物質の濃度），$\gamma$ は表面張力，$C$ は溶質の濃度，$R$ は気体定数，$T$ は温度である．この式は，界面での物質濃度を推算するのに用いられる．種々の濃度の界面活性剤溶液の表面張力を測定して，濃度増加による表面張力の変化 $d\gamma/dC$ を求めると，界面での吸着量を推算することができる．

**【例題6.2】** ギブズの吸着式を用いて，ある界面活性物質の 25℃ での界面濃度を計算せよ．ギブズの吸着式は $\Gamma = (-C/RT)(d\gamma/dC)$ である．$d\gamma/dC$ の項は表面張力 $\gamma$ と物質の濃度 $C$ の関係を測定して，ある濃度の点での接線の傾きから得られる．いま，ある界面活性物質について，$C = 0.01$ mol dm⁻³ のとき $d\gamma/dC = -1.8$ N m⁻¹/mol dm⁻³ を得た．
**［解］** $\Gamma = -0.01$ mol dm⁻³ $/(8.314$ J mol⁻¹ K⁻¹ $\times 298$ K$) \times (-1.8$ N m⁻¹/mol dm⁻³$) = 7.27 \times 10^{-6}$ mol m⁻²．このようにして界面濃度を計算することができる．この値の逆数をアボガドロ数で割ると，22.9 Å² となり，これはある界面活性剤1分子の界面占有面積または分子断面積に相当する．

一定の温度での吸着量と吸着物質の濃度の関係を表す式を**吸着等温式**（adsorption isotherm）といい，ラングミュアの吸着式，フロイントリヒの吸着式，ベット吸着式などが知られている．ラングミュアは化学吸着に対するモデルとして，次の3つの仮定のもとに吸着式を誘導した．①単分子層吸着をする，②吸着された物質の間に相互作用はない，③吸着平衡では吸着速度＝脱着速度，である．**吸着速度**は物質の圧力（または濃度）および空いている表面の割合に比例するので，次のようになる．

$$\text{吸着速度} = k_1 P(1-\theta) \tag{6.13}$$

ここで，$\theta$ は被覆率で，単分子層で完全に覆われたときは1である．**脱着速度**は表面に吸着している物質の割合（被覆率）に比例するので，次のように表される．

$$\text{脱着速度} = k_2 \theta \tag{6.14}$$

吸着平衡では，吸着速度と脱着速度が等しいと仮定すると，次式が得られる．

$$\theta = k_1 P/(k_2 + k_1 P) \tag{6.15}$$

$a = k_2/k_1$（$1/a$ は吸着速度定数と脱着速度定数の比で，吸着平衡定数に等しい）とおくと，式（6.15）は次のようになる．

$$\theta = P/(a+P) \tag{6.16}$$

ここで，$\theta$ は被覆率であったから，$y$ および $y_m$ をある条件での吸着量および単分子層飽和吸着量とすると，$\theta$ は次式で表される．

$$\theta = y/y_m \tag{6.17}$$

式（6.16）に $\theta = y/y_m$ を代入すると，次式を得る．

$$y = y_m P/(a+P), \quad P/y = a/y_m + P/y_m \tag{6.18}$$

この式は**ラングミュアの吸着等温式**とよばれる．例えば，圧力 $P$（または濃度）を変えて吸着量 $y$ を測定して，$P/y$ と $P$ の関係をグラフ化すると直線が得られ，その傾きから $1/y_m$ が得られる．逆数である $y_m$ は単分子層飽和吸着量である．図6.7に示されているように，$1/y$ と $1/P$ とをグラフ化しても図の切辺から単分子層飽和吸着量 $y_m$ を知ることができる．

フロイントリヒは溶液中の溶質の固体への吸着について検討して，次の経験的な吸着式を提案した．**フロイントリヒの吸着等温式**は気体の吸着に適用してもかなりうまく当てはまるが，この式はおもに溶液からの吸着に用いられる．いま，$y$ を固体1gあたりに吸着された溶質のmol数，$C$ を溶液中の溶質の平衡濃度とすれば，この経験式は次のようになる．

$$y = kC^{1/n} \tag{6.19}$$

ここで，$k$ と $n$ は経験的な定数である．この式は次のように対数の形で用いることが多い．

$$\log y = \log k + (1/n) \log C \tag{6.20}$$

吸着量の対数と濃度の対数をプロットして，直線関係が得られるならば，その吸着現象はフロイントリヒの吸着等温式に従うことになる．

ブルナウアー（S. Brunauer），エメット（P. Emmett），テラー（E. Teller）の3人は，1938年にラングミュアの理論を多分子層吸着に拡張して，**ベットの吸着式**（BET式）として知られている次式を誘導した．

$$y = \frac{y_m C x}{(1-x)(1-x+Cx)} \tag{6.21}$$

ここで，$C$ は $C \gg 1$ の定数，$x$ は相対圧（$x = P/P_0$）である．$0.05 < x < 0.35$ の

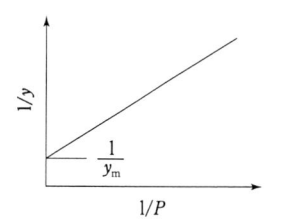

図6.7 ラングミュアの吸着等温式

条件でよく成り立つ．$P$ は吸着平衡時の圧力，$P_0$ はその温度でのガスの飽和蒸気圧である．式 (6.21) を書き換えると，次式となる．

$$\frac{x}{y(1-x)} = \frac{1}{y_m C} + \frac{C-1}{y_m C} x \tag{6.22}$$

例えば，圧力 $P$（結果的には相対圧 $x$）を変えて吸着量を測定し，$x/[y(1-x)]$ と $x$ の関係をグラフ化すると直線が得られ，その傾きから $1/y_m$ が得られる．逆数である $y_m$ は単分子層飽和吸着量である．

## 6.7 粉体の表面積の推算

単分子層飽和吸着量 $y_m \, [\mathrm{mol \, g^{-1}}]$ を吸着実験から求めると，粉体の表面積が推算できる．表面積は粉体 1 g あたりに飽和吸着している物質の分子数に分子の大きさをかけ合わせると求められる．吸着量は，活性炭に対する酢酸の吸着のような場合には酢酸の初濃度と吸着後の濃度の差から決定でき，気体の吸着であれば吸着前後の圧力の低下から決めることができる．

$$\text{表面積} = y_m \times N_A \times \text{吸着分子の大きさ} \tag{6.23}$$

吸着させる物質には，液相吸着であればオレイン酸や酢酸が用いられる．しかし，より正確な測定には，$N_2$ のような気体の吸着が利用される．オレイン酸のような脂肪酸の分子断面積はおよそ $0.20 \, \mathrm{nm}^2$ であり，脂肪酸の分子断面積はラングミュアトラフ（表面圧力計）を用いて測定できる．$N_2$ のような二原子分子の大きさ（分子断面積 $S$）は，次式で計算される．

$$S = 2\sqrt{3} \left( \frac{M}{4\sqrt{2} N_A \rho} \right)^{2/3} = 1.091 \times \left( \frac{V}{N_A} \right)^{2/3} \fallingdotseq \left( \frac{V}{N_A} \right)^{2/3} \tag{6.24}$$

例えば，液体窒素温度では，液体窒素の密度が $\rho = 0.808 \, \mathrm{g \, cm^{-3}}$ であり，分子量は $M = 28$ であるから，$N_2$ の分子断面積は次のようになる．

$$S = 1.091 [28/(0.808 \times 6.02 \times 10^{23})]^{2/3} \, \mathrm{cm}^2 = 0.163 \, \mathrm{nm}^2$$

> **column**
> 粉体の比表面積はどのようにしてわかるのか？
>
> 吸着現象はおもしろい．活性炭に酢酸を吸着させて，活性炭の比表面積を推算することができる．単位質量（1 g）あたりの表面積は比表面積（$\mathrm{m^2/g}$）と呼ばれる．1 g の活性炭を用いていろいろな濃度の酢酸溶液 50 $\mathrm{cm^3}$ から酢酸を吸着させる実験を行う．得られた結果を，酢酸の平衡濃度（$\mathrm{mol/dm^3}$）を横軸にとり，吸着量（$\mathrm{mol/g}$）を縦軸にとって図示すると，吸着等温線ができる．通常，放物線状の 2 次曲線となり，最大の値は単分子層飽和吸着量 $y_m$ と呼ばれる．この値は，上記のデータをラングミュアー式に従ってプロット（図 6.7）すると，切片の値の逆数 $y_m$ に等しくなる．ところで，酢酸分子の大きさは 20 Å$^2$ であるから，式 (6.23) に $y_m$ の値と酢酸分子の大きさである 20 Å$^2$ ($= 20 \times 10^{-20} \, \mathrm{m}^2$) を代入すると，およそ 600～800 $\mathrm{m^2/g}$ の比表面積が得られる．2000 $\mathrm{m^2/g}$ のような大きい比表面積を持つ活性炭もある．

## 6.8 物理吸着と化学吸着

固体-液体または固体-気体界面での吸着がどのような結合力で生じているのかを考えると，**物理吸着**（physisorption）と**化学吸着**（chemisorption）の 2 つの場合がある．物理吸着ではその結合はファンデルワールス力による静電的な作用に基づく．物理吸着では吸着の結合力が弱いので，温度を上げることによって，吸着した分子を容易に脱着させることが可能である．吸着は多分子層状に起こることがあり，吸着熱は 40 $\mathrm{kJ \, mol^{-1}}$ 以下の小さい値である．一方，化学吸着では吸着媒

である固体と吸着質である気体または液相中の物質との間で生じる化学結合力が吸着の本質である．吸着の結合力が強いので，吸着分子を脱着させることは困難である．吸着は単分子層状でのみ起こり，表面が吸着した分子で覆われると，もはや吸着は生じなくなる．吸着熱は約 80 kJ mol$^{-1}$ と大きい．

吸着はエントロピーの減少する現象（$\Delta S<0$）であって，吸着が起こるためには反応のギブズエネルギー $\Delta G$ は負でなければならない．したがって，熱力学の重要な関係式 $\Delta G=\Delta H-T\Delta S$ から吸着熱 $\Delta H$ はいつも負の値，すなわち発熱反応であることがわかる．

活性炭による臭いの吸着，シリカゲルによる水蒸気の吸着や活性炭による水溶液からの有機物の吸着は，明らかに物理吸着の例である．多くの多孔性固体に窒素やアルゴンのような不活性気体が吸着するのもまた物理吸着の例である．

## ● 6.9 懸濁液の分散・凝集

水処理の過程でみられる金属水酸化物や硫化物の沈澱を含む水溶液は一種の懸濁液である．塗料や無機化学薬品の製造過程でも多くの懸濁液がある．鉱物の分離法の1つに浮遊選鉱法があるが，鉱物の処理や湿式製錬の工程でも懸濁液はよくみられるものである．以下，このような**懸濁液の分散・凝集**について考えてみる．

水または他の溶媒中での粒子の**沈降速度**（終端速度とよばれる）は，その粒子の大きさと密接に関係している．**ストークス (Stokes) の自由沈降の式**は，沈降速度 $v$ と粒子径 $D_p$ の関係を表す式である．

$$v=(\rho_p-\rho_0)\frac{gD_p^2}{18\eta} \tag{6.25}$$

ここで，$\rho_p$ および $\rho_0$ は粒子および溶媒の密度，$\eta$ は溶媒の粘度，$g$ は重力加速度である．

ストークスの式は，溶媒中を沈降する粒子に作用する力，すなわち重力，浮力，摩擦抵抗力を用いて，運動方程式（ニュートンの運動の第二法則）を立てることによって導かれる．

直径 $D_p$ の粒子の体積は $(4/3)\pi(D_p/2)^3$ であるので，この粒子に作用する重力および浮力はそれぞれ次式で表される．

$$重力=\frac{4}{3}\pi\left(\frac{D_p}{2}\right)^3\rho_p g \tag{6.26}$$

$$浮力=\frac{4}{3}\pi\left(\frac{D_p}{2}\right)^3\rho_0 g \tag{6.27}$$

溶媒中を沈降する粒子に作用する抵抗力は溶媒の粘度，粒子径および沈降速度に比例し，次のように示される．

$$抵抗力=3\pi\eta D_p v \tag{6.28}$$

これらの式を用いて運動方程式を立てると，

$$\frac{4}{3}\pi\left(\frac{D_p}{2}\right)^3\rho_p\frac{dv}{dt}=\frac{4}{3}\pi\left(\frac{D_p}{2}\right)^3\rho_p g-\frac{4}{3}\pi\left(\frac{D_p}{2}\right)^3\rho_0 g-3\pi\eta D_p v \tag{6.29}$$

粒子の沈降はすぐに一定の速度に到達し，終端速度 $v$ となる．このとき $dv/dt=0$ であるので，式 (6.29) からストークスの式が導かれる．

ストークスの式から，同じ物質からなる粒子があるとき，その沈降速度は粒子径の2乗に比例して大きくなることがわかる．いま $\rho_p=3.0$ g cm$^{-3}$ で 1 μm の大

きさの粒子が水の中で 20 cm の距離を沈降するときの時間を考えてみよう．沈降距離を $h$ とすると沈降に要する時間 $t$ は次のように表される．

$$t = h/v = 18\eta h/(\rho_p - \rho_0)gD_p^2 \tag{6.30}$$

上式を用いて計算すると，1 μm の粒子は 20 cm の距離を沈降するのに約 2 日かかることになる．次に，この粒子が何らかの原因で凝集してその粒子径が 30 μm になったと考えて，このときの沈降時間を同様に計算してみよう．驚くべきことに沈降時間はたったの 1 分間ということになる．

この計算例は，凝集によって粒子の沈降速度および沈降時間がいかに変化するかを明確に表している．水処理や排水処理のような分野では，粒子を凝集させて粒子の沈降速度を大きくすることは固液分離を容易にするために重要である．

水溶液中に存在する 2 つの粒子間に作用する力は，粒子のもつ表面電荷による静電的反発力とファンデルワールス引力である．固体粒子やコロイド粒子は水溶液中で正または負の電荷をもっていると考えてよい．表面電荷の発生原因は次のように考えられている．

(1) 固体粒子の表面電荷は，イオンの吸着によって起こることが多い．酸化物粒子では水素イオンや水酸化物イオンの吸着によって表面電荷が生じる．
(2) タンパク質のようなコロイド粒子では，カルボキシル基，水酸基やアミノ基のような官能基の電離やプロトン化によって表面電荷が生じる．
(3) イオン性物質の粒子の場合には，正イオンまたは負イオンの優先溶出（溶解）によって表面電荷が生じる．

固体粒子の表面電荷は電気泳動現象を利用して測定することができる．懸濁液中に 2 つの電極を入れて，これに直流の電場をかけると，正の電荷をもった粒子は陰極側へ移動し，負の電荷をもった粒子は陽極側へ移動する．この測定から単位電場での粒子の移動速度，すなわち移動度 [μm s$^{-1}$/V m$^{-1}$] が求められ，**スモルコフスキー**（Smoluchowski）**の式**によって粒子の表面電位（これをゼータ電位という）が＋何 mV あるいは－何 mV と計算される．電位の符号は粒子の移動の向きによって決まる．電場の大きさは 10～20 V cm$^{-1}$ 程度である．固体粒子のもっている表面電位は，固体の種類や溶液の条件によるが，おおむね ＋60～－60 mV である．電気泳動法以外の測定法には，流動電位法や電気浸透法がある．

【例題 6.3】 粒子の運動速度 $v$ とゼータ電位 $\xi$ を関係づける式，スモルコフスキーの式は次式である．

$$v = \varepsilon E \xi / 6\pi\eta$$

ここで，$v$ は運動速度 [m s$^{-1}$]，$E$ は電場 [V m$^{-1}$]，$\xi$ はゼータ電位 [V]，$\eta$ は液の粘度 [kg m s$^{-1}$] である．いま，微粒子の懸濁液中（溶媒は水）に 20 cm の間隔で電極を入れて，これに 100 V の直流電圧をかける．微粒子のゼータ電位が 50 mV のとき，この粒子の運動速度 [μm s$^{-1}$] はいくらか．

[解] 水の誘電率 $\varepsilon$，粘度 $\eta$ の値は次のとおりである．

$\varepsilon = \varepsilon_r \times \varepsilon_0 = 78.30 \times 8.854 \times 10^{-12} = 6.93 \times 10^{-10}$ F m$^{-1}$ ($=$ m$^{-3}$ kg$^{-1}$ s$^4$ A$^2$)

$\eta = 10^{-3}$ kg m$^{-1}$ s$^{-1}$

したがって，粒子の運動速度は次のように計算される．

$$v = \frac{6.93 \times 10^{-10} \text{ m}^{-3} \text{ kg}^{-1} \text{ s}^4 \text{ A}^2 \times 100/0.2 \text{ V m}^{-1} \times 50 \times 10^{-3} \text{ V}}{6\pi \cdot 10^{-3} \text{ kg m}^{-1} \text{ s}^{-1}}$$

$$= 0.919 \times 10^{-6} \text{ m s}^{-1} = 0.919 \text{ μm s}^{-1}$$

> 微粒子の運動速度は粒子径によって異なることがわかっている．電場内での運動速度の差によりナノレベルの粒子をその大きさによって分けることができる．
>
> 考えてみよう！

---

**column**
**沈降速度と固液分離**

廃水処理などで固体と液体を分離する必要があることが多い．希薄な懸濁液を固液分離するにはシックナーとよばれる装置が使われる．直径10～20 m，深さ3～5 mの円形の装置である．固体粒子は沈降して装置下部から排出され，清澄液は上部からオーバーフローして取り出される．このとき，ストークスの式で計算される粒子の沈降速度と粒子径の関係が重要になる．粒子の沈降速度は粒子径の2乗に比例するので，大きな粒子は早く沈降して短時間で固液分離される．このため，粒子を凝集させるのに硫酸バンド（$Al_2(SO_4)_3$）やPAC（ポリ塩化アルミニウム）のような無機凝集剤が添加される．

---

## 6.10 電気二重層

固体の表面電荷が表面からの距離によってどのように変化するかを表したものを**電気二重層**という．水溶液中では，固体粒子の表面はイオンの吸着によって帯電している．この表面電荷は，粒子の界面近傍にあるイオンの分布に影響を及ぼす．表面電荷と反対符号のイオン（**対イオン**とよぶ）は界面に引かれ，同符号のイオン（**副イオン**とよぶことがある）は界面から遠ざけられようとする．この結果，荷電界面のまわりにバルク溶液中とは違った特定のイオンの分布が生じ，このイオンの分布を電気二重層という．荷電界面の近傍では，界面電荷を中和するために多くの対イオンと少量の副イオンとが拡散的に分布している．電気二重層の理論はこのイオンの分布を取り扱うものである．

電気二重層の理論は，ヘルムホルツ（Helmholtz）の理論（1879年），グーイ（Gouy）とチャップマン（Chapman）の理論（1910年），ステルン（Stern）の理論（1924年）と発展してきた．ヘルムホルツの理論は**ヘルムホルツの電気二重層**，グーイとチャップマンの理論は**拡散二重層**ともよばれ，現在電気二重層とよばれるのは，ステルンの理論のことである．電位決定イオンは固体表面に電荷を生じる原因となるイオンのことである．例えば，水中に分散したヨウ化銀粒子は，溶液中に$I^-$が過剰に存在すると，ヨウ化銀粒子は負の電荷をもち，$Ag^+$が過剰に存在するときヨウ化銀粒子は正に荷電する．このとき，銀イオンやヨウ化物イオンはその濃度で粒子界面の電位が決まるので，**電位決定イオン**（potential determining ion）とよばれる．金属酸化物や水酸化物粒子では，水素イオンや水酸化物イオンが電位決定イオンである．

ヘルムホルツの電気二重層は次のようである．この理論は，平らな荷電表面があって，この表面に対してイオンが分布するときの分布模型の最も簡単なものである．図6.8に示すように，荷電表面から$\delta$の位置に，表面に平行に対イオンが並んでいると考えるもので，この電気二重層は平板コンデンサーのようである．表面荷電密度を$\sigma$，溶媒の誘電率を$\varepsilon$とすると，表面の電位$\psi_0$は，次式で表される．

$$\psi_0 = 4\pi\sigma\delta/\varepsilon \tag{6.31}$$

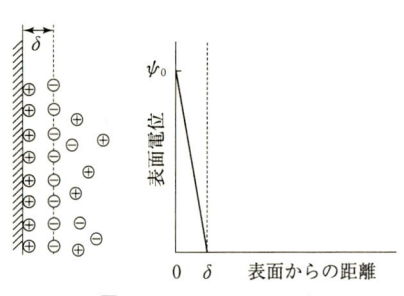

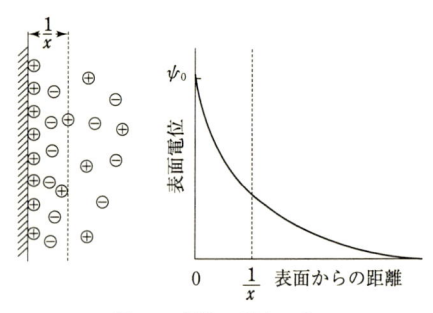

図 6.8 ヘルムホルツモデル　　　　　　　　図 6.9 拡散二重層モデル

拡散二重層モデルの模式図を図 6.9 に示す．このグーイとチャップマンの理論は，次の 3 つの仮定の上に立っている．

(1) 荷電表面は無限に広がっている平面で，電荷は一様に分布している．
(2) 二重層の拡散部分にあるイオンは点電荷で，ボルツマン (Boltzmann) 分布に従って分布している．
(3) 電解質は 1 価-1 価，2 価-2 価のように電荷数の対称な電解質とする．

荷電表面の電位を $\psi_0$，溶液中の界面からの距離 $x$ における電位を $\psi$ として，ボルツマン分布を適用すると，正および負のイオンの数 $n_+$, $n_-$ について次式が得られる．

$$n_+ = n_0 \exp(-Ze\psi/kT) \tag{6.32}$$

$$n_- = n_0 \exp(+Ze\psi/kT) \tag{6.33}$$

ここで，$n_+$, $n_-$ は電位が $\psi$ の点における単位体積中の正および負イオンの数である．$n_0$ はそれぞれのイオンのバルク相中での総数である．$Z$ はイオンの価数，$e$ は電気素量，$k$ はボルツマン定数である．電位が $\psi$ の点での体積電荷密度 $\rho$ は次式となる．

$$\rho = Ze(n_+ - n_-) \tag{6.34}$$

$\rho$ と $\psi$ とはポアソン (Poisson) 式で関係づけられ，ポアソンの微分方程式を解くと，$\psi$ が次のように表される．

$$\psi = \frac{2kT}{Ze} \ln \frac{1+\gamma \exp(-\kappa x)}{1-\gamma \exp(-\kappa x)} \tag{6.35}$$

ここで，$\gamma$ と $\kappa$ は次式で示される関係である．

$$\gamma = \frac{\exp(Ze\psi_0/2kT)-1}{\exp(Ze\psi_0/2kT)+1} \tag{6.36}$$

$$\kappa = \left(\frac{2e^2 n_0 Z^2}{\varepsilon kT}\right)^{1/2} = \left(\frac{2e^2 N_A C Z^2}{\varepsilon kT}\right)^{1/2} \tag{6.37}$$

上式中で，$N_A$ はアボガドロ数，$C$ は電解質濃度である．

もし，$Ze\psi_0/2kT \ll 1$ (デバイ-ヒュッケルの近似) が成り立つとすると，

$$\exp(Ze\psi_0/2kT) \fallingdotseq 1+(Ze\psi_0/2kT) \tag{6.38}$$

となり，$\psi$ は次のように単純化される．

$$\psi = \psi_0 \exp(-\kappa x) \tag{6.39}$$

$\kappa$ の逆数 $1/\kappa$ は拡散二重層の厚さとよばれる．拡散二重層の厚さは，1 価-1 価電解質でその濃度が $0.1 \text{ mol dm}^{-3}$ のとき約 1 nm，$0.001 \text{ mol dm}^{-3}$ のとき約 10 nm である．

グーイとチャップマンの理論では，正負イオンを点電荷とみなし，その化学的

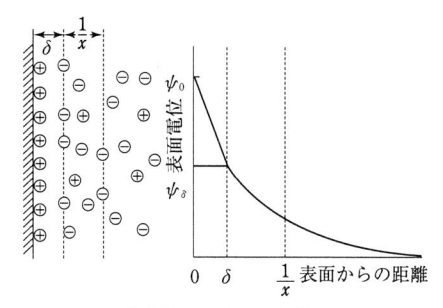

図 6.10 ステルンモデル

性質をまったく考慮していない．表面電位が大きくて電解質の濃度が低いときには，界面近くの対イオンの濃度がきわめて大きく計算されるが，これはイオンの大きさを無視したためである．ステルンは図 6.10 に示されているようなモデルを考えて，**ステルンの電気二重層**を提案した．二重層は界面から水和イオン半径にほぼ等しいところに存在するある面 (**ステルン面**) によって 2 つの部分に分けられる．ステルンは特異的なイオンの吸着の可能性も考えた．特異吸着イオンとは，熱運動に打ち勝つだけの力 (静電的な力およびファンデルワールス引力) で表面に吸着しているイオンのことである．特異吸着したイオンの中心はステルン層内にあると考える．ステルン面よりも外に中心をもつイオンは二重層の拡散層部分を形成する．グーイとチャップマンの理論における荷電表面の電位 $\psi_0$ をステルン面での電位 $\psi_\delta$ で置き換えると，いずれの式もそのまま成り立つ．ステルン層内では電位は $\psi_0$ から $\psi_\delta$ へと直線的に変化し，拡散二重層内で $\psi_\delta$ からゼロへと漸減していく．

多価イオンや界面活性イオンの特異吸着が起こるときには，ステルン層内で電荷の逆転が起きて，$\psi_\delta$ の符号が $\psi_0$ と反対になることがあり得る．$\psi_\delta$ は実測できないが，荷電表面と溶液とのすべり面での電位 (ゼータ電位) は測定でき，$\psi_\delta$ を**ゼータ電位**で近似することができる．先に述べた顕微鏡電気泳動法によって測定できる粒子の電位はゼータ電位に等しい．

水溶液中に懸濁している大きさの等しい球形粒子間に作用する静電的斥力のエネルギー $V_R$ は，粒子の半径を $a$，粒子間距離を $H$，ゼータ電位を $\psi_\delta$ とすると，次のように書ける．

$$V_R = \frac{32\pi\varepsilon a k^2 T^2 \gamma^2}{e^2 Z^2} \exp(-\kappa H) \tag{6.40}$$

ここで，$\gamma$ や $\kappa$ はすでに述べた式(6.36)，(6.37)で表されるものである．式(6.36)の $\psi_0$ は $\psi_\delta$ で置き換えられるものである．$Ze\psi_\delta/2kT \ll 1$ が成り立つとき，式(6.40)は次のように簡略化される．

$$V_R = 2\pi\varepsilon a \psi_\delta^2 \exp(-\kappa H) \tag{6.41}$$

水溶液中に懸濁している大きさの等しい球形粒子間に作用するファンデルワールス引力のエネルギー $V_A$ は，ハマカー定数を $A$ とすると，次のように書ける．

$$V_A = -\frac{A}{12}\left[\frac{1}{x(x+2)} + \frac{1}{(x+1)^2} + 2\ln\frac{x(x+2)}{(x+1)^2}\right] \tag{6.42}$$

ここで，$x = H/2a$ である．もし，$H \ll a$ のように粒子間距離が小さいときには，次のように簡略化される．

$$V_A = -Aa/12H \tag{6.43}$$

表6.3 いくつかの物質のハマカー定数（真空中の値）

| 物質 | $10^{-20}$ J |
|---|---|
| $H_2O$ | 4.38 |
| $C_6H_6$ | 23.0 |
| $C_6H_5CH_3$ | 42.0 |
| $C_6H_{12}$ | 4.64 |
| AgI | 15.8 |
| MgO | 10.6 |
| $Al_2O_3$ | 15.5 |
| $TiO_2$ | 19.7 |
| $Fe_2O_3$ | 23.2 |
| $Fe(OH)_3$ | 180 |
| CdS | 15.3 |
| CaO | 12.4 |
| CaF | 6.55 |
| $BaSO_4$ | 16.4 |
| Hg | 43.4 |
| Au | 45.5 |
| Ag | 40 |
| Cu | 28.4 |
| Si | 25.6 |
| $SiO_2$ | 16.4 |
| グラファイト | 47.0 |

[Advances in Colloid & Interface Science, Vol.3(1972), pp. 331-363 から引用]

**ハマカー定数**は粒子間に作用するファンデルワールス引力のエネルギーを計算するための値である．ファンデルワールス引力は定性的には配向効果，誘導効果および分散効果の3つの項で説明される．これを定量的に粒子間に作用する引力エネルギーとして求めるにはハマカー定数が用いられる．単一な物質のハマカー定数は普通，約 $10^{-20}$ ～ $10^{-19}$ J である．ハマカー定数の値は真空中での値であり，いくつかの物質のハマカー定数は表6.3に示されている．粒子-粒子のハマカー定数を $A_{11}$，分散媒-分散媒のハマカー定数を $A_{33}$ とすると，この分散媒中での粒子間のハマカー定数 $A_{131}$ は次のようである．

$$A_{131} = (\sqrt{A_{11}} - \sqrt{A_{33}})^2 \tag{6.44}$$

水溶液中の粒子間に作用する相互作用の全エネルギー $V$ は，静電的斥力エネルギー $V_R$ とファンデルワールス引力エネルギー $V_A$ の和によって得られる．このような相互作用の全エネルギーを用いて，微粒子の凝集・分散を議論する考え方は **DLVO** (Derjaguin-Landau-Verwey-Overbeek) **理論**とよばれる．粒子に作用するエネルギーを粒子間距離の関数として表したものを全ポテンシャルエネルギー曲線といい，その例を図6.11に示す．粒子のハマカー定数を一定とすると，全相互作用エネルギーに影響するのは，静電的斥力エネルギー中の $\psi_\delta$，$\kappa$ （電解質濃度と価数で決まる），粒子半径 $a$ などである．図6.11(a)の場合は，粒子の接近に対するエネルギー障壁（$V_{max}$）があり，凝集は阻害される．これを緩慢凝集という．(b)の場合は，$V_{max} \leq 0$ となり，凝集は自然に促進される．これを急速凝集という．(c)の場合は，$V_{max} > 0$ の高いエネルギー障壁がある．粒子間距離の大きいところに $M_2$ で示したエネルギーの低い谷があり，これを粒子間距離の小さいところにあるエネルギーの深い谷 $M_1$（1次の極小）に対して2次の極小といい，粒子はここで弱い可逆的な凝集を起こす．加熱による激しいブラウン運動や撹拌を加えても高いエネルギー障壁（$15\,kT$ 以上）のために粒子は接近できない．このようなとき粒子は分散状態を保つことができる．

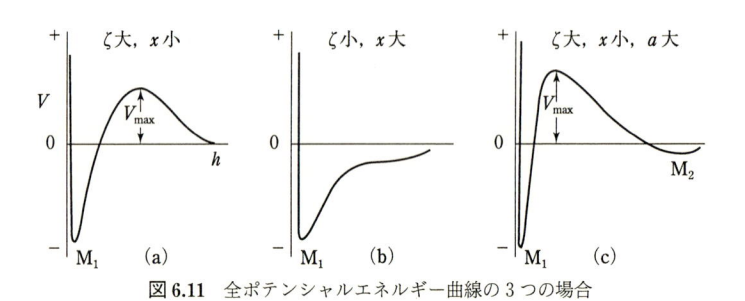

図6.11 全ポテンシャルエネルギー曲線の3つの場合

微粒子の凝集・分散を制御するのは，電解質を添加したり，pH を調整することによってゼータ電位の値を変えて，静電的斥力エネルギーを小さくしたり大きくしたりしてなしとげられる．一般的に述べると，ゼータ電位の値が ±25 mV 以下であれば，粒子は凝集傾向を示すと考えてよい．全相互作用エネルギーの値でいえば，$15\,kT$ ($6.17 \times 10^{-20}$ J) 以下のエネルギーのとき凝集傾向を示すと考えられる．

# 練 習 問 題 (6章)

**6.1** 球形粒子が293 Kで水中を等速で50 cm落下するのに1254.3 sを要した。水の密度および粘度を0.9982 g cm$^{-3}$，0.01 g cm$^{-1}$ s$^{-1}$ (1 cP) であるとすると，この粒子の直径はいくらか。粒子の密度は3.151 g cm$^{-3}$ である。

**6.2** 密度3 g cm$^{-3}$で直径1 μmの固体粒子が，水の中で20 cmの距離を沈降するときに要する時間をストークスの自由沈降の式から求めよ。また，粒子が凝集して50 μmになったとして，このときの沈降時間を計算して計算結果を考察せよ。

**6.3** 活性炭1 gには1000 m$^2$の表面積がある。完全に単分子層の吸着が起こると仮定すれば，活性炭50 gの表面にどのくらいのアンモニア（STPにおけるcm$^3$）が吸着できるか。アンモニア分子の断面積は0.12 nm$^2$であるとして計算せよ。

**6.4** 活性炭の比表面積は，1000 m$^2$ g$^{-1}$である。表面が完全に単分子状で覆われると仮定すると，活性炭25 gの表面にどのくらいの窒素（STPにおけるcm$^3$）が吸着できるか。窒素の1分子あたりの占有面積は，窒素の分子量を28，液体窒素の密度を0.81 g cm$^{-3}$として求めよ。

**6.5** 直径24 nmの球形の水銀粒子が分散されているゾルがある。このゾルの1 m$^3$中には水銀82 gが含まれている。このゾルの1 cm$^3$に含まれている水銀粒子の個数と全表面積を求めよ。ただし，水銀の密度は13.6 g cm$^{-3}$である。

**6.6** 水の表面張力が72.75 mN m$^{-1}$であるとすると，直径1 mmのガラス管内を水がどれくらいの高さまで上がるかを求めよ。

**6.7** 液体水銀の表面張力は288 Kにおいて487 mN m$^{-1}$である。直径2 mmのガラス毛細管の中で水銀柱の降下する長さを求めよ。ガラスに対する水銀の接触角は140度である。

**6.8** 293 Kでアセトンの毛管上昇を測定したところ，2.56 cmであった。アセトンの293 Kにおける密度は0.790×10$^3$ kg m$^{-3}$，表面張力は23.29 mN m$^{-1}$である。毛管の内径を求めよ。

**6.9** 酢酸エチルの表面張力を毛管上昇法で測定した。同じ毛細管でベンゼンを測ったところ，293.5 Kで2.71 cm上がった。ベンゼンの密度および表面張力は0.878 g cm$^{-3}$，28.2 mN m$^{-1}$である。同温で，酢酸エチルは1.96 cm上昇した。酢酸エチルの密度は0.900 g cm$^{-3}$である。毛管半径と酢酸エチルの表面張力を求めよ。

**6.10** 293 Kの水滴の蒸気圧を滴半径 $r = 10^{-4}$, $10^{-5}$, $10^{-6}$ mmについて求めよ。ただし，水の表面張力は72.75 mN m$^{-1}$，モル体積は18.0 cm$^3$ mol$^{-1}$，水の蒸気圧は1 atmである。

**6.11** 沸点のすぐ下の温度まで直径10$^{-4}$ mmの空気泡が水中にあるだけでほかに核になるものはないとすれば，どのくらい水を過熱すれば沸騰が始まるか。

**6.12** 霧の粒子の質量は10$^{-12}$ gである。温度293 Kで，その粒子の蒸気圧と平面水の蒸気圧との比を求めよ。

**6.13** ラングミュアトラフを用いて，パルミチン酸（C$_{15}$H$_{31}$COOH）5.19×10$^{-5}$ gの単分子膜を圧縮していったところ，面積が265×10$^{-4}$ m$^2$になったところで表面圧が急増した。パルミチン酸の分子断面積を求めよ。

**6.14** ラングミュアの吸着等温式について，低圧においては吸着量が圧力に比例し，高圧においては吸着量が圧力に無関係になることを証明せよ。

**6.15** 酢酸濃度を変えて活性炭1 gに対する酢酸の吸着を調べ，次の結果を得た。

| $C$ [mol dm$^{-3}$] | 0.043 | 0.089 | 0.183 | 0.280 | 0.478 |
|---|---|---|---|---|---|
| $y$ [mmol g$^{-1}$] | 0.81 | 1.32 | 2.10 | 2.58 | 3.18 |

この吸着現象がラングミュアの吸着式に従うことを図で示し，図から単分子層飽和吸着量を求めて，さらにこの活性炭の比表面積 [m$^2$ g$^{-1}$] を計算せよ。酢酸の分子断面積は0.2 nm$^2$である。

# 7 電解質溶液と電池の起電力

## ● 7.1 電気伝導度

　水のような比誘電率の大きい溶媒中では，ある物質は溶解してイオンになる．この現象は**電離**または**解離**（dissociation）とよばれ，水の中で解離する物質を**電解質**（electrolyte）という．電解質はそれ自身または水に溶けたときに電流を通じるものであり，**非電解質**は電気を通じないものである．電解質は硝酸，塩酸，水酸化ナトリウムおよび塩類のような**強電解質**と酢酸およびアンモニアのような**弱電解質**の2つに分類される．強電解質は水溶液中で完全に電離しており，弱電解質は一部分のみが電離し非解離分子とイオンとの間に電離平衡が成り立っている．

　電解質溶液について検討する前に，どのようなことから電解質というものの存在が知られるようになったのかを考えてみよう．電解質溶液の場合には，溶液の束一的性質はそれぞれ次のように示される．

蒸気圧降下： $(P_1^\circ - P_1)/P_1^\circ = iM_1 m/1000$　　　(7.1)

沸 点 上 昇： $\Delta T_b = iK_b m$　　　(7.2)

凝 固 点 降 下： $\Delta T_f = iK_f m$　　　(7.3)

浸　透　圧： $\pi = iCRT$　　　(7.4)

$i$ は**ファントホッフ**（J. van't Hoff）の $i$ **係数**とよばれ，電解質が解離したときのイオンの数に相当する．電解質溶液の場合には塩化ナトリウムのように $i=2$ である電解質を添加すると，沸点上昇は同じ濃度の非電解質の2倍となり，測定される分子量は1/2となる．ファントホッフの $i$ 係数は，理論的な分子量 $M_0$ と束一的性質から求められてくる分子量 $M$ の比として，次の関係から決定される．

$$i = M_0/M \quad (7.5)$$

ファントホッフの $i$ 係数の値を種々の質量モル濃度に対して表7.1に示す．ファントホッフの $i$ 係数の値がなぜ整数値2や3にならないかを考えることから電解質溶液の性質が明らかにされた．

表7.1　ファントホッフの $i$ 係数

| $m$ | NaCl | HCl | CuSO$_4$ | MgSO$_4$ | H$_2$SO$_4$ | Pb(NO$_3$)$_2$ | K$_3$Fe(CN)$_6$ |
|---|---|---|---|---|---|---|---|
| 0.001 | 1.97 | 1.98 | — | 1.82 | — | 2.89 | 3.82 |
| 0.01 | 1.94 | 1.94 | 1.45 | 1.53 | 2.46 | 2.63 | 3.36 |
| 0.1 | 1.87 | 1.89 | 1.12 | 1.21 | 2.12 | 2.13 | 2.85 |
| 1.0 | 1.81 | 2.12 | 0.93 | 1.09 | 2.17 | 1.31 | — |

【例題7.1】　浸透圧の計算：海水の組成は NaCl だけで、3.4質量％含まれているものと考えて，25℃での浸透圧を求めよ．海水の密度は $1.02\,\mathrm{g/cm^3}$ とし，$i$ 係数は1.90とする．

［解］　$\pi = iCRT = 1.90 \times 0.593\,\mathrm{mol\,dm^{-3}} \times 0.082\,\mathrm{atm\,dm^3\,mol^{-1}\,K^{-1}} \times 298\,\mathrm{K}$

$$=27.5 \text{ atm} = 28.4 \text{ kg cm}^{-2}$$

海水の浸透圧は大きな値であり,逆浸透法で海水から真水をとるためには,これ以上の圧力が必要であることがわかる.

**電気伝導度** (electric conductance) は電流の流れやすさの程度を表す値で,電気抵抗の逆数として定義される.電気伝導度はイオンの種類,イオンの数(濃度)および使用する電極の形状に依存する.電解質とよばれる物質の水溶液が電流を通すという事実からイオンの存在が理解できるのである.伝導度と電気抵抗の関係,電気抵抗と比抵抗の関係および電気伝導度と**比伝導度** (specific conductance) の関係は下に示されている.

$$L = 1/R \tag{7.6}$$

$R$ は溶液の電気抵抗で単位は Ω(オーム),$L$ は電気伝導度で単位は S(ジーメンス)または $\Omega^{-1}$(モー)である.$\rho$ を比抵抗 [Ω m],$l$ を溶液の長さ [m],$A$ を溶液断面積 [m$^2$] とすると,電気抵抗 $R$ は次のように示される.

$$R = \rho l / A \tag{7.7}$$

電気伝導度 $L$ [$\Omega^{-1}$] は電気抵抗の逆数であるから,次式を得る.

$$L = A/\rho l = \kappa A/l \tag{7.8}$$

$\kappa$ は比伝導度 [$\Omega^{-1}$ m$^{-1}$] である.伝導度の測定は**コールラウシュ橋** (Kohlrausch bridge) を用いて,針金の抵抗を測るときと同じようにして行われる.

電気伝導度 $L$ の値は,溶液断面積すなわち電極面積 $A$ と溶液長さすなわち電極間隔 $l$(電極の寸法)により変化するので,同じ物質であっても測定に用いる電極の形状によって測定される伝導度が異なり,物質に固有の値にならない.そこで,単位電極面積,単位電極間隔のときの伝導度を考えて,これを比伝導度 $\kappa$ と決める.$\kappa$ の値は電極形状に依存しない物質に固有の値となる.電極寸法である $A$ や $l$ は実測しにくいので,電極間隔 $l$ を電極面積 $A$ で割った $l/A$ を**容器定数**(セル定数ともいう)として実験的に決める.容器定数は電極に固有の値である.

$$\kappa = L \times 容器定数$$

比伝導度 $\kappa$ は伝導度 $L$ に容器定数をかけて得られる.このとき,$\kappa$ が既知である KCl の水溶液を用いて容器定数を決定する.KCl の $\kappa$ の値は表 7.2 に示すが,電解質濃度が高くなるとイオンの数が増し,電気を通しやすくなるので,$\kappa$ の値は電解質の濃度とともに大きくなる.

比伝導度 $\kappa$ は物質の伝導度を電極の形状に依存しないように換算したものであるが,まだ電解質濃度について依存性が残っている.つまり,濃度とともに比伝導度 $\kappa$ が増加する.そこで,比伝導度を濃度で割って濃度依存を除去しようと考えて,**モル伝導度** (molar conductance) が定義された.電解質の 1 モルあたりの伝導度をモル伝導度 $\Lambda$ という.

$$\Lambda = \kappa \cdot 10^{-3}/C \tag{7.9}$$

モル伝導度の単位は $\Omega^{-1}$ m$^2$ mol$^{-1}$ であり,$C$ はモル濃度 [mol dm$^{-3}$] である.

$\Lambda$ の値は物質が完全に解離し,イオン間の相互作用がないときには,物質の濃度によらず一定となるものである.しかし,図 7.1 の $\Lambda$ と $\sqrt{C}$ の関係にみられるように,イオン間の静電的な相互作用のために強電解質と弱電解質のモル伝導度は濃度によって特徴的な変化をする.後に述べるように,この現象を説明するこ

表 7.2 KCl 溶液の比伝導度

| 濃度 [mol dm$^{-3}$] | 比伝導度 [$\Omega^{-1}$ m$^{-1}$] | | |
|---|---|---|---|
| | 0°C | 18°C | 25°C |
| 1 | 6.543 | 9.820 | 11.173 |
| 0.1 | 0.7154 | 1.1192 | 1.2886 |
| 0.01 | 0.07751 | 0.12227 | 0.14114 |

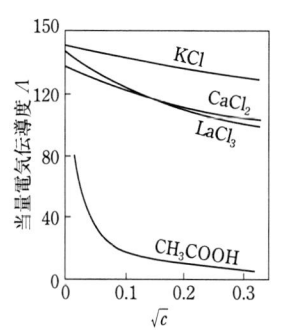

図 7.1 当量伝導度と濃度の関係

表7.3 25°Cにおけるモル伝導度 $[\Omega^{-1}\,\mathrm{m}^2\,\mathrm{mol}^{-1}]$

| $C$ | NaCl | KCl | HCl | NaAc | CuSO$_4$ | H$_2$SO$_4$ | HAc | NH$_4$ |
|---|---|---|---|---|---|---|---|---|
| 0.000 | 0.012645 | 0.014986 | 0.042616 | 0.00910 | 0.02660 | 0.08592 | 0.03907 | 0.02714 |
| 0.0005 | 0.012450 | 0.014781 | 0.042274 | 0.00892 | 0.0240 | 0.08262 | 0.00677 | 0.0047 |
| 0.001 | 0.012374 | 0.014695 | 0.042136 | 0.00885 | 0.02304 | 0.07990 | 0.00492 | 0.0034 |
| 0.010 | 0.011851 | 0.014127 | 0.041200 | 0.008376 | 0.01666 | 0.06728 | 0.00163 | 0.00113 |
| 0.100 | 0.010674 | 0.012896 | 0.039132 | 0.007280 | 0.01010 | 0.05016 | — | 0.00036 |
| 1.000 | — | 0.01119 | 0.03328 | 0.00491 | 0.00586 | — | — | — |

とからアレニウス(S. Arrhenius)の電離説やデバイ–ヒュッケル(Debye–Hückel)の電解質理論が発展した．表7.3はいくつかの物質のモル伝導度を表している．

電解質溶液を無限に希釈したときのモル伝導度を**極限モル伝導度**（limiting molar conductance）といい，これを $\Lambda_0$ で表す．無限希釈ではすべての電解質が完全に解離するので，極限モル伝導度はイオン間の相互作用がないときの伝導度ということができる．

$$C \to 0 \text{ のとき } \Lambda \to \Lambda_0$$

強電解質の伝導度について，次の関係が成り立つ．

$$\Lambda = \Lambda_0 - k\sqrt{C} \tag{7.10}$$

この関係を**コールラウシュの平方根律**（1875年頃）といい，強電解質の希薄溶液にあてはまる．

モル伝導度で示される電気伝導のうち，陽イオンと陰イオンの電気伝導に対する寄与を分けて表すために，**モルイオン伝導度**（ionic molar conductance）が導入された．陽イオンのモルイオン伝導度を $\lambda_+$，陰イオンのモルイオン伝導度を $\lambda_-$ で表し，無限希釈でのそれらを $(\lambda_+)_0$，$(\lambda_-)_0$ で表す．無限希釈時には，イオン間の相互作用がなくなり，すなわちイオンがほかのイオンの影響を受けずに独立して運動するので，次の関係が成り立つ．

$$\Lambda_0 = (\lambda_+)_0 + (\lambda_-)_0 \tag{7.11}$$

この関係は，コールラウシュの**イオン独立移動の法則**（law of the independent migration of ions，1875年頃）とよばれ，弱電解質の $\Lambda_0$ を推定する方法になる．酢酸の極限モル伝導度は，次のようにして強電解質である酢酸ナトリウム，塩酸，塩化ナトリウムの極限モル伝導度を用いて推算することができる．

$$\begin{aligned}\Lambda_0(\mathrm{HAc}) &= \Lambda_0(\mathrm{NaAc}) + \Lambda_0(\mathrm{HCl}) - \Lambda_0(\mathrm{NaCl}) \\ &= \lambda_0(\mathrm{H}^+) + \lambda_0(\mathrm{Ac}^-)\end{aligned}$$

## ● 7.2 アレニウスの電離説

アレニウスは電解質溶液の性質を説明するために電離説を発表した．1887年に提案された**アレニウスの電離説**は，次の3つの項目で表される．

(1) 電解質は水溶液中で一部が解離し，生じたイオンにより電流を通じることができる．

(2) 電解質溶液中では，イオンと非解離分子の間に次の電離平衡が存在する．

$$\mathrm{AB} \rightleftharpoons \mathrm{A}^+ + \mathrm{B}^-$$

溶液が希薄になると平衡は右に移動し，無限希釈 $C \to 0$ でイオン解離は完全となる．

(3) 解離度 $\alpha$ は，次式で与えられる．

$$\alpha = \Lambda/\Lambda_0 \tag{7.12}$$

ここに，$\varLambda_0$ は極限モル伝導度，$\varLambda$ はある濃度でのモル伝導度である．

アレニウスの電離説は，弱電解質についてはあてはまるが，強電解質にはあてはまらない．例えば，強電解質に対しては $\alpha=\varLambda/\varLambda_0$ は成り立たないという問題点がある．その理由は，強電解質についても部分的に解離するとしたからである．強電解質は濃度によらず完全に解離し，濃度により伝導度が変化するのは（$C\to$ 小のとき $\varLambda\to$ 大），イオン間の静電的相互作用のためである．

オストワルド（F. Ostwald）は弱電解質の解離反応に質量作用の法則を適用して，1888 年に次の関係を見いだした．解離度を $\alpha$，弱電解質 AB の初濃度を $C$，解離定数を $K$ とすると，次の電離平衡（解離平衡）が成り立つ．電離平衡時には，イオン化した $A^+$ および $B^-$ の濃度は AB 電解質の初濃度 $C$ と解離度 $\alpha$ の積に等しく，イオン化せずに残っている AB の濃度は初濃度 $C$ からイオン化した濃度を引いたものに等しい．

$$AB \rightleftharpoons A^+ + B^-$$
$$C(1-\alpha) \quad C\alpha \quad C\alpha$$

$$K=\frac{[A^+][B^-]}{[AB]}=\frac{C^2\alpha^2}{C(1-\alpha)}=\frac{C\alpha^2}{1-\alpha} \tag{7.13}$$

$\varLambda$ を電解質濃度が $C$ のときのモル伝導度とすると，電離度は $\alpha=\varLambda/\varLambda_0$ と表されるので，次の関係が得られる．

$$K=\frac{C(\varLambda/\varLambda_0)^2}{1-(\varLambda/\varLambda_0)}=\frac{C\varLambda^2}{\varLambda_0(\varLambda_0-\varLambda)} \tag{7.14}$$

この関係を**オストワルドの希釈律**（Ostwald's dilution law, 1900 年）という．この関係から，電解質溶液のモル伝導度を測定することにより，その解離定数を決定できることがわかる．

---

*column*

スヴァンテ・アレニウス
Svante August
Arrhenius
1859-1927

スウェーデンの科学者で，物理学・化学の領域で活動した．物理化学の創始者の 1 人といえる．1903 年に電解質の解離の理論に関する業績により，ノーベル化学賞を受賞．アレニウスの業績には，電解質の解離の理論のほかに酸と塩基に対する「アレニウスの定義」や化学反応の速度の温度依存性を表す式（アレニウスの式）などがある．

---

## ● 7.3 輸率とイオンの移動度

陽イオン，陰イオンが電流を輸送する割合を**輸率**（transport number）といい，$t_+$ および $t_-$ で表す．$t_+$ は陽イオンが運ぶ電流の割合，$t_-$ は陰イオンが運ぶ電流の割合で次の式が成り立つ．

$$t_+ + t_- = 1$$

炭素電極のような不活性電極を入れた HCl 溶液を含む容器を考えよう．いま，直流で 1 F の電気量が通電されたとすると，このとき，陰極と陽極で 1 モル（1 当量）の $H^+$ と $Cl^-$ が還元または酸化される．溶液中では $1F \times t_+$ の $H^+$ が陰極方向に移動して電流を運び，$1F \times t_-$ の $Cl^-$ が陽極方向に移動して電流を運ぶことになる．このように，両側の容器の HCl のモル量の変化を測定して，輸率が求められる．このような輸率測定法は**ヒットルフ**（Hittorf）**の方法**とよばれ，その装置は図 7.2 に示されている．$\Delta n_a$, $\Delta n_c$, $Q$, $F$ をそれぞれ陽極室での電解質のモル量

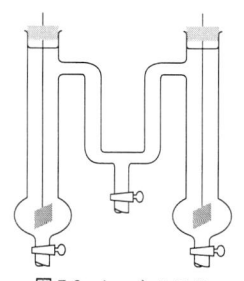

**図 7.2** ヒットルフの輸率測定装置

の変化，陰極室での電解質のモル量の変化，流れた電気量およびファラデー定数 (96500 C) であるとすると，次の関係から輸率が測定される．

$$t_+ = \frac{\Delta n_\mathrm{a}}{Q/F}, \quad t_- = \frac{\Delta n_\mathrm{c}}{Q/F} \tag{7.15}$$

表 7.4 に，いくつかの電解質の輸率を表す．輸率と伝導度の間には，次の関係が成り立つ．

$$(\lambda_+)_0 = \Lambda_0 (t_+)_0, \quad (t_+)_0 \frac{(\lambda_+)_0}{\Lambda_0} = \frac{(\lambda_+)_0}{(\lambda_+)_0 + (\lambda_-)_0} \tag{7.16}$$

$$(\lambda_-)_0 = \Lambda_0 (t_-)_0, \quad (t_-)_0 \frac{(\lambda_-)_0}{\Lambda_0} = \frac{(\lambda_-)_0}{(\lambda_+)_0 + (\lambda_-)_0} \tag{7.17}$$

表 7.4 25°C における陽イオンの輸率

| 規定度 | HCl | NaCl | KCl | CaCl$_2$ | LaCl$_3$ |
|---|---|---|---|---|---|
| 0 | 0.821 | 0.396 | 0.491 | 0.438 | 0.477 |
| 0.01 | 0.825 | 0.392 | 0.490 | 0.426 | 0.462 |
| 0.02 | 0.827 | 0.390 | 0.490 | 0.422 | 0.458 |
| 0.05 | 0.829 | 0.388 | 0.490 | 0.414 | 0.448 |
| 0.1 | 0.831 | 0.385 | 0.490 | 0.406 | 0.438 |
| 0.2 | 0.834 | 0.382 | 0.489 | 0.395 | 0.423 |

単位電場（例えば 1 V m$^{-1}$）のもとでのイオンの移動速度を**イオンの移動度** (ionic mobility) という．$v_+$, $v_-$ でそれぞれ陽イオン，陰イオンの移動度を表し，(m s$^{-1}$)/(V m$^{-1}$) の単位が用いられる．電場の強さを $E$，無限希釈でのイオンの移動度を $(v_+)_0$, $(v_-)_0$ とすると，次の関係が得られる．

$$E(\lambda_+)_0 = eN_\mathrm{A}(v_+)_0 = F(v_+)_0 \tag{7.18}$$

$$E(\lambda_-)_0 = eN_\mathrm{A}(v_-)_0 = F(v_-)_0 \tag{7.19}$$

移動度とモルイオン伝導度とは，次の関係でつながれる．

$$(v_+)_0 = E(\lambda_+)_0/F = (\lambda_+)_0/F \tag{7.20}$$

$$(v_-)_0 = E(\lambda_-)_0/F = (\lambda_-)_0/F \tag{7.21}$$

ただし，移動度は単位電場（1 V m$^{-1}$）がかかったときの速度で示すので，式 (7.20), (7.21) で電場 $E$ は 1 V m$^{-1}$ とおいている．表 7.5 に，いくつかのイオンの移動度をそれらの極限モルイオン伝導度とともに示した．

表 7.5 無限希釈，25°C でのモルイオン伝導度と移動度

| カチオン | $(\lambda_+)_0$ [$\Omega^{-1}$ m$^2$ mol$^{-1}$] | $(v_+)_0$ [m s$^{-1}$/V m$^{-1}$] | アニオン | $(\lambda_-)_0$ [$\Omega^{-1}$ m$^2$ mol$^{-1}$] | $(v_-)_0$ [m s$^{-1}$/V m$^{-1}$] |
|---|---|---|---|---|---|
| H$^+$ | 0.034982 | 36.3×10$^{-8}$ | OH$^-$ | 0.01980 | 20.5×10$^{-8}$ |
| Li$^+$ | 0.003869 | 4.01 | F$^-$ | 0.005540 | 5.74 |
| Na$^+$ | 0.005011 | 5.19 | Cl$^-$ | 0.007634 | 7.91 |
| K$^+$ | 0.007352 | 7.61 | Br$^-$ | 0.007810 | 8.09 |
| Cs$^+$ | 0.007720 | 8.00 | I$^-$ | 0.007680 | 7.95 |
| NH$_4^+$ | 0.007340 | 7.60 | NO$_3^-$ | 0.007144 | 7.40 |
| Mg$^{2+}$ | 0.01060 | 5.49 | CO$_3^{2-}$ | 0.013860 | 7.18 |
| Ca$^{2+}$ | 0.01190 | 6.17 | SO$_4^{2-}$ | 0.016000 | 8.29 |
| La$^{3+}$ | 0.02088 | 7.21 | CH$_3$COO$^-$ | 0.004090 | 4.23 |
| Ag$^+$ | 0.006192 | 6.41 | | | |

> **column**
> 測定できるものとできないもの
>
> 　重要なことは，物性には直接測定できるものと測定できないものとがあるということである．直接測定できる物性は，モル伝導度，輸率である．これらを使って計算される物性は，イオンの移動度，イオン伝導，水和イオン半径である．いま，NaClの無限希釈でのモル伝導度と輸率が，それぞれ $0.01265\ \Omega^{-1}\ m^2\ mol^{-1}$ および $0.396$ と測定されたとすると，無限希釈での $Na^+$ と $Cl^-$ のモルイオン伝導度，イオンの移動度，水和イオン半径は次のように計算できる．
> - $Na^+$ と $Cl^-$ のモルイオン伝導度は，$0.01265\ \Omega^{-1}\ m^2\ mol^{-1} \times 0.396 = 0.005011\ \Omega^{-1}\ m^2\ mol^{-1}$，$0.01265\ \Omega^{-1}\ m^2\ mol^{-1} \times (1-0.396) = 0.007641\ \Omega^{-1}\ m^2\ mol^{-1}$
> - $Na^+$ と $Cl^-$ のイオンの移動度は，$0.005011\ \Omega^{-1}\ m^2\ mol^{-1}/96500\ C = 5.19 \times 10^{-8}\ m\ s^{-1}/(V\ m^{-1})$，$0.007641\ \Omega^{-1}\ m^2\ mol^{-1}/96500\ C = 7.91 \times 10^{-8}\ m\ s^{-1}/(V\ m^{-1})$
> - $Na^+$ と $Cl^-$ の水和イオン半径は，電気素量，水の粘度とイオンの移動度を使って，それぞれ $1.64\ Å$ と $1.08\ Å$
>
> よく考えてみよう！

## 7.4 デバイ-ヒュッケルの理論

　1923年にデバイ (P. Debye) とヒュッケル (E. Hückel) の2人は強電解質に対する新しい理論を提案した．その理論をまとめると，次の4つの項目になる．
(1) 強電解質溶液についてアレニウスの電離説やオストワルドの希釈律があてはまらない理由を説明する理論である．
(2) 強電解質は完全に解離すると考える．
(3) 強電解質溶液にアレニウスの電離説があてはまらない原因をイオン間の静電的相互作用（クーロン引力）に求めた．陽イオンのまわりには陰イオンが高い確率で分布し，陰イオンのまわりには陽イオンが高い確率で分布することを理論的に明らかにした．こうしてイオン雰囲気が形成され，① 非対称効果 (asymmetric effect) あるいは緩和効果 (relaxation effect) や，② 電気泳動効果 (electrophoretic effect) のために，強電解質は完全に解離しているにもかかわらず伝導度の低下をひき起こす．イオン雰囲気と非対称効果を示す模式図は図7.3に示されている．
(4) 理想性からのずれ（強電解質は完全に解離しているにもかかわらず伝導度の低下を生じる）を補正するための係数（活量係数）を導入し，この係数を溶液のイオン強度と関連づけた．

$$\log \gamma = -0.5091\ Z^2 \sqrt{\mu} \quad (\mu < 0.01) \tag{7.22}$$

この関係を**デバイ-ヒュッケルの極限法則** (Debye-Hückel limiting law) といい，$\gamma$ は**活量係数** (activity coefficient)，$Z$ は**イオン電荷** (ionic charge)，$\mu$ は**イオン強度** (ionic strength) である．電解質の濃度を $C_i$，価数を $Z_i$ とすると，イオン強度 $\mu$ は次式で表される．

$$\mu = \frac{1}{2} \sum Z_i^2 C_i \tag{7.23}$$

したがって，$Z$ と $\mu$ が決まると，補正係数である活量係数が一律に決まる．
　$0.01 < \mu < 0.1$ の場合には，次の式が適切である．

$$\log \gamma = -0.5091\ Z^2 \frac{\sqrt{\mu}}{1+\sqrt{\mu}} \tag{7.24}$$

デバイ-ヒュッケルの理論から，水溶液中のイオンには静電的な相互作用が生

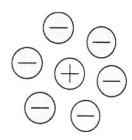

(a) 静止イオンのまわりのイオン雰囲気

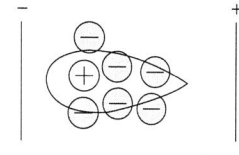

(b) 運動しているイオンのまわりの非対称的イオン雲

図7.3　イオンの分布

じて，実際の濃度よりも有効な濃度が減少することを学んだ．この補正後の有効濃度を**活量**（activity）といい，$a$ で表示する．補正のための係数はすでに示した活量係数 $\gamma$ である．活量とモル濃度は次式で関係づけられる．

$$a = \gamma C$$

$C \to 0$ のときには $\gamma \to 1$ となり，$a = C$ とおくことができる．

　イオン間の反応やイオン間の平衡に対しても，イオン間の静電的相互作用が影響を与える．イオンは互いに影響を及ぼし合い，独立した存在ではない．例えば，酢酸の電離平衡を考えると次のようになる．

$$\mathrm{HAc} \rightleftharpoons \mathrm{H}^+ + \mathrm{Ac}^-$$

$$K_{\mathrm{th}} = \frac{(a_{\mathrm{H}^+})(a_{\mathrm{Ac}^-})}{a_{\mathrm{HAc}}} = \frac{(a_{\mathrm{H}^+})(a_{\mathrm{Ac}^-})}{[\mathrm{HAc}]} \tag{7.25}$$

ここで，$K_{\mathrm{th}}$ は熱力学的解離定数であり，活量の項で表した解離定数である．$a_{\mathrm{H}^+} = \gamma_{\mathrm{H}^+}[\mathrm{H}^+]$，$a_{\mathrm{Ac}^-} = \gamma_{\mathrm{Ac}^-}[\mathrm{Ac}^-]$，$a_{\mathrm{HAc}} = [\mathrm{HAc}]$ であるから次式が得られる．

$$K_{\mathrm{th}} = \gamma_{\mathrm{H}^+}\gamma_{\mathrm{Ac}^-}\frac{[\mathrm{H}^+][\mathrm{Ac}^-]}{[\mathrm{HAc}]} = \gamma_{\mathrm{H}^+}\gamma_{\mathrm{Ac}^-}K_c \tag{7.26}$$

ここで，$K_c$ は濃度項で表した解離定数である．

　ところが，$\gamma_{\mathrm{H}^+}$，$\gamma_{\mathrm{Ac}^-}$ の個々の値を実測することはできない．その理由は $\mathrm{H}^+$ だけ，$\mathrm{Ac}^-$ だけを含む溶液をつくることができないからである．そこで，**平均活量係数** $\gamma_\pm$，**平均活量** $a_\pm$ という考え方が導入される．NaCl のような1価-1価電解質の場合には，平均活量係数および平均活量は次のように示される．

$$\text{平均活量係数}: \gamma_\pm = \sqrt{\gamma_+\gamma_-}, \quad \gamma_\pm^2 = \gamma_+\gamma_- \tag{7.27}$$

$$\text{平 均 活 量}: a_\pm = \sqrt{a_+a_-}, \quad a_\pm^2 = a_+a_- \tag{7.28}$$

2価-1価電解質（$\mathrm{AB}_2 \rightleftharpoons \mathrm{A}^{2+} + 2\mathrm{B}^-$）については，次の関係となる．

$$\gamma_\pm = (\gamma_{\mathrm{A}^{2+}}\gamma_{\mathrm{B}^-}^2)^{1/3}, \quad \gamma_\pm^3 = \gamma_{\mathrm{A}^{2+}}\gamma_{\mathrm{B}^-}^2 \tag{7.29}$$

$$a_\pm = (a_{\mathrm{A}^{2+}}a_{\mathrm{B}^-}^2)^{1/3}, \quad a_\pm^3 = a_{\mathrm{A}^{2+}}a_{\mathrm{B}^-}^2 \tag{7.30}$$

平均活量係数の計算は，デバイ-ヒュッケル式を用いて次のように行われる．

$$\mu < 0.01 \text{ のとき} \quad \log \gamma_\pm = 0.5091\, Z_+ Z_- \sqrt{\mu} \tag{7.31}$$

　いくつかの電解質の平均活量係数を表7.6に示す．電解質の平均活量係数は以下の3つの方法を用いて，実際に測定することができる．① 溶解度測定による方法，② 伝導度測定による方法，③ 電池の起電力測定による方法．この中で③電池の起電力測定による方法が最も多く使われる．

表7.6　25℃での水中の電解質の平均活量係数 $\gamma_\pm$

| 電解質 | 重量モル濃度 | | | | | | | | |
|---|---|---|---|---|---|---|---|---|---|
| | 0.001 | 0.005 | 0.01 | 0.05 | 0.10 | 0.50 | 1.0 | 2.0 | 4.0 |
| HCl | 0.965 | 0.928 | 0.904 | 0.830 | 0.796 | 0.757 | 0.809 | 1.009 | 1.762 |
| NaCl | 0.966 | 0.929 | 0.904 | 0.823 | 0.778 | 0.682 | 0.658 | 0.671 | 0.783 |
| KCl | 0.965 | 0.927 | 0.901 | 0.815 | 0.769 | 0.650 | 0.605 | 0.575 | 0.582 |
| HNO$_3$ | 0.965 | 0.927 | 0.902 | 0.823 | 0.791 | 0.721 | 0.724 | 0.797 | 0.982 |
| NaOH | — | — | 0.899 | 0.818 | 0.766 | 0.693 | 0.679 | 0.700 | 0.890 |
| CaCl$_2$ | 0.887 | 0.783 | 0.724 | 0.574 | 0.518 | 0.448 | 0.500 | 0.792 | 2.934 |
| K$_2$SO$_4$ | 0.89 | 0.78 | 0.71 | 0.52 | 0.43 | — | — | — | — |
| H$_2$SO$_4$ | 0.830 | 0.639 | 0.544 | 0.340 | 0.265 | 0.154 | 0.130 | 0.124 | 0.171 |
| CdCl$_2$ | 0.819 | 0.623 | 0.524 | 0.304 | 0.228 | 0.100 | 0.066 | 0.044 | — |
| BaCl$_2$ | 0.88 | 0.77 | 0.72 | 0.56 | 0.49 | 0.39 | 0.390 | — | — |
| CuSO$_4$ | 0.74 | 0.53 | 0.41 | 0.210 | 0.16 | 0.068 | 0.047 | — | — |
| ZnSO$_4$ | 0.734 | 0.477 | 0.387 | 0.202 | 0.148 | 0.063 | 0.043 | 0.035 | — |

**【例題 7.2】** 平均活量係数の計算：$0.01 \text{ mol dm}^{-3}$ の酢酸の平均活量係数を求めよ．

**[解]** 酢酸の解離度は

$$\alpha = \frac{\Lambda}{\Lambda_0} \text{ より, } \alpha = \frac{0.00163}{0.03907} = 0.042$$

イオン強度は

$$\mu = \frac{1}{2}\{0.01 \times 0.042 \times (+1)^2 + 0.01 \times 0.042 \times (-1)^2\} = 4.20 \times 10^{-4}$$

$$\log \gamma_\pm = 0.5091(+1)(-1)\sqrt{4.20 \times 10^{-4}} = -0.0104, \quad \gamma_\pm = 0.976$$

---

**column**

**活量とは？**

　活量は，理想系と実存系に存在する"ずれ"を修正するために導入された一種の濃度で，記号 $a$ で表される．活動度とよばれる場合もある．次式によって活量と活量係数 $\gamma$ が定義される．

$$a_i \equiv \gamma_i X_i$$

　活量係数は理想とする数値からのずれを表す指標となっている．したがって，いろいろな理想系からのずれを示すのに用いられる．気体の圧力では，理想気体からのずれを補正するのに活量係数 $\gamma$ が用いられる．非電解質溶液では，モル分率 $X$ について理想溶液からのずれを補正するために用いられる．補正係数である活量係数を $\gamma$ で表すと，$a = \gamma X$ と表される．電解質溶液では，イオン間の相互作用によりイオンの数が減少する（多くの場合）ことを補正するのに活量を使う．このとき濃度の単位にはモル濃度または質量モル濃度が使われる．活量は $a = \gamma C$ と表される．

---

## ● 7.5　伝導度測定の応用

伝導度の測定は次のような目的のために応用される．

### a. 弱電解質の解離定数の決定

アレニウス説やオストワルドの希釈律を適用すると，弱電解質を含む水溶液の濃度とその伝導度を測定し，式 (7.14) を用いて解離定数を求めることができる．一例として，水の解離定数の決定をあげる．

$$\text{H}_2\text{O} \rightleftharpoons \text{H}^+ + \text{OH}^-$$

25°Cにおける水の比伝導度は $58 \times 10^{-7} \, \Omega^{-1} \, \text{m}^{-1}$ である．純水のモル濃度は，密度が $0.997 \text{ g cm}^{-3}$ で分子量が 18.02 であるから，$55.3 \text{ mol dm}^{-3}$ となる．

$$C = (1000 \times 0.997)/18.02 = 55.3 \text{ mol dm}^{-3}$$

この値を用いると，水のモル伝導度は次のようになる．

$$\Lambda = 10^{-3} \kappa / C = 1.05 \times 10^{-10} \, \Omega^{-1} \, \text{m}^2 \, \text{mol}^{-1}$$

水の極限モル伝導度は表 7.5 から次のように計算される．

$$\Lambda_0 = \lambda_0^+ + \lambda_0^- = 0.034982 + 0.01980 = 0.05478 \, \Omega^{-1} \, \text{m}^2 \, \text{mol}^{-1}$$

したがって，25°Cにおける水の解離度は次式で示される．

$$\alpha = \Lambda/\Lambda_0 = (1.05 \times 10^{-10})/0.05478 = 1.92 \times 10^{-9}$$

そこで，25°Cにおける水の解離定数 $K_\text{w}$（水のイオン積という）は次のように求められる．

$$[\text{H}^+] = [\text{OH}^-] = \alpha C = 1.06 \times 10^{-7} \text{ mol dm}^{-3}$$

$$K_\text{w} = [\text{H}^+][\text{OH}^-] = 1.12 \times 10^{-14}$$

### b. 伝導度滴定

酸–塩基滴定（中和滴定）の終点を伝導度の変化により調べることができる．塩酸を水酸化ナトリウムで滴定したときの伝導度変化について考えると，中和点までは伝導度は低下し，中和点を過ぎると伝導度は増加する．はじめに伝導度が低下するのは，イオン伝導度の大きい $H^+$ がイオン伝導度の小さい $Na^+$ に置き換えられるためであり，中和点を過ぎて伝導度が増加するのは NaOH 添加によるイオン数の増加および $OH^-$ の大きいイオン伝導度のためである．

### c. 難溶性塩の溶解度や溶解度積の決定

AgCl，$BaSO_4$，$CaSO_4$ などの溶解度や溶解度積が測定できる．例えば，AgCl の飽和溶液の比伝導度を測ると，次のようである．

$$\kappa = 2.28 \times 10^{-4}\ \Omega^{-1}\ m^{-1}$$

AgCl は難溶性で溶解度 $C$ [mol dm$^{-3}$] はきわめて小さいので，$\Lambda = \Lambda_0$ と考えてよい．式 (7.9) より

$$\Lambda = 10^{-3}\kappa/C = \Lambda_0$$

$\Lambda_0$ は $Ag^+$ と $Cl^-$ の極限モルイオン伝導度から，次のように計算される．

$$\Lambda_0 = \lambda_0(Ag^+) + \lambda_0(Cl^-) = 0.01382\ \Omega^{-1}\ m^2\ mol^{-1}$$

したがって，AgCl の溶解度は次のように求められる．

$$C = 10^{-3}\kappa/\Lambda_0 = (10^{-3} \times 2.28 \times 10^{-4})/0.01382 = 1.65 \times 10^{-5}\ mol\ dm^{-3}$$

---

**column　発電機と京都市電**

ダイナモは，産業用電力供給に使われた最初の発電機である．ダイナモは電磁気学の原理を使い，整流子を用いて回転力を脈動する直流電流に変換する．1832年，フランスのヒポライト・ピクシー（Hippolyte Pixii）が世界初のダイナモをつくった．蹴上発電所は，日本最初の発電所で，琵琶湖疏水の水を利用して水力発電を行った．1890（明治23）年1月に工事着工，1891（明治24）年8月に運転開始した．1891（明治24）年11月に送電を開始した．発電された電気は1895（明治28）年2月に開通した京都電気鉄道・伏見線（日本で最初の市電）に電力を供給するなど，新しい産業の振興に大きく貢献し，京都市発展の一大原動力となった．

---

## ● 7.6　電池の起電力

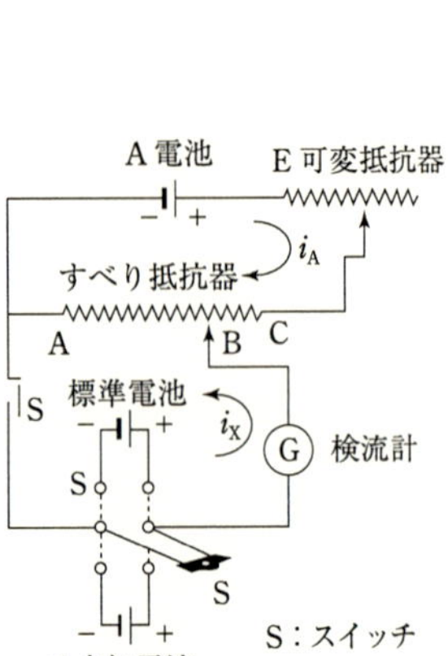

化学変化のエネルギーを電気エネルギーに変換する仕組みを**電池**という．電池を構成する一方の電極を**半電池**（half cell）とよび，半電池で起こる化学反応を**半反応**（half reaction）または**電極反応**という．2つの半電池を導線で連結すると電池が構成され，半電池の組合せにより一定の**起電力**（electromotive force；emf）を生じる．電池の起電力は，図7.4に示すように，補償法によって電池から電流が流れない状態にして測定される．半電池と半電池反応（半反応）には，次のいくつかのタイプがある．初めに代表的な電極の型について述べる．

### a. 気 体 電 極

白金電極と気体との組合せからなる半電池は**気体電極**とよばれる．次に示す水素ガス電極や塩素ガス電極は気体電極の代表例である．水素ガス電極の模式図を図7.5に示す．水素ガス電極と塩素ガス電極を電池の式で表すと次のように書かれ，これらの半電池で生じる半反応は下記のようである．

$$Pt\,|\,H_2(P\,atm)\,|\,H^+(C\,mol\ dm^{-3}) \qquad 半反応\ H^+ + e^- \rightleftharpoons 1/2\,H_2$$

$$Pt\,|\,Cl_2(P\,atm)\,|\,Cl^-(C\,mol\ dm^{-3}) \qquad 半反応\ 1/2\,Cl_2 + e^- \rightleftharpoons Cl^-$$

**図7.4** 補償法による電池の起電力の測定

> **column**
> **補償法による電池の起電力測定**
>
> 補償法の重要な点は，電流が流れない条件で電池の起電力(電圧)を測定するので，正しい起電力が測れることである．電流が流れると，電極近傍で電解質濃度が変化するので，正しい起電力とならない．図7.4を参照して考えよう．電池A(起電力既知)からの電流 $i_A$ と起電力未知の電池Xからの電流 $i_x$ が等しいとき，検流計Ⓖに電流は流れない．電流 $i_A$ は，電池Aの電圧を $v_A$，回路の抵抗を $R_A$(長さAE)とすると，$i_A = v_A/R_A$ で示される．電流 $i_x$ は同じようにして $v_x$ と $R_x$(長さAB)を用いて，$i_x = v_x/R_x$ となる．$i_A = i_x$ から起電力未知の電池の電圧 $v_x$ は，抵抗の比を用いて $v_x = (R_x/R_A)v_A$ として決めることができる．検流計に電流が流れない点は，可変抵抗やすべり抵抗を変えて，見つけることができる．

ここで，$P$ [atm] は $H_2$ の圧力で，$C$ [mol dm$^{-3}$] は $H^+$ 濃度である．

### b. 酸化還元電極

2つの異なる酸化状態のイオンを含む溶液に白金電極のような不活性電極を入れたものを**酸化還元電極**という．以下に示すように，鉄イオンや銅イオンを含む酸化還元電極がある．

$$\text{Pt} \mid \text{Fe}^{2+}(C_1),\ \text{Fe}^{3+}(C_2) \qquad \text{半反応}\ \text{Fe}^{3+} + e^- \rightleftharpoons \text{Fe}^{2+}$$
$$\text{Pt} \mid \text{Cu}^{+}(C_1),\ \text{Cu}^{2+}(C_2)$$
$$\text{Pt} \mid \text{Tl}^{+}(C_1),\ \text{Tl}^{3+}(C_2)$$

ここで，$C_1, C_2$ はそれぞれのイオンのモル濃度である．

### c. 金属・金属イオン電極

金属イオンの水溶液に同種の金属板を入れたものを**金属・金属イオン電極**という．一例として，銀イオンを含む水溶液に銀板を入れた電極や銅イオンを含む水溶液に銅板を入れた電極がある．

$$\text{Ag} \mid \text{Ag}^+(C) \qquad \text{半反応}\ \text{Ag}^+ + e^- \rightleftharpoons \text{Ag}$$
$$\text{Cu} \mid \text{Cu}^{2+}(C)$$
$$\text{Zn} \mid \text{Zn}^{2+}(C)$$

図7.5 水素ガス電極

ただし，活性の高い金属は水と反応するので，このような電極には使えない．

### d. アマルガム電極

金属・金属イオン電極をつくれない Na, Ca, K などの活性の高い金属は，Hg により合金(アマルガム)にして電極がつくられる．これを**アマルガム電極**という．

$$\text{Na}(\text{Hg}C_1) \mid \text{Na}^+(C_2) \qquad \text{半反応}\ \text{Na}^+ + e^- \rightleftharpoons \text{Na}$$

ここで，$C_1$ は Hg 中の Na の濃度，$C_2$ は水溶液中の $\text{Na}^+$ 濃度である．

### e. 金属・難溶塩電極

金属電極がその難溶塩に接し，この塩が塩の陰イオンを含む水溶液に接している形の電極を**金属・難溶塩電極**という．**カロメル電極** (calomel electrode；甘コウ ($\text{Hg}_2\text{Cl}_2$) 電極ともいう) や**銀・塩化銀電極**があり，これらは**比較電極** (reference electrode) として用いられるので重要である．カロメル電極の模式図を図7.6に示す．カロメル電極の電池の式と半電池反応は次のようである．

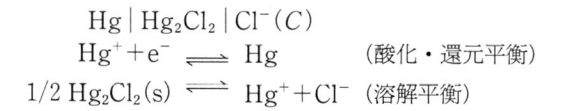

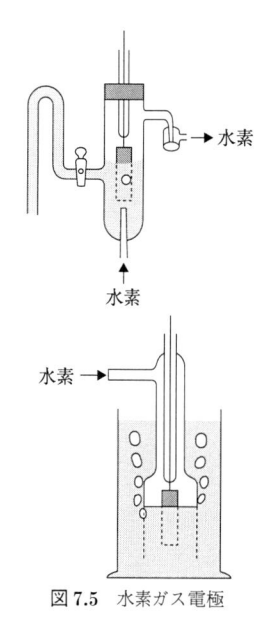

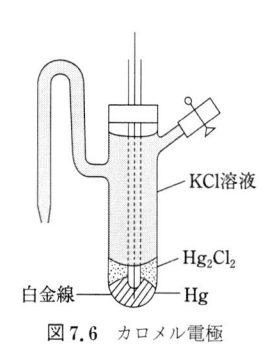

図7.6 カロメル電極

$$\text{Hg} \mid \text{Hg}_2\text{Cl}_2 \mid \text{Cl}^-(C)$$
$$\text{Hg}^+ + e^- \rightleftharpoons \text{Hg} \qquad (\text{酸化・還元平衡})$$
$$1/2\ \text{Hg}_2\text{Cl}_2(s) \rightleftharpoons \text{Hg}^+ + \text{Cl}^- \qquad (\text{溶解平衡})$$

---

$$\text{半反応}\ 1/2\ \text{Hg}_2\text{Cl}_2(s) + e^- \rightleftharpoons \text{Hg} + \text{Cl}^-$$

銀・塩化銀電極の電池式と半電池反応は次のようである．

$$Ag \mid AgCl \mid Cl^- (C)$$

$$Ag^+ + e^- \rightleftharpoons Ag \quad (酸化・還元平衡)$$

$$AgCl(s) \rightleftharpoons Ag^+ + Cl^- \quad (溶解平衡)$$

半反応 $AgCl(s) + e^- \rightleftharpoons Ag + Cl^-$

例えば，水素ガス電極と銀・塩化銀電極を組み合わせると，次のように表される電池ができる．その電池反応は以下に示すようである．

$$Pt \mid H_2(1\,atm) \mid H^+(C), \quad Ag \mid AgCl \mid Cl^-(C)$$

電解質に2つの半電池に共通な HCl を用いると，この電池は次のように表される．

$$Pt \mid H_2(1\,atm) \mid HCl(C) \mid AgCl \mid Ag$$

左側の電極　　　　　右側の電極
負極，酸化反応　　　正極，還元反応

右の電極：$AgCl + e^- \rightleftharpoons Ag + Cl^-$ （還元反応）
左の電極：$1/2\,H_2 \rightleftharpoons H^+ + e^-$ （酸化反応）

電池反応：$AgCl + 1/2\,H_2 \rightleftharpoons Ag + H^+ + Cl^-$

起電力は正であり，標準起電力の値は $+0.2225\,V$ である．

---

**column**
**比較電極とは？**

電極1本では起電力または電圧は測れない．それで電極電位がいつも一定である比較電極を相手の電極として用いて，起電力または電圧を測定する．このような目的で用いられる比較電極は，飽和銀・塩化銀電極と飽和カロメル電極である．どちらも電解質に飽和 KCl 溶液を用いているので，その電極電位がいつも一定なのである．飽和という表現は，飽和 KCl 溶液を用いていることからつけられている．飽和銀・塩化銀電極の電極電位は，飽和 KCl の活量を $a_{Cl^-}$ とすると次のように表される．

$$V = V^\ominus - RT/nF \ln a_{Cl^-}$$

---

## ● 7.7 標準電極電位

25℃，1 atm の標準状態での半電池の還元電位 $V^\ominus$ を**標準電極電位**（standard electrode potential）という．種々の半電池の組合せからできる電池の起電力を測定し，表にまとめることは実行不可能であり，あまり意味のあることと思えない．半電池の電位を表す方法を考え，半電池の電位の表をつくり，この半電池電位から任意の2つの半電池からなる電池の起電力を決める方法があると便利である．このような考えから，標準電極電位というものが考え出された．標準電極電位を決めるには，次のような約束がなされる．

(1) 電池の起電力は，右の電極の電位から左の電極の電位を差し引きして求められる．

$$E^\ominus(\text{emf}) = V^\ominus_{\text{right}} - V^\ominus_{\text{left}}$$

(2) 左の電極には基準電極として標準水素ガス電極を用いるものとする．

(3) 標準水素ガス電極，すなわち標準状態にある水素ガス電極の電位を 0 V とする．ここで，標準状態とは水素圧が 1 atm，水素イオンが単位活量（$a=1$），25℃ であることを意味し，他の電極についてもイオン濃度は活量 $a=1$ を標準状態とする．

(4) 得られた半電池の電位は還元電位で表す．

　(1)〜(4)の約束をすると，標準状態での半電池の電位，すなわち標準電極電位を決めることが可能になる．ある1つの半電池を水素ガス電極を基準電極に用いて起電力を測定すると，測定された起電力が右側の半電池の電位である．これをこの半電池の標準電極電位といい，$V^\ominus$ で表す．

　例えば，水素ガス電極と塩素ガス電極からなる電池を考えてみよう．この電池の起電力を測定すると，標準水素ガス電極の電位がゼロであるから，塩素ガス電極の標準電極電位は，次のようにして決めることができる．

$$\mathrm{Pt} \mid \mathrm{H}_2(1\ \mathrm{atm}) \mid \mathrm{HCl}(a=1) \mid \mathrm{Cl}_2(1\ \mathrm{atm}) \mid \mathrm{Pt}$$

右の電極：$1/2\,\mathrm{Cl}_2 + e^- \rightleftharpoons \mathrm{Cl}^-$　　　$V^\ominus_{\mathrm{right}} = +1.3595\ \mathrm{V}$
左の電極：$1/2\,\mathrm{H}_2 \rightleftharpoons \mathrm{H}^+ + e^-$　　$-)\ V^\ominus_{\mathrm{left}} = 0\ \mathrm{V}$（約束）
―――――――――――――――――――――――――――
　　　　$1/2\,\mathrm{Cl}_2 + 1/2\,\mathrm{H}_2 \rightleftharpoons \mathrm{H}^+ + \mathrm{Cl}^-$　　　$E^\ominus = +1.3595\ \mathrm{V}$

$$E^\ominus = V^\ominus_{\mathrm{right}} - V^\ominus_{\mathrm{left}} = +1.3595\ \mathrm{V}$$

すなわち，測定された電池の起電力が塩素ガス電極の標準電極電位に等しい．

　実際に標準電極電位を求めるのに，いつも水素ガス電極を用いる必要はない．電位のわかっている半電池を比較電極に用いて，電位未知の半電池との組合せか

**表7.7**　25°Cにおける標準電極電位（酸性溶液 $a_{\mathrm{H}^+}=1$）

| 電極 | 電極反応 | $V^\ominus$ [V] |
|---|---|---|
| $\mathrm{Pt} \mid \mathrm{F}_2 \mid \mathrm{F}^-$ | $\mathrm{F}_2(g) + 2e^- = 2\mathrm{F}^-$ | +2.87 |
| $\mathrm{Pt} \mid \mathrm{H}_2\mathrm{O}_2 \mid \mathrm{H}^+$ | $\mathrm{H}_2\mathrm{O}_2 + 2\mathrm{H}^+ + 2e^- = 2\mathrm{H}_2\mathrm{O}$ | +1.77 |
| $\mathrm{Pt} \mid \mathrm{Mn}^{2+},\ \mathrm{MnO}_4^-$ | $\mathrm{MnO}_4^- + 8\mathrm{H}^+ + 5e^- = \mathrm{Mn}^{2+} + 4\mathrm{H}_2\mathrm{O}$ | +1.51 |
| $\mathrm{Pt} \mid \mathrm{Cl}_2 \mid \mathrm{Cl}^-$ | $\mathrm{Cl}_2 + 2e^- = 2\mathrm{Cl}^-$ | +1.3595 |
| $\mathrm{Pt} \mid \mathrm{Tl}^+,\ \mathrm{Tl}^{3+}$ | $\mathrm{Tl}^{3+} + 2e^- = \mathrm{Tl}^+$ | +1.25 |
| $\mathrm{Pt} \mid \mathrm{Br}_2 \mid \mathrm{Br}^-$ | $\mathrm{Br}_2 + 2e^- = 2\mathrm{Br}^-$ | +1.065 |
| $\mathrm{Ag} \mid \mathrm{Ag}^+$ | $\mathrm{Ag}^+ + e^- = \mathrm{Ag}$ | +0.7991 |
| $\mathrm{Pt} \mid \mathrm{Fe}^{2+},\ \mathrm{Fe}^{3+}$ | $\mathrm{Fe}^{3+} + e^- = \mathrm{Fe}^{2+}$ | +0.771 |
| $\mathrm{Pt} \mid \mathrm{O}_2 \mid \mathrm{H}_2\mathrm{O}_2$ | $\mathrm{O}_2 + 2\mathrm{H}^+ + 2e^- = \mathrm{H}_2\mathrm{O}_2$ | +0.682 |
| $\mathrm{Pt} \mid \mathrm{I}_2 \mid \mathrm{I}^-$ | $\mathrm{I}_3^- + 2e^- = 3\mathrm{I}^-$ | +0.536 |
| $\mathrm{Cu} \mid \mathrm{Cu}^{2+}$ | $\mathrm{Cu}^{2+} + 2e^- = \mathrm{Cu}$ | +0.337 |
| $\mathrm{Pt} \mid \mathrm{Hg} \mid \mathrm{Hg}_2\mathrm{Cl}_2 \mid \mathrm{Cl}^-$ | $\mathrm{Hg}_2\mathrm{Cl}_2 + 2e^- = 2\mathrm{Cl}^- + 2\mathrm{Hg}$ | +0.2676 |
| $\mathrm{Ag} \mid \mathrm{AgCl} \mid \mathrm{Cl}^-$ | $\mathrm{AgCl} + e^- = \mathrm{Ag} + \mathrm{Cl}^-$ | +0.2225 |
| $\mathrm{Pt} \mid \mathrm{Cu}^+,\ \mathrm{Cu}^{2+}$ | $\mathrm{Cu}^{2+} + e^- = \mathrm{Cu}^+$ | +0.153 |
| $\mathrm{Cu} \mid \mathrm{CuCl} \mid \mathrm{Cl}^-$ | $\mathrm{CuCl} + e^- = \mathrm{Cu} + \mathrm{Cl}^-$ | +0.137 |
| $\mathrm{Ag} \mid \mathrm{AgBr} \mid \mathrm{Br}^-$ | $\mathrm{AgBr} + e^- = \mathrm{Ag} + \mathrm{Br}^-$ | +0.0713 |
| $\mathrm{Pt} \mid \mathrm{H}_2 \mid \mathrm{H}^+$ | $2\mathrm{H}^+ + 2e^- = \mathrm{H}_2$ | 0.0000 |
| $\mathrm{Pb} \mid \mathrm{Pb}^{2+}$ | $\mathrm{Pb}^{2+} + 2e^- = \mathrm{Pb}$ | −0.126 |
| $\mathrm{Ag} \mid \mathrm{AgI} \mid \mathrm{I}^-$ | $\mathrm{AgI} + e^- = \mathrm{Ag} + \mathrm{I}^-$ | −0.1518 |
| $\mathrm{Cu} \mid \mathrm{CuI} \mid \mathrm{I}^-$ | $\mathrm{CuI} + e^- = \mathrm{Cu} + \mathrm{I}^-$ | −0.1852 |
| $\mathrm{Pb} \mid \mathrm{PbSO}_4 \mid \mathrm{SO}_4^{2-}$ | $\mathrm{PbSO}_4 + 2e^- = \mathrm{Pb} + \mathrm{SO}_4^{2-}$ | −0.3588 |
| $\mathrm{Pt} \mid \mathrm{Ti}^{2+},\ \mathrm{Ti}^{3+}$ | $\mathrm{Ti}^{3+} + e^- = \mathrm{Ti}^{2+}$ | −0.369 |
| $\mathrm{Cd} \mid \mathrm{Cd}^{2+}$ | $\mathrm{Cd}^{2+} + 2e^- = \mathrm{Cd}$ | −0.403 |
| $\mathrm{Fe} \mid \mathrm{Fe}^{2+}$ | $\mathrm{Fe}^{2+} + 2e^- = \mathrm{Fe}$ | −0.4402 |
| $\mathrm{Cr} \mid \mathrm{Cr}^{3+}$ | $\mathrm{Cr}^{3+} + 3e^- = \mathrm{Cr}$ | −0.744 |
| $\mathrm{Zn} \mid \mathrm{Zn}^{2+}$ | $\mathrm{Zn}^{2+} + 2e^- = \mathrm{Zn}$ | −0.7628 |
| $\mathrm{Mn} \mid \mathrm{Mn}^{2+}$ | $\mathrm{Mn}^{2+} + 2e^- = \mathrm{Mn}$ | −1.180 |
| $\mathrm{Al} \mid \mathrm{Al}^{3+}$ | $\mathrm{Al}^{3+} + 3e^- = \mathrm{Al}$ | −1.662 |
| $\mathrm{Mg} \mid \mathrm{Mg}^{2+}$ | $\mathrm{Mg}^{2+} + 2e^- = \mathrm{Mg}$ | −2.363 |
| $\mathrm{Na} \mid \mathrm{Na}^+$ | $\mathrm{Na}^+ + e^- = \mathrm{Na}$ | −2.7142 |
| $\mathrm{Ca} \mid \mathrm{Ca}^{2+}$ | $\mathrm{Ca}^{2+} + 2e^- = \mathrm{Ca}$ | −2.866 |
| $\mathrm{Ba} \mid \mathrm{Ba}^{2+}$ | $\mathrm{Ba}^{2+} + 2e^- = \mathrm{Ba}$ | −2.906 |
| $\mathrm{K} \mid \mathrm{K}^+$ | $\mathrm{K}^+ + e^- = \mathrm{K}$ | −2.925 |
| $\mathrm{Li} \mid \mathrm{Li}^+$ | $\mathrm{Li}^+ + e^- = \mathrm{Li}$ | −3.045 |

らその起電力を測定すると電位未知の半電池の標準電極電位が求められる．このような目的で比較電極として用いられる電極に飽和カロメル電極と飽和銀・塩化銀電極がある．標準電極電位の値は表 7.7 に示されている．表 7.7 の標準電極電位の値を用いると，あらゆる電池の標準起電力が計算できる．イオン化傾向や電気化学系列とよばれているものは，標準電極電位を定性的に表現したものである．

## ● 7.8 起電力の濃度変化

活量 1 の標準状態にある電池の起電力が標準電極電位の値を使って計算できることはすでに述べた．次に，電池の起電力の電解質濃度による変化について考えてみよう．

次のような化学変化を生じる電池を考える．

$$a\text{A} + b\text{B} \rightleftharpoons c\text{C} + d\text{D} \tag{7.32}$$

A の化学ポテンシャル $\mu_A$ は，A の活量を $a_A$，標準状態での A の化学ポテンシャルを $\mu^{\ominus}_A$ とすると，次式で表される．

$$\mu_A = \mu^{\ominus}_A + RT \ln a_A \tag{7.33}$$

そこで，A の $a$ [mol] がもつ化学ポテンシャルは次式となる．

$$a\mu_A = a\mu^{\ominus} + aRT \ln a_A \tag{7.34}$$

B，C，D についても，同様に次式で表される．

$$b\mu_B = b\mu^{\ominus}_B + bRT \ln a_B$$
$$c\mu_C = c\mu^{\ominus}_C + cRT \ln a_C \tag{7.35}$$
$$d\mu_D = d\mu^{\ominus}_D + dRT \ln a_D$$

式 (7.32) で示された電池反応のギブズエネルギー変化 $\Delta G$ は次の式で計算される．

$$\Delta G = \sum \mu_{\text{product}} - \sum \mu_{\text{reactant}} = (c\mu_C + d\mu_D) - (a\mu_A + b\mu_B)$$

$$= (c\mu^{\ominus}_C + d\mu^{\ominus}_D) - (a\mu^{\ominus}_A + b\mu^{\ominus}_B) + RT \ln \frac{a_C^c a_D^d}{a_A^a a_B^b} \tag{7.36}$$

$$= \Delta G^{\ominus} + RT \ln \frac{a_C^c a_D^d}{a_A^a a_B^b}$$

ここで，$\Delta G^{\ominus}$ は標準状態（反応物質，生成物の活量が 1，25°C，1 atm）にあるときの電池反応のギブズエネルギー変化である．平衡状態では $\Delta G = 0$ であるから，次の関係が得られる．

$$0 = \Delta G^{\ominus} + RT \ln \left( \frac{a_C^c a_D^d}{a_A^a a_B^b} \right)_{\text{eq}} \tag{7.37}$$

式 (7.37) から標準ギブズエネルギー変化と平衡定数の間に，次のような重要な関係が得られる．

$$\Delta G^{\ominus} = -RT \ln K \tag{7.38}$$

一方，ギブズエネルギー変化と起電力の間には次の関係式がある

$$\Delta G = -nFE \quad \text{または} \quad \Delta G^{\ominus} = -nFE^{\ominus} \tag{7.39}$$

式 (7.36) に (7.39) を代入すると，次式となる．

$$-nFE = -nFE^{\ominus} + RT \ln \frac{a_C^c a_D^d}{a_A^a a_B^b} \tag{7.40}$$

両辺を $-nF$ で割ると，電池の起電力を種々の電解質濃度の条件で計算できる式が誘導される．

$$E = E^\ominus - \frac{RT}{nF} \ln \frac{a_C{}^c a_D{}^d}{a_A{}^a a_B{}^b} \tag{7.41}$$

この式は**ネルンスト式**（Nernst, 1889年）とよばれ，電池の起電力の濃度依存性を示す式である．式中の $R$ は $8.314 \text{ J mol}^{-1}\text{K}^{-1}$ であり，$E^\ominus$ は標準状態における起電力である．25°Cでは，式(7.41)は次のようになる．

$$E = E^\ominus - \frac{0.05915}{n} \log \frac{a_C{}^c a_D{}^d}{a_A{}^a a_B{}^b} \tag{7.42}$$

例えば，次の電池反応にネルンスト式を適用してみよう．この電池は水素ガス電極と銀・塩化銀電極を組み合わせたもので，水素圧は $P$ [atm]，塩酸の活量は $a$ である．

$$\text{Pt} \mid \text{H}_2(P\text{atm}) \mid \text{HCl}(a) \mid \text{AgCl} \mid \text{Ag}$$

右の電極：$\text{AgCl(s)} + e^- \rightleftharpoons \text{Ag} + \text{Cl}^-(a)$   $V^\ominus{}_{\text{right}} = +0.2225 \text{ V}$

左の電極：$1/2\ \text{H}_2 \rightleftharpoons \text{H}^+(a) + e^-$  ) $V^\ominus{}_{\text{left}} = 0 \text{ V}$

$$\text{AgCl(s)} + 1/2\ \text{H}_2 \rightleftharpoons \text{Ag} + \text{Cl}^-(a) + \text{H}^+(a) \quad E^\ominus = +0.2225 \text{ V}$$

上の電池反応にネルンスト式を適用すると，次式が得られる．

$$E = E^\ominus - \frac{0.05915}{1} \log \frac{a_{\text{H}^+} a_{\text{Cl}^-}}{a_{\text{H}_2}{}^{1/2}} \tag{7.43}$$

純粋な固相である AgCl, Ag の活量は 1 に等しいので，上式の表現では除去されている．気体の活量は**フガシティ**とよばれ，分圧を活量係数で補正したものである．

$$a_{\text{H}_2} = f_{\text{H}_2} = \gamma\ p_{\text{H}_2}$$

低圧では，すなわち数 atm ～数十 atm では気体は理想的に挙動するので，$\gamma = 1$，$a_{\text{H}_2} = p_{\text{H}_2}$ の関係が成り立つ．水溶液中のイオン種の活量は，電解質溶液の理論から次のように濃度と活量係数の積で表される．

$$a_{\text{H}^+} = \gamma_{\text{H}^+} C_{\text{H}^+}, \quad a_{\text{Cl}^-} = \gamma_{\text{Cl}^-} C_{\text{Cl}^-} \tag{7.44}$$

式(7.43)に(7.44)の関係を代入すると，次式が得られる．

$$E = E^\ominus - \frac{0.05915}{1} \log \frac{\gamma_\pm{}^2 C^2}{p_{\text{H}_2}{}^{1/2}} \tag{7.45}$$

上の式から，任意の HCl 濃度および $\text{H}_2$ 分圧のときの起電力が計算できる．また逆に，いくつかの HCl 濃度で $E$ を実測すると，活量係数を決定することができる．

**【例題 7.3】** 平衡定数の計算：ダニエル電池で生じる反応の平衡定数を求めよ．$\text{Cu} \mid \text{Cu}^{2+}$, $\text{Zn} \mid \text{Zn}^{2+}$ の標準電極電位は，それぞれ $0.337 \text{ V}$, $-0.7631 \text{ V}$ とする．

［解］ ダニエル電池の標準起電力は，

$E^\ominus = 0.337 - (-0.7631) = 1.10 \text{ V}$

$\ln K = \dfrac{nFE^\ominus}{RT} = \dfrac{2 \times 96500 \text{ C mol}^{-1} \times 1.10 \text{ V}}{8.314 \text{ J K}^{-1} \text{ mol}^{-1} \times 298 \text{ K}} = 85.7, \quad K = 1.64 \times 10^{37}$

この大きい平衡定数の値は，銅を亜鉛で置換する反応がほぼ完全に進行することを示している．

## 7.9 濃淡電池

まったく同じ半電池を2つ接続すると，両電極間に電位差はなく，起電力は生じない．ところが，半電池の電極部または電解質溶液部に濃度の違いがあるときには，起電力が発生する．これを**濃淡電池**(concentration cell)という．濃淡電池には，電極濃淡電池と電解質濃淡電池がある．気体電極やアマルガム電極で，気体圧力やアマルガム中の金属濃度に違いがあるときには，これを電極濃淡電池という．一方，電解質溶液の濃度に違いがあるときには，これを電解質濃淡電池という．

塩酸濃度の異なる2つの水素ガス電極からなる電解質濃淡電池を考えてみよう．

$$\text{Pt} \mid \text{H}_2(1\,\text{atm}) \mid \text{HCl}(a_1) \mid \text{HCl}(a_2) \mid \text{H}_2(1\,\text{atm}) \mid \text{Pt}$$

電極反応と電池反応は次のとおりである．

$$\begin{aligned}
\text{右の電極}&: \text{H}^+(a_2) + \text{e}^- \rightleftharpoons 1/2\,\text{H}_2 & V^\ominus &= 0\,\text{V} \\
\text{左の電極}&: 1/2\,\text{H}_2 \rightleftharpoons \text{H}^+(a_1) + \text{e}^- \quad -) & V^\ominus &= 0\,\text{V} \\
\hline
\text{電池反応}&: \text{H}^+(a_2) \rightleftharpoons \text{H}^+(a_1) & E^\ominus &= 0\,\text{V}
\end{aligned}$$

上の電池反応にネルンスト式を適用すると，この電池の起電力が得られる．

$$E = E^\ominus - \frac{RT}{nF} \ln \frac{(a_{\text{H}^+})_1}{(a_{\text{H}^+})_2} = -0.05915 \times \log \frac{(a_{\text{H}^+})_1}{(a_{\text{H}^+})_2} \tag{7.46}$$

すなわち，$(a_{\text{H}^+})_2 > (a_{\text{H}^+})_1$ のときに，正の起電力が得られる．

起電力が式 (7.46) で示される上記の水素イオン濃度の異なる濃淡電池では，実際には HCl $(a_1)$ と HCl $(a_2)$ とを隔てるための仕切りが必要である．この仕切りを**液体連絡** (liquid junction) といい，液体連絡の部分で電位差が生じる．これを**液間電位差** (液間起電力，junction potential) という．液間起電力が生じる原因は，イオンの輸率がイオンの種類によって異なるためである．液間電位差の値は，イオンの輸率や濃度により異なるが，5～30 mV である．液間電位差 $E_j$ は次の式で計算される．

$$\begin{aligned}
E_j &= -(2\,t_- - 1) \times 0.05915 \times \log \frac{(a_\pm)_1}{(a_\pm)_2} \\
&= (t_+ - t_-) \times 0.05915 \times \log \frac{(a_\pm)_1}{(a_\pm)_2}
\end{aligned} \tag{7.47}$$

式 (7.47) から液間電位差はイオンの輸率の差 $(t_+ - t_-)$，電解質の活量 $(a_\pm)_1$ および $(a_\pm)_2$ によって決まることがわかる．そこで，液間電位差をなくすためには，輸率が 0.5 の電解質で液体連絡をつくり，2つの半電池をつなぐとよい．この目的で作られる液体連絡を**塩橋** (salt bridge) という．

---

**column**
**塩橋のつくり方**

塩化カリウムや硝酸アンモニウムのような輸率が 0.5 の電解質で液体連絡をつくると，液間電位差がゼロになる．塩橋はこの目的でつくられる．寒天 2g と上記の電解質の飽和溶液約 30 cm³ をビーカー中で加熱・沸騰させた後，さらに弱火で 2～3 分間加熱を続ける．加熱をやめて，よく撹拌してこの混合液を U 字形ガラス管にゴム管を用いて吸い上げ，すぐに冷水をかけて凝固させる．このようにして，塩橋をつくることができる．

塩橋により液間電位差が除去された電池では，電池の式に ‖ を用いる．そこで，塩酸濃度の異なる水素ガス電極からなる濃淡電池は，次のような表現となる．

$$\text{Pt} \mid \text{H}_2(1\,\text{atm}) \mid \text{HCl}(C_1) \parallel \text{HCl}(C_2) \mid \text{H}_2(1\,\text{atm}) \mid \text{Pt}$$

## ● 7.10　起電力測定の応用

電池の起電力測定を応用すると，以下に示すような物理化学定数の測定や分析化学の分野に利用することができる．

(1) 反応の $\Delta G$ の決定，(2) 平衡定数の決定，(3) 活量，活量係数の決定，
(4) 電位差滴定(定量分析への応用)，(5) pH 測定

上の中で，反応の $\Delta G$ が起電力測定から決定できることはすでに示したので，以下に (2) から (5) の項目について，順に説明する．

電池の起電力 $E^\ominus$ と反応の自由エネルギー変化 $\Delta G^\ominus$ と平衡定数の間には次の関係が成り立つことはすでに述べた．

$$\Delta G^\ominus = -RT \ln K, \quad \Delta G^\ominus = -nFE^\ominus \tag{7.48}$$

$$\ln K = nFE^\ominus / RT \tag{7.49}$$

電池の標準起電力 $E^\ominus$ を標準電極電位から計算すると，この値から 25℃ での平衡定数が決定できる．他の温度での $K$ の値は必要な温度で起電力を測定するか，またはファントホッフの式 (1884 年) から推定される．ファントホッフの式は次のように平衡定数 $K$ と反応熱 $\Delta H$ と温度 $T$ とを関係づける式である．

$$d\ln K / dT = \Delta H / RT^2 \tag{7.50}$$

平衡定数を決定する例として，AgCl(s) の溶解度積を求めてみよう．溶解度積は次の反応の平衡定数である．

$$\text{AgCl(s)} \rightleftharpoons \text{Ag}^+ + \text{Cl}^-$$

この反応の平衡定数を求めるためには，次の電池を考えることが必要である．

$$\text{Ag} \mid \text{Ag}^+\text{Cl}^- \mid \text{AgCl(s)} \mid \text{Ag}$$
　　銀電極　　　　　銀・塩化銀電極

右の電極：$\text{AgCl(s)} + e^- \rightleftharpoons \text{Ag} + \text{Cl}^-$　　$V^\ominus = 0.2225\,\text{V}$
左の電極：$\text{Ag} \rightleftharpoons \text{Ag}^+ + e^-$　　$-)\ V^\ominus = 0.7991\,\text{V}$
――――――――――――――――――――――――――――
　　$\text{AgCl(s)} \rightleftharpoons \text{Ag}^+ + \text{Cl}^-$　　$E^\ominus = -0.5766\,\text{V}$

この電池にネルンスト式を適用して，次の関係を得る．

$$E = E^\ominus - \frac{RT}{nF} \ln \frac{a_{\text{Ag}^+} a_{\text{Cl}^-}}{a_{\text{AgCl}}}$$

平衡状態では，$\Delta G = 0$，すなわち $E = 0$ であるから，次の関係を得る．

$$E^\ominus = \frac{RT}{nF} \ln (a_{\text{Ag}^+} a_{\text{Cl}^-})_{\text{eq}} = \frac{RT}{nF} \ln K$$

これを書き換えると次式となる．

$$\ln K = \frac{nFE^\ominus}{RT} = \frac{1 \times 96500 \times (-0.5766)}{8.314 \times 298} = -22.45$$

$$K = 1.76 \times 10^{-10}$$

このようにして，AgCl(s) の溶解度積を求めることができる．

電池の起電力の測定から活量係数を決定できる．例えば，次のような電池の起電力を塩酸濃度 $C$ を変えて測定すると，塩酸の平均活量係数が決定できる．

$$\text{Pt} \mid \text{H}_2(1\,\text{atm}) \mid \text{HCl}(C) \mid \text{AgCl} \mid \text{Ag}$$

上の電池に対するネルンスト式は次のとおりである．$a_{\text{H}_2}$ は 1 atm の水素ガスの活量であり，低圧なので活量係数を 1 とすると，$a_{\text{H}_2}=1$ となる．

$$E = E^{\ominus} - \frac{0.05915}{1} \log \frac{a_{\text{H}^+}a_{\text{Cl}^-}}{a_{\text{H}_2}^{1/2}}$$

$$E = E^{\ominus} - 0.05915 \log(a_{\text{H}^+}a_{\text{Cl}^-})$$

活量項を濃度と活量係数の積で置き換えると，次式が得られる．

$$E = E^{\ominus} - 0.05915 \log(\gamma_{\text{H}^+}\cdot\gamma_{\text{Cl}^-}) - 0.05915 \log(C_{\text{H}^+}C_{\text{Cl}^-})$$

さらに，平均活量係数を用いると，次のように変形される．

$$C = C_{\text{H}^+} = C_{\text{Cl}^-}, \quad \gamma_{\pm}^2 = \gamma_{\text{H}^+}\cdot\gamma_{\text{Cl}^-}$$

$$E = E^{\ominus} - 0.05915 \log \gamma_{\pm}^2 - 0.05915 \log C^2 \tag{7.51}$$

この式から，濃度 $C$ の塩酸を用いたときの電池の起電力 $E$ を測定して数値を代入すると，平均活量係数 $\gamma_{\pm}$ が得られる．

電位の急変によって滴定の終点を知る方法を**電位差滴定**という．例えば，Cl⁻ や Br⁻ などの定量をするとき，硝酸銀溶液を滴下してゆくと滴定の終点付近で銀濃度が急増する．このとき，水溶液中の銀濃度を銀電極と銀・塩化銀電極の組合せからなる電池の起電力を測定して知ることができる．滴定中の反応は，次式である．

$$\text{Ag}^+ + \text{Cl}^- \rightleftharpoons \text{AgCl(s)}\downarrow$$

銀電極と銀・塩化銀電極の組合せからなる電池の表現式および起電力は，次のとおりである．

$$\text{Ag} \mid \text{AgCl(s)} \mid \text{KCl(飽和)} \parallel \text{Ag}^+ \mid \text{Ag}$$

電池反応および起電力は，次のとおりである．

$$\text{Ag}^+ + \text{Cl}^- \rightleftharpoons \text{AgCl(s)}$$

$$E = E^{\ominus} - \frac{RT}{nF} \ln \frac{1}{a_{\text{Ag}^+}a_{\text{Cl}^-}}$$

比較電極に用いている飽和銀・塩化銀電極の半電池電位は一定であるから，銀電極の半電池電位を分離して示すと，次のようになる．

$$\text{Ag}^+ + e^- \rightleftharpoons \text{Ag}$$

$$V_{\text{Ag}} = V^{\ominus}_{\text{Ag}} - \frac{RT}{nF} \ln \frac{1}{a_{\text{Ag}^+}} = V^{\ominus}_{\text{Ag}} + \frac{RT}{nF} \ln a_{\text{Ag}^+} \tag{7.52}$$

式 (7.52) から銀の活量 $a_{\text{Ag}^+}$ または銀濃度が増加するにつれて，電位 $V_{\text{Ag}}$ が増加することがわかる．すなわち，滴定中の銀濃度の急変を電位 $V_{\text{Ag}}$ の変化により見出すことができる．滴定曲線の例を図 7.7 に示す．

水溶液の pH は，溶液中の水素イオン濃度（活量）によって電位が変化する電極を用いて，測定することができる．水素ガス電極は水溶液中の水素イオン濃度（活量）によって電位の変化する電極の 1 つである．

水 素 電 極　$\text{Pt} \mid \text{H}_2(1\,\text{atm}) \mid \text{H}^+(C)$

半電池反応　$\text{H}^+ + e^- \rightleftharpoons 1/2\,\text{H}_2$

半電池電位　$V_{\text{H}_2} = V^{\ominus}_{\text{H}_2} - \dfrac{RT}{nF} \ln \dfrac{a_{\text{H}_2}^{1/2}}{a_{\text{H}^+}}$ \hfill (7.53)

$$= V^{\ominus}_{\text{H}_2} + \frac{RT}{F} \ln a_{\text{H}^+} \tag{7.54}$$

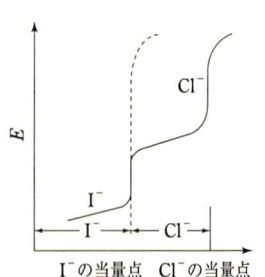

図 7.7　電位差滴定
（I⁻ の当量点　Cl⁻ の当量点　0.1 mol dm⁻³ AgNO₃/cm³）

比較電極にカロメル電極を選ぶと，次の電池ができ，この起電力を測定してpHを知ることができる．

$$\text{Pt} \mid \text{H}_2(1\,\text{atm}) \mid 溶液\,x \parallel \text{KCl} \mid \text{Hg}_2\text{Cl}_2 \mid \text{Hg}$$

この電池の起電力は次のようである．

$$E_x = V_{\text{Hg}_2\text{Cl}_2} - V_{\text{H}_2} = \left( V^{\ominus}_{\text{Hg}_2\text{Cl}_2} - \frac{RT}{F}\ln a_{\text{Cl}^-} \right) - \frac{RT}{F}\ln (a_{\text{H}^+})_x \qquad (7.55)$$

式 (7.55) で，塩素イオン濃度は飽和 KCl を用いたカロメル電極を使うと，その電位が一定不変となる．したがって，電池の起電力 $E_x$ は水溶液中の水素イオンの活量 $a_{\text{H}^+}$ だけによって決まることになる．

水溶液中の水素イオン濃度（活量）によって電位の変化する電極にガラス電極がある．水素ガス電極は水素イオン濃度に応答する電極であるが，水素ガス電極は取扱いが容易でない．そのかわりにガラス電極を用いて pH 測定が行われる．通常は，ガラス電極と飽和カロメル電極またはガラス電極と飽和銀・塩化銀電極の組合せを用いて pH 測定に利用する．

水溶液中の特定のイオンの濃度によって電位の変わる電極がある．銅電極や亜鉛電極はこのような作用をするが，他の成分が共存していても選択的に特定のイオンによって電位が変化するように工夫をした電極を**イオン選択性電極**という．イオン選択性電極と飽和銀・塩化銀電極の組合せを用いると，水溶液中の特定のイオンの濃度を連続的に測ることができる．水質管理などに利用される．

## 練 習 問 題 （7 章）

**7.1** 酢酸の水溶液中での解離度は濃度 $0.1\,\text{mol dm}^{-3}$ で 1.33% である．この水溶液の解離定数と pH を求めよ．また，いかなる濃度で 6% が解離するか．

**7.2** 298 K で $7.81\times10^{-3}\,\text{mol dm}^{-3}$ の酢酸の比伝導度は $0.03181\,\Omega^{-1}\,\text{m}^{-1}$ である．また，水素イオンと酢酸イオンの極限モルイオン伝導度はそれぞれ 0.0342 および $0.0041\,\Omega^{-1}\,\text{m}^2\,\text{mol}^{-1}$ である．この溶液の解離度を求めよ．

**7.3** デバイ-ヒュッケルの極限式を用いて $0.005\,\text{mol dm}^{-3}$ の $\text{BaCl}_2$ 水溶液中の $\text{Ba}^{2+}$，$\text{Cl}^-$ の活量係数と平均活量係数を求めよ．

**7.4** $0.0078\,\text{mol dm}^{-3}$ の酢酸水溶液の水素イオンと酢酸イオンの活量係数を求めよ．ただし，この濃度での酢酸の解離度は 4.8% である．

**7.5** $\text{H}^+$ の極限モル伝導度は $0.03498\,\Omega^{-1}\,\text{m}^2\,\text{eq}^{-1}$ で，$\text{Ac}^-$ のそれは $0.00409\,\Omega^{-1}\,\text{m}^2\,\text{mol}^{-1}$ である．$0.01\,\text{mol dm}^{-3}$ の HAc の比伝導度が $0.0163\,\Omega^{-1}\,\text{m}^{-1}$ であるとして，次の問に答えよ．
  (a) $0.01\,\text{mol dm}^{-3}$ HAc の解離度を求めよ．
  (b) $0.01\,\text{mol dm}^{-3}$ HAc の平均活量係数をデバイ-ヒュッケルの極限式から求めよ．
  (c) HAc の熱力学的解離定数を求めよ．

**7.6** 46.0 g の水に 1.63 g の $\text{BaCl}_2$ を溶かした溶液の沸点上昇は 0.26 K であった．この結果から，ファントホッフの $i$ 係数を次の手順で求めたい．ただし，Ba，Cl の原子量は 137，35.5 である．
  (a) 1 atm，373 K での水の蒸発熱を $40.66\,\text{J mol}^{-1}$ とすると，水のモル沸点上昇の値はいくらか．
  (b) 上記の実験から得られる $\text{BaCl}_2$ の分子量はいくらか．
  (c) ファントホッフの $i$ 係数を求めよ．

**7.7** 海水の 1 kg 中には 35 g の塩類が含まれている．この塩類がすべて NaCl であると仮定して，NaCl のファントホッフの $i$ 係数を 1.90 と考えると，この海水の凝固点，沸点および浸透圧 (25°C) はいくらか．海水の密度を $1.05\,\text{g cm}^{-3}$，$K_b = 0.512\,\text{deg (mol/kg)}^{-1}$，$K_f = 1.86\,\text{deg (mol/kg)}^{-1}$ とする．

**7.8** 伝導度測定用セルに $\text{CaF}_2$ を飽和した水溶液を入れて，コールラウシュ橋を用いてその抵抗値を測ると，$2.10\times10^4\,\Omega$ であった．また，容器定数を測るために，このセルに比伝導度が $\kappa = 1.29\,\Omega^{-1}\,\text{m}^{-1}$ とわかっている $0.1\,\text{mol dm}^{-3}$ の KCl 水溶液を入れてその抵抗値を測ると，$77.5\,\Omega$ であった．
  (a) $\text{CaF}_2$ 飽和溶液の伝導度 $[\Omega^{-1}]$ はいくらか．
  (b) 容器定数 $[\text{m}^{-1}]$ はいくらか．
  (c) $\text{CaF}_2$ 飽和溶液の比伝導度 $[\Omega^{-1}\,\text{m}^{-1}]$ はいくらか．

(d) $CaF_2$ の溶解度は小さく，$\Lambda = \Lambda_0$ とみなせるとすると，$CaF_2$ 飽和溶液の濃度 $[mol\ dm^{-3}]$ はいくらか．ただし，$CaF_2$ の極限モル伝導度は $2.36 \times 10^{-2}$ $\Omega^{-1}\ m^2\ mol^{-1}$ である．

(e) $CaF_2$ の溶解度積 $[(mol\ dm^{-3})^3]$ はいくらか．

**7.9** $NH_4Cl$ の 298 K における極限モル伝導度は $0.01497\ \Omega^{-1}\ m^2\ mol^{-1}$ であり，無限希釈での $NH_4^+$ の輸率は 0.4907 である．$NH_4^+$ と $Cl^-$ の極限モルイオン伝導度 $[\Omega^{-1}\ m^2\ mol^{-1}]$ と移動度 $[(m\ s^{-1})/(V\ m^{-1})]$ を求めよ．

**7.10** 次の電池で起こる電池反応を示せ．
(a) $Pt\,|\,H_2\,|\,HCl\,|\,Hg_2Cl_2(s)\,|\,Hg$
(b) $Pt\,|\,H_2\,|\,HI\,|\,I_2\,|\,Pt$

**7.11** 次の化学反応を電池反応にもつ電池を組み立て，298 K における標準起電力と標準ギブズエネルギーを求めよ．
(a) $Ag + 1/2\,Cl_2 \rightleftharpoons AgCl$
(b) $FeCl_2 + 1/2\,Cl_2 \rightleftharpoons FeCl_3$
(c) $Zn + Cl_2 \rightleftharpoons ZnCl_2$

**7.12** 次の電池の $E^\ominus$ は 298 K で 0.2225 V である．水素の圧力が 0.500 atm，HCl の濃度が $0.500\ mol\ dm^{-3}$ で，その平均活量係数が 0.757 であるとき，次の電池の起電力を求めよ．
$$Pt\,|\,H_2\,|\,HCl\,|\,AgCl(s)\,|\,Ag$$

**7.13** 次の電池の 298 K での起電力は，1.1566 V である．この測定値を利用して，$ZnCl_2$ の平均活量係数を求めよ．
$$Zn\,|\,ZnCl_2(0.01021\ mol\ dm^{-3})\,|\,AgCl\,|\,Ag$$
$Zn\,|\,Zn^{2+}$, $Ag\,|\,AgCl(s)\,|\,Cl^-$ の標準電極電位はそれぞれ $-0.7628$, $+0.2225$ V である．

**7.14** 次の電池の 298 K での起電力を求めよ．また，電池反応の $\Delta G^\ominus$, $K$ を求めよ．
$$Zn\,|\,ZnSO_4(0.01\,mol\ dm^{-3})\,\|\,CuSO_4(0.1\,mol\ dm^{-3})\,|\,Cu$$
$0.01\ mol\ dm^{-3}\ ZnSO_4$, $0.1\ mol\ dm^{-3}\ CuSO_4$ の平均活量係数 $\gamma_\pm$ は，それぞれ 0.387, 0.16 であり，$Zn\,|\,Zn^{2+}$, $Cu\,|\,Cu^{2+}$ の標準電極電位は，それぞれ $-0.7628$, $+0.337$ V である．

**7.15** $Ag\,|\,Ag^+\,\|\,Br^-\,|\,AgBr(s)\,|\,Ag$ の標準起電力を利用して，臭化銀の溶解度積を求めよ．$Ag\,|\,Ag^+$ および $Ag\,|\,AgBr(s)\,|\,Br^-$ の標準電極電位は，それぞれ $+0.7991$, $+0.0713$ V である．

**7.16** 次の濃淡電池の 298 K での起電力を求めよ．
$$Pt\,|\,H_2(P_1=1\,atm)\,|\,HCl\,|\,H_2(P_2=0.5\,atm)\,|\,Pt$$

**7.17** 次の濃淡電池の 298 K での起電力を次の手順で求めたい．
$$Pt\,|\,H_2(1\,atm)\,|\,CH_3COOH(0.1\,mol\ dm^{-3})\,\|\,HCl(0.1\,mol\ dm^{-3})\,|\,H_2(1\,atm)\,|\,Pt$$

(a) HAc の解離定数を $1.75 \times 10^{-5}$ として，HAc の解離度 $\alpha$ を求めよ．
(b) $0.1\ mol\ dm^{-3}$ HAc および $0.1\ mol\ dm^{-3}$ HCl の平均活量係数をデバイ-ヒュッケル式から求め，それぞれの $H^+$ の活量を計算せよ．
(c) この濃淡電池の起電力を求めよ．

# 8 化学反応速度

## ● 8.1 反応速度の定義と測定

### a. 反応速度の定義

一般に化学反応は，次の形で表すことができる．

$$a\mathrm{A} + b\mathrm{B} \rightleftharpoons p\mathrm{P} + q\mathrm{Q} \tag{8.1}$$

左辺を原系または反応系といい，右辺を生成系という．A, B は**反応物** (reactant) であり，P, Q は**生成物** (product) である．**反応速度** (reaction rate) は，単位時間内で単位体積中の反応物，例えば A が減少していく速度，あるいは生成物についていえば P が生成する速度のことをいう．A の物質量を $n_\mathrm{A}$，時間を $t$，反応が生じている場の体積を $V$ とすると，反応速度 $r$ は，

$$r = -\frac{1}{V}\frac{dn_\mathrm{A}}{dt} \tag{8.2}$$

で表すことができる．もし，体積 $V$ が一定であれば，$n_\mathrm{A}/V$ が A の濃度を表すことになる．

アンモニアの生成反応について，具体的に考えてみよう．

$$3\mathrm{H}_2 + \mathrm{N}_2 \rightleftharpoons 2\mathrm{NH}_3 \tag{8.3}$$

式 (8.2) から各成分の反応速度は

$$r_{\mathrm{H}_2} = -\frac{d[\mathrm{H}_2]}{dt}, \quad r_{\mathrm{N}_2} = -\frac{d[\mathrm{N}_2]}{dt}, \quad r_{\mathrm{NH}_3} = \frac{d[\mathrm{NH}_3]}{dt} \tag{8.4}$$

で表される．ここで濃度を [ ] で表すことにする．反応速度は，正の値で定義するから，負の値をもつ $d[\mathrm{H}_2]/dt$ と $d[\mathrm{N}_2]/dt$ には負符号をつけている．式 (8.3) と (8.4) からわかるように，各成分の反応速度には次の関係がある．

$$r_{\mathrm{H}_2} : r_{\mathrm{N}_2} : r_{\mathrm{NH}_3} = 3 : 1 : 2 \tag{8.5}$$

このことを考慮すると，式 (8.3) で表される反応の反応速度は次式で定義される．

$$r = -\frac{1}{3}\frac{d[\mathrm{H}_2]}{dt} = -\frac{d[\mathrm{N}_2]}{dt} = \frac{1}{2}\frac{d[\mathrm{NH}_3]}{dt} \tag{8.6}$$

式 (8.6) からわかるように，化学量論係数 $\nu_i$ を反応物に対して負，生成物に対して正にとると，一般的に反応成分 I についての反応速度は次式で定義される．

$$r = \frac{1}{\nu_i}\frac{d[\mathrm{I}]}{dt} \tag{8.7}$$

この値は与えられた反応に対して一意的に決まり，反応成分には依存しない．言い換えれば，同じ反応でも異なった量論関係で表すと反応速度の値は違ってくることになる．

反応速度は反応物の濃度に依存する．式 (8.1) の反応において，右向きの反応（正反応）の速度を $r_1$，左向きの反応（逆反応）の速度を $r_2$ とすると，

$$r_1 = k_1[\mathrm{A}]^{\alpha_1}[\mathrm{B}]^{\alpha_2} \tag{8.8}$$

$$r_2 = k_2[\mathrm{P}]^{\beta_1}[\mathrm{Q}]^{\beta_2} \tag{8.9}$$

で表される．ただし，$\alpha_1=a$, $\alpha_2=b$, $\beta_1=p$, $\beta_2=q$ の関係が必ずしも成り立つとは限らない．

式 (8.8) あるいは (8.9) における $k$ を**反応速度定数**（reaction rate constant）という．$k$ は温度のみの関数であり，温度一定の条件下では反応系の各成分の濃度には無関係な定数となる．

**b. 反応速度の測定**

反応速度の定義および反応速度定数の性質を考慮すると，基本的には反応速度は次のようにして測定される．

(1) 反応系全体の温度を一定に保ちつつ，反応物の初期の濃度（初濃度）をいろいろ変えて，その反応物の濃度の時間変化を測定する．
(2) 次に反応物の初濃度を一定にして，反応系の温度をいろいろ変えて反応物の濃度の時間変化を測定する．

以上の操作において反応の時間は正確に測定しておく必要がある．反応物の濃度の測定方法としては，遅い反応であれば，反応器から一定時間ごとに反応混合物の一定量を採取して濃度の変化量を測定する．速い反応の場合にはスペクトル法によることが多く，紫外線吸収などのスペクトルの変化を連続的に追跡して濃度の変化量を測定することになる．

## ● 8.2 反応分子数と反応次数

反応速度は反応物の濃度に依存することはすでに述べた．化学反応を反応に関与する分子の数で分類するときに1分子反応，2分子反応という表現をすることがある．このような**分子数**（molecularity）による表現は，反応機構を分子レベルで表す場合に用いられており，後述する素反応に関与する分子数を表す．化学反応は反応物が活性化エネルギーを得て，遷移状態を経て進行する．その状態をつくるときに関与している最少の分子の個数がその反応の分子数とよばれる．

化学反応は反応物から生成物にいたるまでに2つ以上の反応の段階を経る場合が多く，その1つ1つの段階を**素反応**（elementary reaction）とよんでいる．それぞれの素反応には1つの遷移状態があり，その状態に関与する分子数で1分子反応，2分子反応と表現する．

式 (8.1) で表される正反応の速度を次のように濃度の関数として表すことにする．

$$-d[A]/dt = k\,[A]^a[B]^b \tag{8.10}$$

式 (8.10) のように反応速度が表された場合，A について $a$ 次，B について $b$ 次，全体としては $(a+b)$ 次であるといい，これらを**反応次数**（reaction order）とよぶ．反応次数が1であるような反応を**1次反応**（first order reaction），2であるような反応を**2次反応**（second order reaction）という．また一般的に反応次数が $n$ の反応を $n$ 次反応という．よく知られている反応の1つに，五酸化二窒素の分解反応がある．

$$N_2O_5 \longrightarrow 2\,NO_2 + (1/2)O_2 \tag{8.11}$$

この反応の速度は次式で表される典型的な1次反応である．

$$-d[N_2O_5]/dt = k\,[N_2O_5] \tag{8.12}$$

反応の次数は反応分子数とは違って整数である必要はなく，あくまでも総括的な実験結果として得られるものであって，ゼロや分数の場合もありうる．反応速度

が1次反応であっても，2次反応であっても反応速度の単位 $mol\,m^{-3}\,s^{-1}$ は同じである．したがって，反応速度定数の単位が反応次数によって異なってくる．1次反応では $(mol\,m^{-3}\,s^{-1})/(mol\,m^{-3}) = s^{-1}$ となり，2次反応では $(mol\,m^{-3}\,s^{-1})/(mol\,m^{-3})^2 = m^3\,mol^{-1}\,s^{-1}$ となる．一般的に $n$ 次反応の速度定数の単位は $(mol\,m^{-3})^{1-n}\,s^{-1}$ である．

### a. 1次反応

1次反応を式（8.1）の形で表すと

$$A \longrightarrow P \tag{8.13}$$

のようになり，かつ反応速度が次式で表される反応である．

$$r = -d[A]/dt = k[A] \tag{8.14}$$

この式を積分すると，[A] の時間変化を表す式が得られる．式（8.14）を変数分離すると

$$-d[A]/[A] = k\,dt \tag{8.15}$$

時間 $t=0$ で，A の初濃度が $[A]_0$ という条件で積分すると，次式が得られる．

$$\ln([A]/[A]_0) = -kt \tag{8.16}$$

これを書き直すと次式となり，A の濃度は指数関数的に減少することがわかる．

$$[A] = [A]_0\,e^{-kt} \tag{8.17}$$

1次反応における濃度の時間変化を図 8.1 に示した．

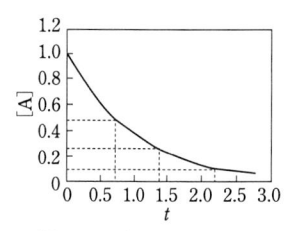

図 8.1 1次反応における濃度変化

[A] が初濃度の半分，すなわち $[A]_0/2$ になるのに要する時間を**半減期**（half life）という．1次反応の半減期は式（8.16）より次式で表される．

$$t_{1/2} = (\ln 2)/k = 0.693/k \tag{8.18}$$

これより1次反応の半減期は初濃度 $[A]_0$ に依存しないことがわかる．これは1次反応に特徴的な性質である．1次反応の例として，先に述べた五酸化二窒素の分解のほか，次の過酸化水素の分解などがある．

$$H_2O_2 \longrightarrow H_2O + (1/2)O_2 \tag{8.19}$$

また，酢酸エチルの加水分解

$$CH_3COOC_2H_5 + H_2O \longrightarrow CH_3COOH + C_2H_5OH \tag{8.20}$$

ショ糖（スクロース）の加水分解による2つの異性体，ブドウ糖（グルコース）と果糖（フルクトース）の生成

$$C_{12}H_{22}O_{11} + H_2O \longrightarrow C_6H_{12}O_6 + C_6H_{12}O_6 \tag{8.21}$$
（スクロース）　　　　　（グルコース）（フルクトース）

の反応速度は本来，酢酸エチルあるいはショ糖の濃度と水の濃度の積に比例する2次反応である．しかしながら，一般的には水が多量に存在する条件で反応が進行するので，水の濃度は反応の進行中ほぼ一定とみなすことができ，酢酸エチルやショ糖の濃度にのみ反応速度が依存し，見かけ上1次反応のようになる．このような反応を**擬1次反応**（pseudo-first order reaction）という．

【例題 8.1】 1次反応では，反応が 99.9% 進行するのに要する時間は，反応が半分進行するのに要する時間のおよそ 10 倍であることを示せ．

[解] 1次反応で反応が 99.9% 進む時間は式（8.16）より $t_{99.9\%} = \ln([A]_0/[A])/k = (\ln 10^3)/k$ である．半減期は式（8.18）より $t_{1/2} = (\ln 2)/k$ で表される．両者の比をとると $t_{99.9\%}/t_{1/2} \fallingdotseq 10$ となる．

#### b. 2 次 反 応

2次反応には，反応速度が，
$$-d[\mathrm{A}]/dt = k[\mathrm{A}]^2 \tag{8.22}$$
で表される場合（2 A → P）と
$$-d[\mathrm{A}]/dt = k[\mathrm{A}][\mathrm{B}] \tag{8.23}$$
で表される場合（A+B → P）がある．前者の例にはヨウ化水素の分解反応があり，
$$2\,\mathrm{HI} \longrightarrow \mathrm{H}_2 + \mathrm{I}_2 \tag{8.24}$$
後者の例にはヨウ化水素の生成反応がある．
$$\mathrm{H}_2 + \mathrm{I}_2 \longrightarrow 2\,\mathrm{HI} \tag{8.25}$$

式 (8.22) で反応速度が表される場合，[A] の時間変化は式 (8.22) を積分することにより
$$1/[\mathrm{A}] - 1/[\mathrm{A}]_0 = kt \tag{8.26}$$
となる．半減期は
$$t_{1/2} = 1/(k[\mathrm{A}]_0) \tag{8.27}$$
と表され，半減期は初濃度に反比例することになり，1次反応とは異なる．

式 (8.23) で反応速度が表される反応は，A および B の初濃度をそれぞれ $[\mathrm{A}]_0$ および $[\mathrm{B}]_0$ とすると，[A] および [B] の時間変化は
$$\frac{1}{[\mathrm{A}]_0 - [\mathrm{B}]_0} \ln \frac{[\mathrm{A}][\mathrm{B}]_0}{[\mathrm{A}]_0[\mathrm{B}]} = kt \tag{8.28}$$
と表される．

#### c. $n$ 次 反 応

$n$ 次反応の場合，反応速度式は次のようになる．
$$-d[\mathrm{A}]/dt = k[\mathrm{A}]^n \tag{8.29}$$
$n \neq 1$ として積分すると次式となる．
$$[\mathrm{A}]^{1-n} - [\mathrm{A}]_0^{1-n} = (n-1)kt \tag{8.30}$$
この場合の半減期は次のようになる．
$$t_{1/2} = \frac{2^{n-1}-1}{(n-1)k}[\mathrm{A}]_0^{1-n} \quad (n \neq 1) \tag{8.31}$$
式 (8.31) の両辺の対数をとると次式となる．
$$\ln t_{1/2} = \ln \frac{2^{n-1}-1}{(n-1)k} + (1-n)\ln [\mathrm{A}]_0 \tag{8.32}$$

式 (8.32) は初濃度 $[\mathrm{A}]_0$ をいろいろ変えて，半減期を測定し，$\ln[\mathrm{A}]_0$ に対して $\ln t_{1/2}$ をプロットすることにより，直線の勾配および切片から反応次数 $n$ と反応速度定数 $k$ が得られることを示している．

### ● 8.3　素反応と複合反応

先に述べたように化学反応はいくつかの素反応の組合せで成り立っている．素反応はそれ以上分解できない最小の反応系である．したがって，素反応の場合，反応分子数と反応次数は一致する．しかしながら，水素と臭素から臭化水素が生成する反応
$$\mathrm{H}_2 + \mathrm{Br}_2 \rightleftharpoons 2\,\mathrm{HBr} \tag{8.33}$$
の反応速度は

$$r = \frac{k_1[\mathrm{H_2}][\mathrm{Br_2}]^{3/2}}{k_2[\mathrm{Br_2}] + k_3[\mathrm{HBr}]} \tag{8.34}$$

という式によって表されることが知られている．またアセトアルデヒドの分解反応

$$\mathrm{CH_3CHO} \longrightarrow \mathrm{CH_4} + \mathrm{CO} \tag{8.35}$$

の反応速度はアセトアルデヒドの濃度の 1.5 次に比例することが知られている．このことは式（8.33）や（8.35）の反応が素反応ではないことを示している．このように 2 つ以上の素反応からなる反応を一般に**非素反応**あるいは**総括反応**という．総括反応には量論関係が 1 つだけの式で表される**単一反応**（single reaction），2 つ以上の量論関係で表される**複合反応**（complex reaction）がある．複合反応は可逆反応，並発反応，逐次反応，および連鎖反応に分類される．以下に，それぞれの反応について説明する．

### a. 可逆反応

$$\mathrm{A} \underset{k_{-1}}{\overset{k_1}{\rightleftarrows}} \mathrm{B} \tag{8.36}$$

式（8.36）で表される反応を**可逆反応**（reversible reaction）という．正反応の反応速度定数を $k_1$，逆反応の反応速度定数を $k_{-1}$ とすると

$$-d[\mathrm{A}]/dt = k_1[\mathrm{A}] - k_{-1}[\mathrm{B}] \tag{8.37}$$

また，$[\mathrm{B}]_0 = 0$ のとき物質収支より次式が成り立つ．

$$[\mathrm{B}] = [\mathrm{A}]_0 - [\mathrm{A}] \tag{8.38}$$

式（8.38）を（8.37）に代入すると次式が得られる．

$$-d[\mathrm{A}]/dt = k_1[\mathrm{A}] - k_{-1}([\mathrm{A}]_0 - [\mathrm{A}]) = (k_1 + k_{-1})[\mathrm{A}] - k_{-1}[\mathrm{A}]_0 \tag{8.39}$$

A の平衡濃度，$[\mathrm{A}]_\mathrm{eq}$ は式（8.39）をゼロとおくことによって次のようになる．

$$[\mathrm{A}]_\mathrm{eq} = \frac{k_{-1}}{k_1 + k_{-1}}[\mathrm{A}]_0 \tag{8.40}$$

したがって，式（8.39）は次のように書きなおすことができる．

$$-d[\mathrm{A}]/dt = (k_1 + k_{-1})([\mathrm{A}] - [\mathrm{A}]_\mathrm{eq}) \tag{8.41}$$

これを積分すると

$$\ln\left(\frac{[\mathrm{A}]_0 - [\mathrm{A}]_\mathrm{eq}}{[\mathrm{A}] - [\mathrm{A}]_\mathrm{eq}}\right) = (k_1 + k_{-1}) t \tag{8.42}$$

となり，式（8.42）と実験結果より $k_1 + k_{-1}$ の値を求めることができる．また $[\mathrm{A}]_\mathrm{eq}$ より，平衡定数 $K (= k_1/k_{-1})$ がわかるので，$k_1$ と $k_{-1}$ をそれぞれ求めることができる．

### b. 並発反応

ある物質が反応して，2 つ以上の異なった生成物を同時に与える反応を**並発反応**（parallel reaction）という．最も簡単な並発反応は次の形で表すことができる．

$$\mathrm{A} \begin{array}{c} \overset{k_1}{\longrightarrow} \mathrm{B} \\ \underset{k_2}{\longrightarrow} \mathrm{C} \end{array} \tag{8.43}$$

A について反応速度式は

$$-d[\mathrm{A}]/dt = (k_1 + k_2)[\mathrm{A}] \tag{8.44}$$

これを積分すると，式（8.16）と同様の式

$$\ln([\mathrm{A}]/[\mathrm{A}]_0) = -(k_1 + k_2) t \tag{8.45}$$

が得られる．また，B の生成速度は式（8.43）より
$$d[B]/dt = k_1[A] \tag{8.46}$$
と表されるから，式（8.45）の関係を用いると
$$d[B]/dt = k_1[A]_0 e^{-(k_1+k_2)t} \tag{8.47}$$
となる．式（8.47）を積分することにより
$$[B] = \frac{k_1[A]_0}{k_1+k_2}\{1 - e^{-(k_1+k_2)t}\} \tag{8.48}$$
が得られる．C についても同様に求めることができ，次のようになる．
$$[C] = \frac{k_2[A]_0}{k_1+k_2}\{1 - e^{-(k_1+k_2)t}\} \tag{8.49}$$

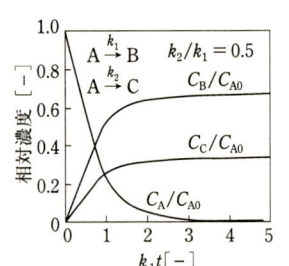

図8.2 並発1次反応の回分反応器における濃度変化

並発反応における A, B, C 各成分の濃度の経時変化を図8.2に示した．

### c. 逐次反応

物質 A が反応して B を生成し，B がさらに C を生成するような反応を**逐次反応**（consecutive reaction）という．
$$A \xrightarrow{k_1} B \xrightarrow{k_2} C \tag{8.50}$$
A および B についての反応速度式はそれぞれ次のようになる．
$$-d[A]/dt = k_1[A] \tag{8.51}$$
$$d[B]/dt = k_1[A] - k_2[B] \tag{8.52}$$
式（8.51）を積分することにより $[A] = [A]_0 e^{-k_1 t}$ が得られるので，これを式（8.52）に代入すると
$$d[B]/dt = k_1[A]_0 e^{-k_1 t} - k_2[B] \tag{8.53}$$
となる．これは1階線形の常微分方程式であるので解析的に解くことができ，その解は次のようになる．
$$[B] = \frac{k_1[A]_0}{k_2 - k_1}(e^{-k_1 t} - e^{-k_2 t}) \tag{8.54}$$
また最終生成物 C の濃度の時間変化については，$[B]_0 = [C]_0 = 0$ として物質収支をとると
$$[C] = [A]_0 - ([A] + [B]) \tag{8.55}$$
が得られ，これより求めることができる．逐次反応における A, B, C 各成分の濃度の経時変化を図8.3に示した．

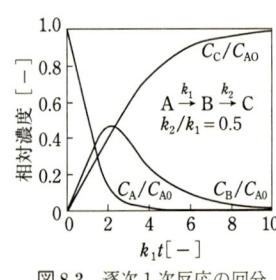

図8.3 逐次1次反応の回分反応器における濃度変化

### d. 連鎖反応

式（8.33）で表される臭化水素の生成反応は素反応ではないことはすでに述べたが，これは次のような**連鎖反応**（chain reaction）として表されることが知られている．

$$\text{開始反応：} Br_2 \longrightarrow 2Br\cdot \tag{8.56}$$
$$\text{成長反応：} H_2 + Br\cdot \longrightarrow HBr + H\cdot \tag{8.57}$$
$$Br_2 + H\cdot \longrightarrow HBr + Br\cdot \tag{8.58}$$
$$\text{移動反応：} HBr + H\cdot \longrightarrow H_2 + Br\cdot \tag{8.59}$$
$$\text{停止反応：} 2Br\cdot \longrightarrow Br_2 \tag{8.60}$$

この反応においては式（8.56）の開始反応で臭素ラジカルが生成する．これは反応性に富んでいるので，式（8.57）および（8.58）の連鎖成長反応で水素ラジカルと臭素ラジカルが連続的に生成し，多くの反応が繰り返し進行する．この繰り返し回数を連鎖の長さという．式（8.59）は連鎖移動反応であり，式（8.60）

は連鎖停止反応である．式 (8.34) で表される反応速度式は式 (8.56)〜(8.60) の連鎖反応を仮定して得られたものである．

このほか，連鎖反応の例としてエタンの熱分解反応，塩化水素の生成反応，ホスゲンの生成反応などがある．また重合反応も連鎖反応で進行する代表的な反応である．

## 8.4 反応速度の温度依存性

式 (8.8) あるいは (8.9) で述べたように，反応速度は反応に関与する成分の濃度のある関数に比例する．この比例係数が反応速度定数である．1889 年，アレニウスは反応速度定数 $k$ が次のような絶対温度 $T$ の関数であることを見出した．

$$d(\ln k)/dT = E/RT^2 \tag{8.61}$$

これを積分すると次式となる．

$$\ln k = -E/RT + A' \tag{8.62}$$

ここで $A'$ は積分定数である．指数関数の形で書きなおすと次のようになる．

$$k = A e^{-E/RT} \tag{8.63}$$

式 (8.63) は**アレニウスの式**とよばれ，反応速度定数に対して一般的に成立する経験式として広く知られている．$A$ は**頻度因子** (frequency factor)，$E$ は**活性化エネルギー** (activation energy) とよばれる．また，$R$ は**気体定数** (gas constant) である．図 8.4 に $\ln k$ を $1/T$ に対してプロットした図を示した．これは**アレニウスプロット**とよばれ，直線の勾配より活性化エネルギーを求めることができる．

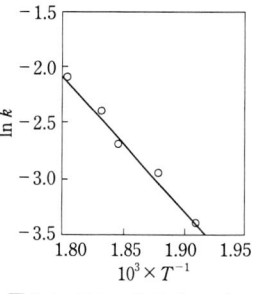

図 8.4 アレニウスプロット

式 (8.63) の意味は次のように解釈される．

$$A \xrightarrow{k} B \tag{8.64}$$

この反応を考えよう．分子 A は分子間の衝突によって，あるエネルギー $E$ を吸収し，活性化された状態 $A^*$ になる．衝突した分子のすべてが $A^*$ になるとは限らないが，$A^*$ になり得たものだけが変化して分子 B になる．換言すれば A と $A^*$ との間に平衡関係が成立し，$A^*$ が B に変化する速度は $A^*$ の濃度に比例すると考えられる．このように考えると式 (8.64) は次のように書き換えられる．

$$A \rightleftharpoons A^* \longrightarrow B \tag{8.65}$$

A と $A^*$ 間の反応の平衡定数を $K^*$ とすると

$$K^* = [A^*]/[A] \tag{8.66}$$

【例題 8.2】 $N_2O_5$ の分解反応を行ったところ，温度 35°C で反応速度定数 $k = 6.65 \times 10^{-5}\,\mathrm{s}^{-1}$，温度 65°C で $k = 2.40 \times 10^{-3}\,\mathrm{s}^{-1}$ が得られた．この反応の活性化エネルギーを求めよ．

[解] 式 (8.63) より．$\ln k = \ln A - E/RT$．これにそれぞれのデータを代入すると

$$\ln(6.65 \times 10^{-5}) = \ln A - E/(8.314 \times 308)$$
$$\ln(2.40 \times 10^{-3}) = \ln A - E/(8.314 \times 338)$$

となり，両式より $E \fallingdotseq 103\,\mathrm{kJ\,mol^{-1}}$ が得られる．

> **column**
> **アレニウスの式**
>
> アレニウスの式は温度と反応速度定数の関係式であるが，アレニウス（Svante August Arrhenius，1859-1927）はこの式を導くため，酸によるスクロース（ショ糖）の加水分解反応を行っている．温度を変えて加水分解反応を行うと，反応速度が温度に対して指数関数的に増大するということを発見し，活性化エネルギーの概念を提唱した．この研究は1889年に行われ，日本では明治22年のことである．パリ・エッフェル塔の落成式，大日本帝国憲法の公布がこの頃である．

## 8.5 反応速度の理論

### a. 遷移状態理論

先にも触れたが，反応系から生成系に反応が進行するためには，**エネルギー障壁**（energy barrier）を超えなければならない．このエネルギーの高い，つまり不安定な状態を**遷移状態**（transition state）とよぶ．遷移状態においては分子どうしで形成される活性な錯体が存在することを仮定している．これを**活性錯体**（activated complex）という．この活性錯体の分解する速度で反応速度が決定されるという概念が遷移状態理論である．

反応速度定数はアレニウスの式（8.63）からわかるように頻度因子 $A$ と活性化エネルギー $E$ によって決定される．頻度因子は，反応分子間の衝突のうち，実際に反応に関与する有効な衝突数と考えることができる．頻度因子は反応分子やその活性化分子の幾何学的構造に依存する．このように反応分子間の有効衝突頻度に比例して反応速度が決められるが，活性化エネルギー $E$ 以上のエネルギーをもつすべての反応分子が衝突により生成物に変化するわけではない．生成物に変化する反応分子の割合も，後述するように衝突の幾何学的要因に影響されるのである．

式（8.65）および（8.66）についてもう一度考えてみよう．A は A* なる遷移状態を経て B に変化する．反応速度は A* の分解速度で決められる．この速度は活性化分子 A* の濃度に比例し，その比例定数が A* の振動数に相当すると考えよう．振動数は

$$\nu = k_B T/h \tag{8.67}$$

で与えられる．ここで $k_B$ はボルツマン定数，および $h$ はプランク定数である．したがって，式（8.65）の反応速度は

$$-d[A]/dt = k[A] = d[B]/dt = \nu[A^*] = \nu K^*[A] \tag{8.68}$$

となる．すなわち，反応速度定数は次式で表される．

$$k = \nu K^* = (k_B T/h) K^* \tag{8.69}$$

ここで平衡定数 $K^*$ は活性化ギブズエネルギー（activation Gibbs energy）$\Delta G^*$ と次式で関係づけられる．

$$\Delta G^* = -RT \ln K^* \tag{8.70}$$

書きなおすと

$$K^* = e^{-\Delta G^*/RT} \tag{8.71}$$

となる．$\Delta G^*$ は活性化エンタルピー $\Delta H^*$ と活性化エントロピー $\Delta S^*$ を用いて

$$\Delta G^* = \Delta H^* - T\Delta S^* \tag{8.72}$$

と表される．この関係式を用いると式（8.71）は

$$K^* = e^{\Delta S^*/R} e^{-\Delta H^*/RT} \tag{8.73}$$

となる．これと式（8.69）より
$$k = (k_B T/h) e^{\Delta S^*/R} e^{-\Delta H^*/RT} \tag{8.74}$$
の関係が得られる．両辺の対数をとり，さらに温度 $T$ で微分すると次式となる．
$$d(\ln k)/dT = (\Delta H^* + RT)/RT^2 \tag{8.75}$$
式（8.75）と（8.61）の比較から
$$E = \Delta H^* + RT \tag{8.76}$$
が得られる．また式（8.74）と（8.63）を比較することにより
$$A = (ek_B T/h) e^{\Delta S^*/R} \tag{8.77}$$
が得られる．式（8.76）および（8.77）は，理論的に $\Delta H^*$ あるいは $\Delta S^*$ が求まれば，これらの式より活性化エネルギーおよび頻度因子が推定できることを示している．

**b．衝突理論**

これまでは単分子反応を考えてきたが，ここで分子 A と分子 B が反応して生成物を与える 2 分子反応を考えてみよう．
$$A + B \longrightarrow P \tag{8.78}$$
P が生成するためには両分子は必ず衝突する必要があり，この考え方に基づいたのが**衝突理論**である．

(1) 反応にかかわるためには，衝突する両分子は少なくとも反応の活性化エネルギー $E$ 以上のエネルギーをもっていなければならない．全衝突のうち，$E$ 以上のエネルギーをもつ衝突を**有効衝突**（effective collision）という．
(2) P が生成する反応速度は，A と B の衝突回数 $Z_{AB}$ に比例する．
(3) 反応速度は反応を引き起こすのに有効な衝突が起こる確率に比例する．ボルツマン（Boltzmann）分布則によれば，この確率は $e^{-E/RT}$ で与えられる．

(1)〜(3) の考え方によれば，式（8.78）の反応の速度は
$$-d[A]/dt = (Z_{AB}/N_A) e^{-E/RT} \tag{8.79}$$
となる．ここで $N_A$ はアボガドロ数である．異種分子間の衝突回数 $Z_{AB}$ は気体分子運動論によれば，次式で表される．
$$Z_{AB} = \sigma (8 k_B T/\pi \mu)^{1/2} N_A^2 [A][B] \tag{8.80}$$
$\sigma$ は**衝突断面積**（collision cross section）とよばれ，分子 A および分子 B が剛体球とみなされ，その半径が $R_A$，$R_B$ のとき次式で与えられる．
$$\sigma = \pi (R_A + R_B)^2 \tag{8.81}$$
また $\mu$ は換算質量であり，分子 A，B の質量を，$m_A$，$m_B$ としたときに，式（8.82）によって定義される．
$$1/\mu = 1/m_A + 1/m_B \tag{8.82}$$
式（8.79）〜（8.82）より
$$-d[A]/dt = \sigma (8 k_B T/\pi \mu)^{1/2} N_A [A][B] e^{-E/RT} = k[A][B] \tag{8.83}$$
となる．したがって，反応速度定数 $k$ は
$$k = \sigma (8 k_B T/\pi \mu)^{1/2} N_A e^{-E/RT} \tag{8.84}$$
として与えられることになる．ここで式（8.84）中の $\sigma (8 k_B T/\pi \mu)^{1/2} N_A$ は単位濃度，単位体積中の衝突数 $Z$ に相当する．したがって
$$k = Z e^{-E/RT} \tag{8.85}$$
となり，これはアレニウスの式（8.63）と一致する．ただし，この衝突理論に従

えば頻度因子が温度の 1/2 乗に比例することになる．

頻度因子 $A$ は実験により得られ，また衝突理論による $Z$ は計算により求めることができるが，一般的には $A$ と $Z$ の値は一致しない．これは，反応が進行するためには分子 A と分子 B が単に衝突するだけでなく，両分子が反応しやすい立体配置で衝突する必要があることを示している．このような反応に有効な立体配置の影響を表すために次式のように立体因子 (steric factor) $P(=A/Z)$ で衝突数 $Z$ を補正する方法が用いられる．

$$k = PZe^{-E/RT} \tag{8.86}$$

$P$ は普通 1 より小さい値であり，ヨウ化水素の分解反応では $P=0.6$，一酸化炭素による一酸化二窒素の還元反応では $P=10^{-4}$ 程度である．

## 練習問題（8章）

**8.1** 多量の水の存在下での酢酸エチルの加水分解は 1 次反応に近似できる．ある条件でこの加水分解反応の半減期は 143 分であり，180 分後に 0.0152 mol の酢酸が生じた．はじめに存在した酢酸エチルの物質量を求めよ．

**8.2** ジメチルエーテルの気相における熱分解反応 $(CH_3)_2O \rightarrow CH_4 + H_2 + CO$ は 1 次反応で，その速度定数は次式により与えられる．

$$k = 1.6 \times 10^{13} e^{-E/RT} \text{ s}^{-1}, \quad E = 244.76 \text{ kJ mol}^{-1}$$

600°C における半減期を求めよ．また一定容積下でジメチルエーテルの蒸気を 600°C で 20 分熱すると圧力は最初の何倍になるか．

**8.3** 気相でのエチレンの水素化反応 $C_2H_4 + H_2 \rightarrow C_2H_6$ の反応速度は 2 次反応で表され，速度定数の値は 273 K で $0.97 \times 10^7$，350 K で $6.0 \times 10^7$ mol$^{-2}$ cm$^6$ s$^{-1}$ である．活性化エネルギーを求めよ．

**8.4** シアン酸アンモニウムが尿素に変化する反応 $NH_4CNO \rightarrow CO(NH_2)_2$ について，初濃度 $C_0$ を変化させて半減期 $t_{1/2}$ を測定したところ，次の結果を得た．

$$C_0 = 0.07 \text{ mol dm}^{-3}, \quad t_{1/2} = 26.95 \text{ h}$$
$$0.14 \text{ mol dm}^{-3}, \quad 13.48 \text{ h}$$
$$0.21 \text{ mol dm}^{-3}, \quad 8.98 \text{ h}$$

この反応の次数を求めよ．

**8.5** ある反応の 50°C における反応速度は，25°C におけるそれの 3 倍であった．この反応の活性化エネルギーを求めよ．

**8.6** ある物質の分解が 2 次反応で進み，反応物質が 10% 反応するのに 20 分要した．80% 反応するには何分かかるか．ただし，逆反応は無視できるものとする．

**8.7** ある化合物 A を別の物質 B と同じモル数ずつ混合し反応させたところ，1 時間後に A の 70% が反応した．反応後 2 時間では A は何 % 残っているか．次の 3 つの場合について考えよ．

(a) 反応速度は A について 1 次，B には 0 次
(b) 反応速度は A, B についてそれぞれ 1 次
(c) 反応速度は A, B についてそれぞれ 0 次

**8.8** アルカリ水溶液中でのニトロエタンと水酸化物イオンとの反応

$$CH_3CH_2NO_2 + OH^- \longrightarrow CH_3CH=NO_2^- + H_2O$$

は 2 次反応である．1 dm$^3$ 中で 0.0040 mol のニトロエタンと 0.0070 mol の水酸化ナトリウムを反応させたところ，13.5 分でニトロエタンの反応率が 90% になった．反応速度定数を求めよ．

**8.9** イソプロペニルアリルエーテル蒸気は 1 次反応式に従ってアリルアセトンの蒸気に異性化する．その反応は

$$CH_3CH_2=COCH_2CH=CH_2$$
$$\longrightarrow CH_3COCH_2CH_2CH=CH_2$$

と表される．反応速度定数は $k = 5.4 \times 10^{11} e^{-E/RT}$ s$^{-1}$，活性化エネルギーは $E = 122.6$ kJ mol$^{-1}$ で与えられる．いま 177°C で，イソプロペニルアリルエーテルの初期圧力を 760 mmHg として反応を行った．アリルアセトンの分圧が 380 mmHg となるのは何分後か．

**8.10** $CH_3CHO$ の気相熱分解反応の速度は，$CH_3CHO$ の濃度の 1.5 乗に比例することを示せ．ただし，素反応は次のとおりである．連鎖反応は長く続くので，(1) の連鎖開始の反応は，反応速度式では無視できるものとする．

(1) $CH_3CHO \xrightarrow{k_1} CH_3 + CHO$
(2) $CH_3 + CH_3CHO \xrightarrow{k_2} CH_4 + CO + CH_3$
(3) $2 CH_3 \xrightarrow{k_3} C_2H_6$

# 原子構造　9

## ● 9.1　光エネルギーの量子化と光の粒子性

　物体を熱すると光を放出し，さらに加熱すると白色になる．このように，物体が熱せられて光を放出する現象を**黒体放射**（black body radiation）という．高温で放出された光のかなりの部分は可視部に現れ，温度が上がるにつれて紫外部の光の割合が多くなる．各温度における黒体放射強度と波長分布の関係を示したのが図 9.1 である．この関係を古典物理学を用いて説明しようとすると，紫外線やX 線などの波長の短い光は室温でさえ強く励起されて，光の波長が短くなるほど光の強度は増加し，図 9.1 に示す極大値を示さないことになる．そこで，プランク（M. Planck）は物体がいろいろな振動数をもつ振動子の集まりで，振動数 $\nu$ の光のエネルギー量子 $h\nu$ のある整数倍に限るエネルギー値しかとれないと仮定し，光の波長 $\lambda$ から $\lambda+d\lambda$ までの範囲のエネルギー密度 $dU/d\lambda$ を次式で与え，図 9.1 に示す実験結果が説明できることを見いだした．

$$dU(\lambda) = \frac{(8\pi hc/\lambda^5)\exp(-hc/\lambda kT)}{1-\exp(-hc/\lambda kT)}\, d\lambda \tag{9.1}$$

ここで，$c$ は光速，$k$ はボルツマン定数，$T$ は絶対温度である．比例定数 $h$ はプランク定数とよばれ，実験によってその値は $h = 6.62608\times10^{-34}$ J s で与えられる．この高温の光による黒体放射から，振動子はある制限されたエネルギー準位しかとりえない．すなわち，エネルギーの量子化の概念がなければこの事実を説明できない．また，金属に光を照射すると，表面から電子が飛び出す．これを**光電効果**（photoelectric effect）という．この実験結果を説明するために，アインシュタインは光は粒子の性質も備え，振動数 $\nu$ の光はエネルギー $h\nu$ をもつ**光子**（photon）または**光量子**（light quantum）という粒子の流れであるとして，エネルギー保存則から，放出される電子の運動エネルギーは

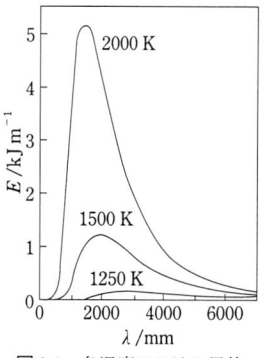

$$E = h\nu - \phi \tag{9.2}$$

図 9.1　各温度における黒体放射のエネルギー分布

---

**column**

**アインシュタイン**
**Albert Einstein**
**1879-1955**

　ドイツ生まれのアメリカの理論物理学者．チューリッヒ工科大学で学び，学位取得後，スイス連邦特許局技官，ベルン大学講師を経て，母校の教授となり，カイザー・ウイルヘルム研究所教授．1933 年ナチス政権による迫害から逃げるためアメリカに亡命しプリンストン大学高等研究所所員として迎えられた．ブラウン運動の理論，光量子論，特殊相対性理論は，従来の物理学理論の根本的な変更を促すもととなった．熱力学第二法則からの逸脱を示す統計的概念として提出されたゆらぎは，ブラウン運動と光量子仮説を導くうえでの方法的基礎を与えた．また，特殊相対性理論から得られた質量とエネルギーの等価原理は，その後の原子力開放の理論的根拠となった．1909 年には，ゆらぎの方法を用いて，光と粒子・波動の二重性を示すことにも成功した．1916 年，相対性原理を重力場に適用した一般相対性理論を発表．1921 年，ノーベル物理学賞を受賞．晩年，核兵器廃絶の運動の先頭に立ち，死の直前に発表されたラッセル-アインシュタイン宣言は平和運動の金字塔となった．

［参照：「化学大辞典」，東京化学同人］

に従うとした．ここで，$\phi$ は金属から電子を放出させるのに必要なエネルギーで，**仕事関数**（work function）とよばれる．光の振動数が $\phi/h$ より小さい場合には，電子は放出されない．

また，電子に光が当たると，光は散乱を受けてその振動数が変化する**コンプトン効果**（Compton effect）からも光が粒子に特有の性質をもつことが示された．これらのことより，「原子的な尺度では，粒子と波動の概念は融合し，粒子は波動の特性をもち，波動は粒子の特性を示す」との近代物理学の概念が誕生した．これらの性質の統一は 1924 年にド・ブロイ（L. de Broglie）によりなされ，光子に限らず運動量 $p$ の粒子と波長 $\lambda$ とは次の関係にあることを導いた．

$$\lambda = h/p \tag{9.3}$$

この $\lambda$ は**ド・ブロイ波長**とよばれる．この関係は，以下の波動関数の概念の導入に重要なものである．

### ● 9.2 水素原子のスペクトル

水素を放電管に定圧で封入し，電圧を加えて放電すると赤桃色に光る．この発光をスリットとプリズムを用いて分光すると，図 9.2 のように可視光領域に多くの細い輝線からなるスペクトルが観測される．スペクトル線は不連続で 656.28 nm 以下に現れ，その間隔は次第に狭くなって，364.51 nm に収束する．

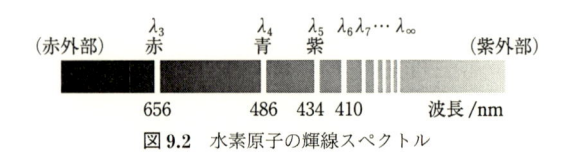

**図 9.2** 水素原子の輝線スペクトル

これら一連のスペクトルを解析することによって，リュードベリ（J. Rydberg）は波長 $\lambda$ の逆数である波数 $\bar{\nu}$ [cm$^{-1}$] を用いるとこのスペクトル系列が，すべての波長に合う一般的な関係式で表されることを見出した．

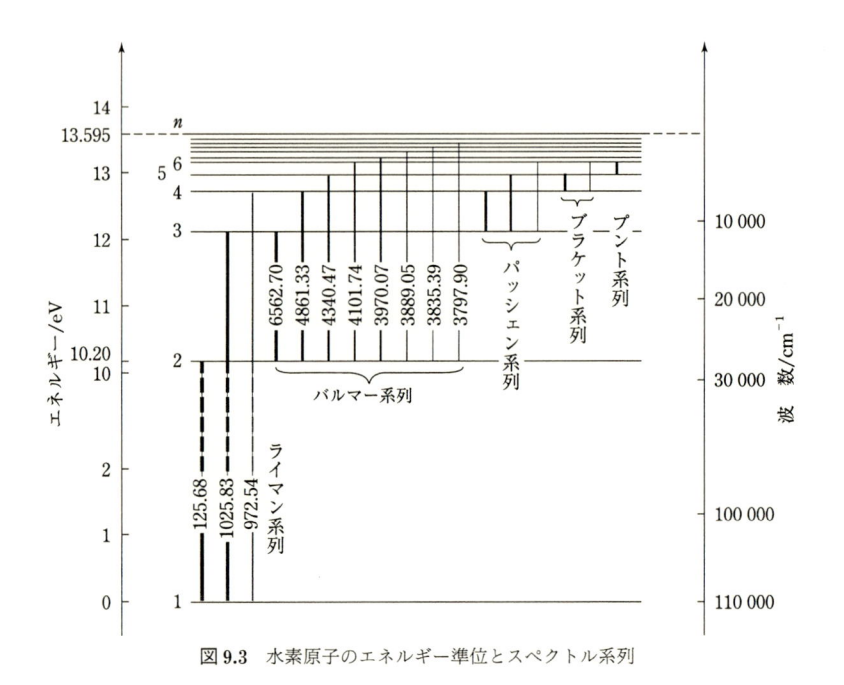

**図 9.3** 水素原子のエネルギー準位とスペクトル系列

$$\bar{\nu} = \frac{1}{\lambda} = R\left(\frac{1}{n_1^2} - \frac{1}{n_2^2}\right) \tag{9.4}$$

ここで，$R$ はリュードベリ定数で，109737.31 cm$^{-1}$ で与えられる．一連の水素原子の線スペクトルは発見者にちなんで真空紫外線領域はライマン（Lyman）系列（$n_1=1$, $n_2=2,3,4,\cdots$），可視から紫外領域はバルマー（Balmer）系列（$n_1=2$, $n_2=3,4,5,\cdots$），赤外領域はパッシェン（Paschen）系列（$n_1=3$, $n_2=4,5,6,\cdots$）やブラケット（Brackett）系列（$n_1=4$, $n_2=5,6,7,\cdots$），プント（Pfunt）系列（$n_1=5$, $n_2=6,7,8,\cdots$）とよばれる．図 9.3 には水素原子スペクトル系列とエネルギー準位間の遷移を示した．

## ● 9.3 ボーアの原子モデル

ボーアは 1913 年，水素原子が発する光のエネルギーとその線スペクトルの関係を説明するために，原子内の電子はある特別なエネルギー状態だけが存在可能であると仮定した．この状態を定常状態という．また，エネルギー $E_{n_2}$ の状態にあった電子がエネルギー $E_{n_1}$ の状態に移るときには光を放出し，その光のエネルギー $h\nu$ は，この過程においてエネルギーを保存し，次式を満足する．

$$h\nu = E_{n_2} - E_{n_1} \tag{9.5}$$

これをボーアの振動条件という．ここで，$E_{n_1}$, $E_{n_2}$ はそれぞれエネルギーの低い状態，高い状態のエネルギーである．エネルギーの高い状態から低い状態に移るときには光を放出し，その逆の場合は光を吸収する．

さらに，ボーアは図 9.4 に示すような電荷 $+e$ を有する原子核と電荷 $-e$ を有する 1 つの電子からなる水素原子モデルについて，質量 $m$ の電子が原子核のまわりを半径 $r$ の円軌道を描いて速度 $v$ で運動しているとした．その状態が定常状態になるためには，この電子の周回運動による遠心力と電子を原子核間に働くクーロン力がつり合っていなければならないから，

$$\frac{mv^2}{r} = \frac{e^2}{4\pi\varepsilon_0 r^2} \tag{9.6}$$

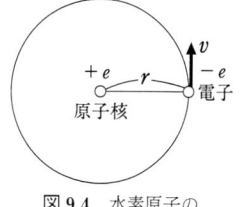

図 9.4 水素原子のボーアモデル

ここで，$\varepsilon_0$ は真空中の誘電率で，$\varepsilon_0 = 8.854 \times 10^{-12}$ C$^2$N$^{-1}$m$^{-2}$ である．また，その角運動量 $mvr$ が $h/2\pi$ の整数倍である運動だけが許されるとする量子条件を導入し，次の関係式を得た．

---

*column*

**ボーア**
**Niels Henrik David Bohr**
**1885-1962**

デンマークの理論物理学者．1903 年コペンハーゲン大学に入学，学位論文"金属の電子論の研究"で，熱放射，磁性などの現象を古典論の立場から検討し，原子系にかかわる現象の合理的説明には量子仮説が不可欠であることを認識した．同年，イギリスに留学，帰国後，1913 年，ラザフォード原子模型に量子化仮説を適用し，原子スペクトル，化学結合などを説明する原子構造理論（ボーア模型）を導出した．ボーア理論の核心は古典論と量子論をうまく使い分けるところにあるが，この方法は 1918 年，対応原理として結実し，量子力学形成の指導的原理となった．1916 年，コペンハーゲン大学教授に就任し，1921 年には理論物理学研究所を開設，日本の仁科芳雄ら世界各国の若手研究者を集めて，自由な学風の下で，活発な研究を展開した．その後，誕生間もない量子力学の解釈が問題となると，1927 年，原子の世界では粒子性と波動性とは相補って正しい自然の姿を与える相補性の原理を発表し，解釈の指針を与えた．1922 年，ノーベル物理学賞を受賞．一方，亡命科学者の救出に意を尽くした．第二次大戦中，米英両首脳に戦後の原爆開発競争の危険性を訴え，原子力の国際管理を説いた．

［参照：「化学大辞典」，東京化学同人］

$$mvr = nh/2\pi \quad (n=1,2,3,\cdots) \tag{9.7}$$

ここで，$n$ は**量子数**（quantum number）といい，角運動量もエネルギーと同様にとびとびの値のみが許される．式（9.6）と（9.7）から許される軌道の半径として

$$r = \frac{n^2\varepsilon_0 h^2}{\pi me^2} = n^2 a_0 \tag{9.8}$$

を得る．$a_0$ は $n=1$ という最小軌道半径で，**ボーア半径**という．

$$a_0 = \frac{\varepsilon_0 h^2}{\pi me^2} = 5.29 \times 10^{-11} \text{m} \tag{9.9}$$

電子の運動エネルギー $T$ は式（9.6）の関係を用いると，

$$T = \frac{mv^2}{2} = \frac{e^2}{8\pi\varepsilon_0 r} \tag{9.10}$$

なる．また，電子の位置エネルギー $U$ は電子が核から無限遠方にある状態のエネルギーを 0 とした場合，

$$U = -\frac{e^2}{4\pi\varepsilon_0 r} \tag{9.11}$$

が成り立つ．したがって，電子の全エネルギー $E$ は

$$E = T + U = \frac{e^2}{8\pi\varepsilon_0 r} - \frac{e^2}{4\pi\varepsilon_0 r} = -\frac{e^2}{8\pi\varepsilon_0 r} \tag{9.12}$$

式（9.8）を（9.12）に入れると，定常状態のエネルギーに対する式が得られる．

$$E_n = -\frac{me^4}{8\pi^2\varepsilon_0^2 h^2 n^2} \tag{9.13}$$

いま，$n=1,2,3,\cdots$ に相当する定常状態のエネルギー $E_1$, $E_2$, $E_3$, … を計算し，エネルギーの差が高さの差に比例するように水平線を引いてエネルギー準位を図示すると，図9.3のようになる．$n=1$ の状態が最もエネルギーの低い状態で，**基底状態**（ground state）とよばれ，$n=2$ 以上の状態を**励起状態**（excited state）という．式（9.4）と（9.13）から，水素原子により放出または吸収される光の波数は

$$\bar{\nu} = \frac{E_2 - E_1}{hc} = \frac{me^4}{8\pi^2\varepsilon_0^2 ch^3}\left(\frac{1}{n_1^2} - \frac{1}{n_2^2}\right) \tag{9.14}$$

となる．ここで，$c$ は光速である．この式は実験式の式（9.4）とまったく同じ形であり，リュードベリ定数 $R$ は次の式で与えられる．

$$R = \frac{me^4}{8\pi^2\varepsilon_0^2 ch^3} = 109737 \text{ cm}^{-1} \tag{9.15}$$

この $R$ の値は実験値とよく一致している．図9.3のバルマー系列の輝線スペクトルは，$n_2=3,4,5,\cdots$ の励起状態から $n_1=2$ の励起状態に電子が遷移するときに放出される光のスペクトルである．また，図9.3にエネルギー準位間の遷移を示し，対応するスペクトル系列を記入した．

ボーアのモデルによると，水素原子中の電子は，原子核を中心とした同心円の軌道上を運動する．基底状態では，最も内側の半径 $r = a_0 (=0.0529 \text{ nm})$ の軌道上を電子が運動し，励起状態 $n=2$ では $r = 4a_0$ の軌道上に電子が存在する．したがって，バルマー系列は $n=3$ 以上の外側の軌道から，内側の $n=2$ の軌道へ電子遷移の際に発する発光スペクトルであることがわかる．他のスペクトルも同様に

して説明される．$n=\infty$ の状態は $E_\infty=0$ となり，軌道半径 $r$ が無限大となる．すなわち，核と電子が無限大に離れた，いわゆる原子がイオン化した状態に対応する．したがって，水素原子のイオン化エネルギーは

$$I = E_\infty - E_1 = -E_1 \tag{9.16}$$

で与えられる．これは，最も安定な状態にある電子が核から無限に離れ，原子がイオン化するのに必要なエネルギーで，これを**イオン化エネルギー**（ionization energy）という．

【例題9.1】 イオン化エネルギー $I$ は電子の最低エネルギー準位から無限大の準位まで遷移するのに要するエネルギーである．水素原子あたりのイオン化エネルギーをジュール（J），電子ボルト（eV），波数（$m^{-1}$）単位で表せ．

［解］ イオン化エネルギー $I$ は無限大の準位エネルギー $E_\infty(=0)$ から最低エネルギー $E_1$ の差として与えられるので，$I=-E_1$ となる．そこで，式 (9.13) よりイオン化エネルギーは次のように求められる．

$$I = \frac{me^4}{8\pi^2\varepsilon_0^2 h^2} \frac{1}{n^2} = 2.180 \times 10^{-18} \text{ J} = 13.44 \text{ eV}$$

また，光の速度 $c$ と波数 $\bar{\nu}$，振動数 $\nu$ の関係式 $\nu = \bar{\nu}c$ と式 (9.5) より

$$\bar{\nu} = \frac{I}{hc} = 1.10 \times 10^7 \text{ m}^{-1}$$

## 9.4 シュレーディンガーの波動方程式

1つの粒子の一次元運動を記述する**シュレーディンガー方程式**は

$$-\frac{h^2}{8\pi^2 m} \frac{d^2\psi(x)}{dx^2} + U\psi(x) = E\psi(x) \tag{9.17}$$

で表され，三次元系におけるシュレーディンガー方程式は

$$-\frac{h^2}{8\pi^2 m}\left(\frac{\partial^2}{\partial x^2} + \frac{\partial^2}{\partial y^2} + \frac{\partial^2}{\partial z^2}\right)\psi(x,y,z) + U\psi(x,y,z) = E\psi(x,y,z) \tag{9.18}$$

と書くことができる．式 (9.18) において微分係数に**ラプラス演算子**（Laplacian）

$$\nabla^2 = \left(\frac{\partial^2}{\partial x^2} + \frac{\partial^2}{\partial y^2} + \frac{\partial^2}{\partial z^2}\right) \tag{9.19}$$

を用いると，シュレーディンガー方程式は，以下の式で簡潔に表現される．

$$-\frac{h^2}{8\pi^2 m}\nabla^2\psi(x,y,z) + U\psi(x,y,z) = E\psi(x,y,z) \tag{9.20}$$

**ハミルトン演算子**（Hamiltonian）$H$ は，古典力学におけるハミルトン対応する演算子である．ハミルトン関数は，保存系では運動量の関数としての運動エネルギー $T$ と位置座標の関数としてのポテンシャルエネルギー $U$ との和で，全エネルギー $E$ に等しく，一粒子のハミルトン関数は次式のようになる．

$$H = T + U = \frac{p_{x^2} + p_{y^2} + p_{z^2}}{2m} + U(x,y,z) \tag{9.21}$$

ここで，$p_{x^2} = (-h^2/4\pi^2)(d^2/dx^2)$ である．

よって，シュレーディンガー方程式はハミルトン演算子を用いて次のように書き換えられる．

$$H\psi(x,y,z) = E\psi(x,y,z) \tag{9.22}$$

式 (9.19) は, 演算子 $H$ を関数 $\psi(x,y,z)$ に作用させた結果が同じ関数に定数 $E$ を掛けたものに等しいことを示している. このとき $\psi(x,y,z)$ は演算子 $H$ の**固有関数** (eigen function), $H$ は固有関数に対応するその演算子の**固有値** (eigen value) とよばれる. $\psi(x,y,z)$ が物理的に意味のある関数であるためには, 変数の全領域において連続, 1価, 有限でなければならない. このような条件を満たす解 $\psi(x,y,z)$ は $E$ があるとびとびの値をとるときのみ許され, 離散的なエネルギー準位が自動的に導出される.

$\psi(x,y,z)$ は**波動関数** (wave function) とよばれ, シュレーディンガーによって物質波の振幅としての意味を与えられた. そして, その絶対値の2乗 $|\psi(x,y,z)|^2$ が複素数関数ならば複素共役な関数 $\psi^*(x,y,z)$ との積 $|\psi(x,y,z)\psi^*(x,y,z)|$ は空間に広がった物質密度を意味すると解釈された. しかし, 実験による電子はいつも粒子として観測され, 1個の電子の密度分布が空間に広がって見出されることはない. この矛盾を説明するためにボーアは,「電子はあくまで粒子であるが, その挙動は波動性を示す. そのため, 電子の存在位置は明確にできず, 指定された位置に電子を見つけ出す確率を知ることができるだけである」と考えて, 波動関数 $\psi(x,y,z)$ に対して統計的な解釈を与えた. もし電子がある確立した位置にあり, 他の場所にないことがわかっていれば, 波動関数はその領域で大きな振幅をもち, ほかでは0でなければならない. 以上の議論から, 位置と運動量とは互いに相補的な関係にある. すなわち, 位置が確定すればするほど, 運動量は不確定になり, また, その逆が成り立つ. 運動量の不確定さと $\delta p$, 位置の不確定さ $\delta q$ との間には次の関数が成り立つ.

$$\delta p \delta q \geq h/4\pi \tag{9.23}$$

これを**ハイゼンベルク** (W. Heisenberg) の**不確定性原理** (uncertainty principle) という.

もし, ボーアの波動関数の解釈が妥当であれば, 波動関数の性質に制限がなければならない. $|\psi(x,y,z)|^2 dxdydz$ が $x\sim x+dx, y\sim y+dy, z\sim z+dz$ の間の微小体積中にその電子を見出す確率であるとすると, この確率を空間全体について合計すれば, その和は1でなければならない.

$$\int_{-\infty}^{+\infty} |\psi(x,y,z)|^2 dxdydz = 1 \tag{9.24}$$

---

*column*

シュレーディンガー
Erwin Rudolf Josef Alexander Schrödinger
1887-1961

[参照:「化学大辞典」, 東京化学同人]

オーストリアの理論物理学者. 1906年ウイーン大学に入学, 学位取得後, 実験物理学者の F. Exner の助手を務めた. 第一次大戦中軍務に従事し, 1921年にチューリッヒ大学教授として迎えられ, その後, ベルリン大学教授となった. 1933年, ナチス政権からの迫害を逃れ, オックスフォード大学に移り, 同年ノーベル物理学賞を受賞. 1936年にオーストリアのグラーツ大学教授の地位を得て帰国したが, 1938年, ナチスはオーストリアを併合した. 窮地に追い込まれ, ドイツを脱出後, 1939年, アイルランドのダブリン高等研究所教授に就任した. 初期の業績には連続体の物理学, 磁性・誘電体の運動学的理論, 固体の比熱に関する研究が知られている. 彼は, アインシュタインの一原子理想気体の量子論の論文中で, ド・ブロイが物質波のアイデアの重要性を指摘したことに触れ, これをヒントに, 非相対論的立場から電子波を記述する偏微分方程式, いわゆるシュレーディンガー波動方程式を導いた.

これを**規格化条件**（normalization condition）といい，この条件を満たす波動関数は規格化されているという．波動関数の2乗が粒子の存在確率を表すということは，その関数が連続で有限な1価関数で，無限遠でゼロになるものでなければならないことを意味している．

## ● 9.5 箱の中の電子の運動

シュレーディンガー方程式による最も簡単な例は，一次元の箱の中の粒子の問題である．距離 $L$ だけ離れた2つの壁で閉じ込められて，一次元（$x$ 軸に沿った）の直線上で運動している質量 $m$ の粒子，いわゆる箱の中の粒子を考える．この粒子のポテンシャルエネルギーは箱の中では0であり，箱の両端のポテンシャルは無限大の壁で，壁（$x=0, x=L$）や箱の外では，粒子を見つける確率は0（図9.5）とすると，式（9.17）は

$$-\frac{h^2}{8\pi^2 m}\frac{d^2\psi(x)}{dx^2} = E\psi(x) \tag{9.25}$$

となる．式（9.25）は，$k$ を実数として次式で表現できる．

$$\frac{d^2\psi(x)}{dx^2} = -k^2\psi(x) \tag{9.26}$$

ここで，

$$k^2 = \frac{8\pi^2 mE}{h^2} \tag{9.27}$$

である．式（9.25）の微分方程式の一般解は

$$\psi(x) = A\sin kx + B\cos kx \tag{9.28}$$

と書ける．ここで，$A, B, k$ は定数である．箱の中の粒子の境界条件を用いると，箱の両端で粒子を見つけだす確率は0なので，$\psi(0)$ と $\psi(L)$ は0である．$x=0$ では $\sin 0 = 0, \cos 0 = 1$ なので $B$ は0でなければならないので，$\psi(x) = A\sin kx$ となる．一方 $\psi(L) = 0$ からは，$\psi(L) = A\sin kL = 0$ となり，$kL = n\pi (n=1, 2, 3, \cdots)$ が得られる．したがって $k$ は

$$k = n\pi/L \quad (n=1, 2, 3, \cdots) \tag{9.29}$$

となる．式（9.27）と（9.29）から箱の中の粒子のエネルギーは次式で求まる．

$$E_n = \frac{n^2 h^2}{8mL^2} \quad (n=1, 2, 3, \cdots) \tag{9.30}$$

また，一次元の箱の中の粒子の波動関数は式（9.29）を用いて

$$\psi(x) = A\sin\left(\frac{n\pi}{L}x\right) \tag{9.31}$$

となる．次に，$A$ を決めるために規格化とよばれる操作を行う．

$$\int_{-\infty}^{+\infty}|\psi(x)|^2 dx = A^2\int_0^L \sin^2\left(\frac{n\pi}{L}\right)x dx = 1 \tag{9.32}$$

から，$A = \sqrt{2/L}$ が得られる．よって規格化された波動関数は

$$\psi_n = \sqrt{\frac{2}{L}}\sin\left(\frac{n\pi}{L}\right)x \tag{9.33}$$

となる．図9.6に，$n=1, 2, 3, 4$ のときの $E_n, \psi_n(x), [\psi_n(x)]^2$ を示す．

これらのモデルから得られる重要な結論は

(1) 量子論では，エネルギーは整数 $n$ によって，とびとびの値しか許されないことである．このとびとびの値をエネルギー準位という．

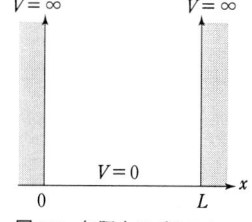

図9.5 無限大のポテンシャル障壁をもつ一次元の箱

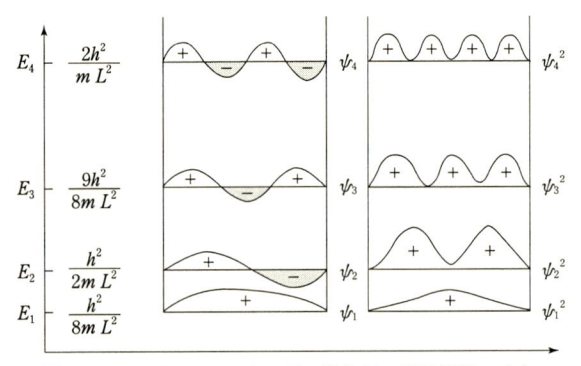

図 9.6  $n=1,2,3,4$ のエネルギー準位 $E_n$，波動関数 $\psi_n(x)$，粒子の存在確率 $[\psi_n(x)]^2$

(2) 最も低いエネルギー準位は0ではなく，$h^2/8mL^2$ である．この最低のエネルギーをゼロ点エネルギーという．もし，粒子の運動エネルギーが0となると，その速さも0となり，結果として運動量の不確定性がなくなり，不確定性原理に抵触する．

(3) 図9.6に示されるエネルギー準位間のエネルギー差 $\Delta E$ は

$$\Delta E = E_{n+1} - E_n = (2n+1)\frac{h^2}{8mL^2} \tag{9.34}$$

となる．式 (9.34) は箱の長さ $L$ が無限に大きくなれば $\Delta E$ は0になる．また，粒子の質量 $m$ が無限に大きくなっても $\Delta E$ は0になる．すなわち，箱や粒子の質量が大きくなればなるほど，量子化の効果は無視できるようになる．

【例題9.2】 電子が幅 0.3 nm の大きさの一次元の箱に閉じ込められているときのエネルギー準位を求めよ．また，$n=2$ の準位から $n=1$ の準位に遷移するときに放出される光の波数（m$^{-1}$）と波長（m）を求めよ．

[解] エネルギー準位は一次元の箱の幅 $L=0.3$ nm から式 (9.30) を用いて

$$E_n = \frac{n^2 h^2}{8\,mL^2} = n^2 \times 6.690 \times 10^{-19} \text{ J}$$

$n=2$ の準位から $n=1$ の準位遷移するので，式 (9.5) と (9.34) より波数と波長は次のようになる．

$$\bar{\nu} = \frac{E_2 - E_1}{hc} = 1.01 \times 10^7 \text{ m}^{-1}, \quad \lambda = 99 \text{ nm}$$

## ● 9.6 水素原子のシュレーディンガー方程式

1個の電子と1個の原子核からなる水素原子について考えてみよう．この系ではポテンシャルエネルギーが中心にある原子核からの距離 $r$ だけの関数であるような，力の場における粒子を波動力学的に取り扱うもので，得られる解は多電子系の研究の基礎として重要である．水素原子の原子核（$+e$）がつくる電場の中を運動する電子（$-e$）のシュレーディンガー方程式は

$$-\frac{h^2}{8\pi^2 m}\nabla^2 \psi(x,y,z) + U\psi(x,y,z) = E\psi(x,y,z) \tag{9.35}$$

となる．ここで，ポテンシャルエネルギー $U$ は

$$U(r) = -\frac{e^2}{4\pi\varepsilon_0 r} \tag{9.36}$$

で与えられる．この引力は球対称性（$r$だけに依存する）をもつので図9.7に示す極座標$(r,\theta,\phi)$で表現すると，式(9.35)は次のように表現される．

$$\frac{\partial^2}{\partial r^2}\psi(r,\theta,\phi) + \frac{2}{r}\frac{\partial}{\partial r}\psi(r,\theta,\phi) + \frac{1}{r^2\sin\theta}\frac{\partial}{\partial\theta}\sin\theta\frac{\partial}{\partial\theta}\psi(r,\theta,\phi)$$
$$+ \frac{1}{r^2\sin\theta}\frac{\partial^2}{\partial\theta^2}\psi(r,\theta,\phi) + \frac{8\pi^2 m}{h^2}\left(E + \frac{e^2}{4\pi\varepsilon_0 r}\right)\psi(r,\theta,\phi) = 0 \tag{9.36}$$

式(9.36)は，変数分離法を適応することにより，動径部分$R(r)$と，角度部分$\Theta(\theta)$と$\Phi(\phi)$の各成分を分離した関数として扱うことが可能になり，シュレーディンガー方程式は

$$\psi(r,\theta,\phi) = R(r)\Theta(\theta)\Phi(\phi) \tag{9.37}$$

で表される．この方程式の解は，$n,l,m$の3つの量子数により規定される．$n$は**主量子数**（principal quantum number）で，軌道の形を決める．$l$は**方位量子数**（azimuthal quantum number）で，軌道の形を決める．$m$は**磁気量子数**（magnetic quantum number）で，軌道の空間的な配向を決める．これらの3つの量子数によって水素原子の軌道が決定される．これらの量子数は以下の制約を受ける．

$$n = 1, 2, 3, \cdots \quad l = 0, 1, 2, \cdots, n-1 \quad m = 0, \pm 1, \pm 2, \cdots \pm l$$

ここで，$l = 0, 1, 2, 3$の状態を一般に，s, p, d, fと名付けて，主量子数$n$と合わせて表現される．例えば，$(n, l) = (1, 0)$の状態を1s, $(2, 1)$の状態を2p, $(3, 2)$の状態を3dとよぶ．磁気量子数$m_l$は$-l$から$l$までの$(2l+1)$個の整数をとる．したがって，p状態のとき，$m_l$は$-1, 0, 1$の値をとり，3重に縮重している．また，d状態のとき，$m_l$は$-2, -1, 0, 1, 2$の値をとり，5重に縮重している．このように，主量子数によって与えられるいくつかの軌道は原子の中で層状の核をつくる．また，$n = 1, 2, 3, 4$に対してK核，L核，M核，…とよばれる．

表9.1には$n = 1$と$n = 2$の水素原子の全波動関数を示した．水素原子の1s波動関数は表9.1に示すとおりである．

$$\psi_{1s}(r) = \frac{1}{\sqrt{\pi}}\left(\frac{1}{a_0}\right)^{3/2}\exp\left(-\frac{r}{a_0}\right) \tag{9.38}$$

ここで，$a_0$はボーア半径である．したがって，$\psi_{1s}$は$r$のみの関数となり，原点を中心とする球面上で一定値をとる．また，この1s関数を占める電子の確率密度も$r$だけの関数で，次式で与えられる．

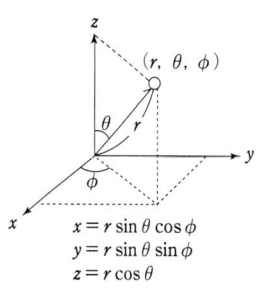

図9.7 直交座標と極座標の関係
$x = r\sin\theta\cos\phi$
$y = r\sin\theta\sin\phi$
$z = r\cos\theta$

**表9.1** 水素原子の波動関数（$a_0$：ボーア半径）

| $n$ | $l$ | $m$ | 波動関数 | 記号 |
|---|---|---|---|---|
| 1 | 0 | 0 | $\frac{1}{\sqrt{\pi}}\left(\frac{1}{a_0}\right)^{3/2}\exp\left(-\frac{r}{a_0}\right)$ | 1s |
| 2 | 0 | 0 | $\frac{1}{4\sqrt{2\pi}}\left(\frac{1}{a_0}\right)^{3/2}\left(2-\frac{r}{a_0}\right)\exp\left(-\frac{r}{2a_0}\right)$ | 2s |
| 2 | 1 | 0 | $\frac{1}{4\sqrt{2\pi}}\left(\frac{1}{a_0}\right)^{3/2}\frac{r}{a_0}\exp\left(-\frac{r}{2a_0}\right)\cos\theta$ | $2p_z$ |
| 2 | 1 | $\pm 1$ | $\frac{1}{4\sqrt{2\pi}}\left(\frac{1}{a_0}\right)^{3/2}\frac{r}{a_0}\exp\left(-\frac{r}{2a_0}\right)\sin\theta\cos\phi$ | $2p_x$ |
| | | | $\frac{1}{4\sqrt{2\pi}}\left(\frac{1}{a_0}\right)^{3/2}\frac{r}{a_0}\exp\left(-\frac{r}{2a_0}\right)\sin\theta\sin\phi$ | $2p_y$ |

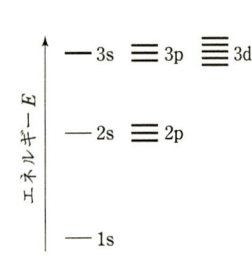

**図 9.8** 水素原子の
エネルギー準位

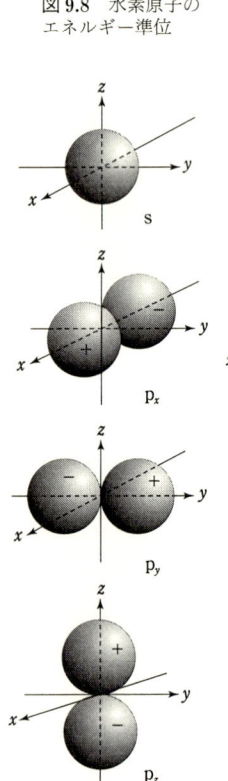

**図 9.9** s 軌道および p 軌道

$$\psi_{1s}(r)^2 = \frac{1}{\pi}\left(\frac{1}{a_0}\right)^3 \exp\left(a\frac{r}{a_0}\right) \tag{9.39}$$

また，電子が原子核からの距離 $r$ と $r+dr$ の間にある確率 $D(r)dr$ は，半径 $r$ と $r+dr$ の 2 つの球に囲まれる球殻の体積 $4\pi r^2 dr$ と式 (9.39) で次のように表され，

$$R(r) = 4\pi r^2 dr \psi_{1s}(r)^2 = \frac{4r^2}{a_0^3} \exp\left(-\frac{r}{a_0}\right) dr \tag{9.40}$$

これを電子の**動径分布関数** (radial distribution function) という．この関数の極大点は，1s 電子の存在確率の最も高いところで，その位置はボーア半径 $a_0 = 52.9$ pm に等しい．

シュレーディンガー方程式の解として得られる水素原子の電子エネルギー準位は，主量子数 $n$ だけに依存して決まり，得られる固有値 $E_n$ はボーアの理論の式と同じである．

$$E_n = -\frac{me^4}{8\pi^2 \varepsilon_0^2 h^2}\left(\frac{1}{n^2}\right) \quad (n=1,2,3,\cdots) \tag{9.41}$$

図 9.8 には水素原子のエネルギー準位を示す．

1s 電子の分布関数は，距離 $r$ が無限大において 0 になるから，電子は非常に広い範囲にわたって存在する．しかし，それでは原子の大きさは明確にできなくなるので，電子の大部分が存在する確率の領域をとり，これを原子の大きさと定義する．そうすることにより，水素原子は原子核のまわりに電子が球対称に分布した球として表すことができる．

2p に対する水素原子の波動関数は $m_l = -1, 0, 1$ の 3 つが存在するが，そのうち $m_l = 0$ の関数を $2p_z$ 関数とする．

$$\psi_{2p_z}(r,\theta) = \frac{1}{4\sqrt{2\pi}}\left(\frac{1}{a_0}\right)^{3/2}\left(\frac{r}{a_0}\right)\exp\left(-\frac{r}{2a_0}\right)\cos\theta \tag{9.42}$$

この $2p_z$ 関数は $xy$ 面で 0 となり，$z$ 軸の正方向と負方向で位相を異にし，$z$ 軸方向に高い密度分布をもつ．それは，図 9.9 に示すような球を 2 個串刺しにした形をしている．

## 9.7 周期律と電子配置

ナトリウム D 線などの原子スペクトルの多重線を説明するために，パウリ (W. Pauli) は 1924 年に，原子中にある電子は $n, l, m_l$ の量子数のほかに**スピン量子数** (spin quantum number) $m_s$ を導入した．その値は，$m_s = +1/2$ と $-1/2$ のみである．$m_s = +1/2$ は右まわりの自転に対応し，$\alpha$ スピン，$m_s = -1/2$ は左まわりの自転で，$\beta$ スピンで表される．さらに，パウリは多くの原子スペクトルの原子構造を説明するために，以下に述べる**排他原理** (exclusion principle) を提案した．すなわち，原子中の電子は，4 個の量子数 $(n, l, m_l, m_s)$ により規定される 1 つの状態にただ 1 個しか存在できない．言い換えれば，1 組の $n, l, m_l$ の値により決められる 1 つの軌道には，最高 2 個の電子が入りうる．電子が 2 個入るときは，そのスピン磁気量子数 $m_s$ は異ならなければならない．これをスピンが**逆平行** (antiparallel) といい，この 2 個の電子を**電子対** (electron pair) という．

また，フント (F. Hund) は量子数 $l$ の等しい軌道 $2p_x, 2p_y, 2p_z$ に電子が配置するときは，できるだけ異なる軌道に入り，しかも，それぞれの電子スピンは平

## 9.7 周期律と電子配置

行をとらなければならないことを見いだした．これを**フントの規則**という．

以上の規則の結果，$n=4$ までの各軌道に入りうる電子の数，記号などを表9.2 に示した．ここで，同じ $n$ の値をもつ軌道の一群を**殻**（shell）という．殻の名称は特性X線の系列に由来して用いられている．また，1組の $(n,l)$ が電子の最大数は $2n^2$ である．基底状態にある原子の電子配置は，低いエネルギー準位から順

**表9.2** 各状態に入りうる電子の数

| $n$ | 殻 | $l$ | 記号 | 電子の数 | |
|---|---|---|---|---|---|
| 1 | K | 0 | 1s | 2 | $2=2\times1^2$ |
| 2 | L | 0 | 2s | 2 | $8=2\times2^2$ |
|   |   | 1 | 2p | 6 | |
| 3 | M | 0 | 3s | 2 | $18=2\times3^2$ |
|   |   | 1 | 3p | 6 | |
|   |   | 2 | 3d | 10 | |
| 4 | N | 0 | 4s | 2 | $32=2\times4^2$ |
|   |   | 1 | 4p | 6 | |
|   |   | 2 | 4d | 10 | |
|   |   | 3 | 4f | 14 | |

**表9.3** 基底状態の電子配置

| 周期 | 元素 | K | L | | M | | | N | | | | O | | | | P | | | Q |
|---|---|---|---|---|---|---|---|---|---|---|---|---|---|---|---|---|---|---|---|
|   |   | 1s | 2s | 2p | 3s | 3p | 3d | 4s | 4p | 4d | 4f | 5s | 5p | 5d | 5f | 6s | 6p | 6d | 7s |
| 1 | 1 H   | 1 | | | | | | | | | | | | | | | | | |
|   | 2 He  | 2 | | | | | | | | | | | | | | | | | |
| 2 | 3 Li  | 2 | 1 | | | | | | | | | | | | | | | | |
|   | 4 Be  | 2 | 2 | | | | | | | | | | | | | | | | |
|   | 5 B   | 2 | 2 | 1 | | | | | | | | | | | | | | | |
|   | 6 C   | 2 | 2 | 2 | | | | | | | | | | | | | | | |
|   | 7 N   | 2 | 2 | 3 | | | | | | | | | | | | | | | |
|   | 8 O   | 2 | 2 | 4 | | | | | | | | | | | | | | | |
|   | 9 F   | 2 | 2 | 5 | | | | | | | | | | | | | | | |
|   | 10 Ne | 2 | 2 | 6 | | | | | | | | | | | | | | | |
| 3 | 11 Na | 2 | 2 | 6 | 1 | | | | | | | | | | | | | | |
|   | 12 Mg | 2 | 2 | 6 | 2 | | | | | | | | | | | | | | |
|   | 13 Al | 2 | 2 | 6 | 2 | 1 | | | | | | | | | | | | | |
|   | 14 Si | 2 | 2 | 6 | 2 | 2 | | | | | | | | | | | | | |
|   | 15 P  | 2 | 2 | 6 | 2 | 3 | | | | | | | | | | | | | |
|   | 16 S  | 2 | 2 | 6 | 2 | 4 | | | | | | | | | | | | | |
|   | 17 Cl | 2 | 2 | 6 | 2 | 5 | | | | | | | | | | | | | |
|   | 18 Ar | 2 | 2 | 6 | 2 | 6 | | | | | | | | | | | | | |
| 4 | 19 K  | 2 | 2 | 6 | 2 | 6 | | 1 | | | | | | | | | | | |
|   | 20 Ca | 2 | 2 | 6 | 2 | 6 | | 2 | | | | | | | | | | | |
|   | 21 Sc | 2 | 2 | 6 | 2 | 6 | 1 | 2 | | | | | | | | | | | |
|   | 22 Ti | 2 | 2 | 6 | 2 | 6 | 2 | 2 | | | | | | | | | | | |
|   | 23 V  | 2 | 2 | 6 | 2 | 6 | 3 | 2 | | | | | | | | | | | |
|   | 24 Cr | 2 | 2 | 6 | 2 | 6 | 5 | 1 | | | | | | | | | | | |
|   | 25 Mn | 2 | 2 | 6 | 2 | 6 | 5 | 2 | | | | | | | | | | | |
|   | 26 Fe | 2 | 2 | 6 | 2 | 6 | 6 | 2 | | | | | | | | | | | |
|   | 27 Co | 2 | 2 | 6 | 2 | 6 | 7 | 2 | | | | | | | | | | | |
|   | 28 Ni | 2 | 2 | 6 | 2 | 6 | 8 | 2 | | | | | | | | | | | |
|   | 29 Cu | 2 | 2 | 6 | 2 | 6 | 10 | 1 | | | | | | | | | | | |
|   | 30 Zn | 2 | 2 | 6 | 2 | 6 | 10 | 2 | | | | | | | | | | | |
|   | 31 Ga | 2 | 2 | 6 | 2 | 6 | 10 | 2 | 1 | | | | | | | | | | |
|   | 32 Ge | 2 | 2 | 6 | 2 | 6 | 10 | 2 | 2 | | | | | | | | | | |
|   | 33 As | 2 | 2 | 6 | 2 | 6 | 10 | 2 | 3 | | | | | | | | | | |
|   | 34 Se | 2 | 2 | 6 | 2 | 6 | 10 | 2 | 4 | | | | | | | | | | |
|   | 35 Br | 2 | 2 | 6 | 2 | 6 | 10 | 2 | 5 | | | | | | | | | | |
|   | 36 Kr | 2 | 2 | 6 | 2 | 6 | 10 | 2 | 6 | | | | | | | | | | |
| 5 | 37 Rb | 2 | 2 | 6 | 2 | 6 | 10 | 2 | 6 | | | 1 | | | | | | | |
|   | 38 Sr | 2 | 2 | 6 | 2 | 6 | 10 | 2 | 6 | | | 2 | | | | | | | |
|   | 39 Y  | 2 | 2 | 6 | 2 | 6 | 10 | 2 | 6 | 1 | | 2 | | | | | | | |
|   | 40 Zr | 2 | 2 | 6 | 2 | 6 | 10 | 2 | 6 | 2 | | 2 | | | | | | | |
|   | 41 Nb | 2 | 2 | 6 | 2 | 6 | 10 | 2 | 6 | 4 | | 1 | | | | | | | |
|   | 42 Mo | 2 | 2 | 6 | 2 | 6 | 10 | 2 | 6 | 5 | | 1 | | | | | | | |
|   | 43 Tc | 2 | 2 | 6 | 2 | 6 | 10 | 2 | 6 | 6 | | 1 | | | | | | | |
|   | 44 Ru | 2 | 2 | 6 | 2 | 6 | 10 | 2 | 6 | 7 | | 1 | | | | | | | |
|   | 45 Rh | 2 | 2 | 6 | 2 | 6 | 10 | 2 | 6 | 8 | | 1 | | | | | | | |
|   | 46 Pd | 2 | 2 | 6 | 2 | 6 | 10 | 2 | 6 | 10 | | | | | | | | | |
|   | 47 Ag | 2 | 2 | 6 | 2 | 6 | 10 | 2 | 6 | 10 | | 1 | | | | | | | |
|   | 48 Cd | 2 | 2 | 6 | 2 | 6 | 10 | 2 | 6 | 10 | | 2 | | | | | | | |
|   | 49 In | 2 | 2 | 6 | 2 | 6 | 10 | 2 | 6 | 10 | | 2 | 1 | | | | | | |
|   | 50 Sn | 2 | 2 | 6 | 2 | 6 | 10 | 2 | 6 | 10 | | 2 | 2 | | | | | | |
|   | 51 Sb | 2 | 2 | 6 | 2 | 6 | 10 | 2 | 6 | 10 | | 2 | 3 | | | | | | |

（第一遷移元素：Sc～Cu，第二遷移元素：Y～Ag）

次パウリの排他原理とフントの規則に従って電子を入れてつくられる．表9.3に以上の規則に従って入れられたHからSbの原子の電子配置を示す．このように原子の外側の電子配置は，原子番号とともに周期的に変化し，エネルギーの低い順から，K(1s), L(2s,2p), M(3s,3p,3d), N(4s,4p,4d,4f) となる．ただし，カッコ内の状態のエネルギー準位は接近していて，逆転することもある．

原子の電子配置に基づき元素の性質も周期的に変化する．この法則が**周期律**（periotic law）である．一例として，原子の（第1）イオン化エネルギーの原子番号による周期的変化を図9.10に示した．第1周期の原子のイオン化エネルギーは最も高いエネルギーを示す．これはs(2), p(6)の電子配置をもつ外殻から電子を取り去るには大きなエネルギーを要することを示している．第2周期ではベリリウムよりもホウ素が，窒素よりも酸素のイオン化エネルギーが小さい．ホウ素原子から2p電子を取り去ると球対称をもったベリリウム原子に相当する殻が残るので，必要なエネルギーはベリリウムのイオン化エネルギーよりも小さくてすむからである．また，窒素の3個のp電子はフントの法則によって別々の軌道にスピン平行の状態で入っているが，酸素では4番目のp電子はスピン逆平行で対をつくっている．このため電子間反発が生じてエネルギー状態が高くなり，イオン化はその分容易になる．第3周期でも同様の現象が観測される．同属の元素では周期が進むと電子を取り去りやすくなるが，これは，主量子数 $n$ の増加で最外殻の電子が高いエネルギー準位に属することに起因している．

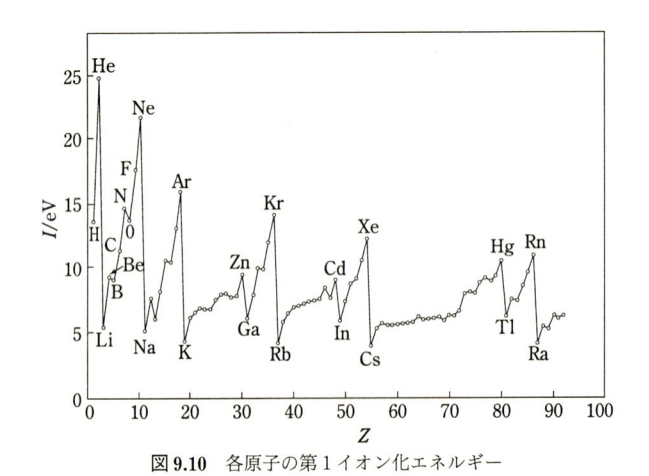

図9.10 各原子の第1イオン化エネルギー

## 練 習 問 題（9章）

**9.1** 式 (9.1) において，黒体放射が極大を与える波長 $\lambda_{max}$ の関係

$$\frac{d}{d\lambda_{max}}\left(\frac{dU}{d\lambda_{max}}\right) = 0$$

から，短波長領域で $\lambda_{max} T = hc/5k$ となることを示せ．ここで $T$ は絶対温度，$h$ はプランク定数，$c$ は光速度，$k$ はボルツマン定数である．

**9.2** 電気的に加熱した容器にあけた小さな穴から観測される光のエネルギーの極大を与える波長をいろいろな温度で測定した．$\lambda_{max} T = hc/5k$ の関係を用いて，以下の測定値からプランク定数を導け．

| T/°C | 1000 | 1500 | 2000 | 2500 | 3000 |
|---|---|---|---|---|---|
| $\lambda_{max}$/nm | 2180 | 1600 | 1240 | 1035 | 878 |

**9.3** 一辺 $a$ の一次元の箱の中の粒子に対するシュレーディンガー方程式を解き，波動関数とエネルギー準位を求めよ．

**9.4** 一辺 $a$ の立方体の箱の中にある粒子のエネルギー準位で，エネルギー値の低い最初の準位の縮重度を求めよ．

**9.5** 水素原子の基底状態の波動関数は $\exp(-r/a_0)$ に比例するとき，$\psi(r) = C\exp(-r/a_0)$ の規格化定数を求めよ．ここで，$a_0$ は定数である．

**9.6** 炭素，窒素，酸素，フッ素原子の 2s 軌道および 2p 軌道の電子配置を示せ．

**9.7** 周期表の第 1 周期から第 5 周期までの各周期について，満たされていく軌道の名称と元素数を示せ．

**9.8** アルカリ金属原子のイオン化エネルギーは小さく，陽イオンになりやすい．一方，ハロゲン元素は電子親和力が大きく陰イオンになりやすい．このことをそれぞれの原子内電子配置から説明せよ．

# 10 化学結合

## ● 10.1 化学結合の理論

化学結合は原子と原子をつなぐもので，化学のあらゆる面で中心的な位置にある．結合は反応によってできたり壊れたりし，また，分子の構造は化学結合に依存する．分子や分子集合体の構造や性質は，原子が互いに結合をつくるときに生じる原子密度の変化に起因するものであり，それらを理解する方法として，**原子価結合法**（valence bond theory，VB 法）と**分子軌道法**（molecular orbital method，MO 法）がある．これらの方法はいずれも，シュレーディンガー方程式を近似的に解く方法である．原子価結合法では，原子間で異なるスピンをもつ軌道が接近しスピンを形成することにより結合ができるとし，分子の電子構造を構成原子間での結合の組合せとして記述する．一方，分子軌道法では，初めから分子全体に広がった軌道（**分子軌道**）を用いる考え方である．

## ● 10.2 原子価結合法

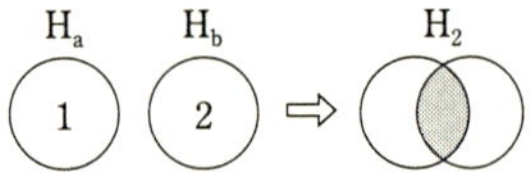

図 10.1 ２つの水素原子 1s 軌道間の重なりによる水素分子の共有結合形成

２つの H 原子から１つの $H_2$ 分子が形成される場合について考える．図 10.1 には２つの H 原子の 1s 軌道の重なるようすを表した．基底状態では，電子 1 は原子 a の 1s 軌道にあり，電子 2 は原子 b の 1s 軌道にある．この２つの 1s 軌道をそれぞれで $\phi_a$, $\phi_b$ で表すと，2 電子の全体としての波動関数は

$$\psi = \phi_a(1) + \phi_b(2) \tag{10.1}$$

となる．この２原子が結合をつくったときには，電子 1 は $\phi_a$ にあり，電子 2 は $\phi_b$ にあると，同時に電子 2 が $\phi_a$ に，電子 1 が $\phi_b$ に存在する可能性もあり，その場合の波動関数は

$$\psi = \phi_a(2) + \phi_b(1) \tag{10.2}$$

と書ける．量子力学では，ある２つの結果が同等に可能である場合，その２つに対応する波動関数を加え合わせる．したがって，水素分子の２電子に対する波動関数は

$$\psi = \phi_a(1)\phi_b(2) + \phi_a(2)\phi_b(1) \tag{10.3}$$

となる．これが水素分子の結合に対する原子価結合法の波動関数である．$\psi$ は 2 個の水素原子 1s 軌道を併合してつくるから，分子内の電子の分布は図 10.1 に示す形状を示す．核と核を結ぶ軸のまわりに円筒対称をもつ原子価結合波動関数を **σ 結合**という．

２個以上の電子と原子からなる分子である $N_2$ について原子価結合法の価電子の配置は，$2s^2 2p_x^1 2p_y^1 2p_z^1$ である．原子の $2p_z$ 軌道は他方の原子の $2p_z$ 軌道の方を向き，$2p_x$ と $2p_y$ の軌道は軸に対して垂直になる（図 10.2）．これらの p 軌道にはおのおの 1 個の電子をもっているから，隣り合った原子上の適合する軌道と合体して，電子対をつくることにより分子ができると考える．２つの $2p_z$ 軌道の合体とその電子対の形状によって円筒対称をもつ σ 結合が得られる．一方，$2p_x$,

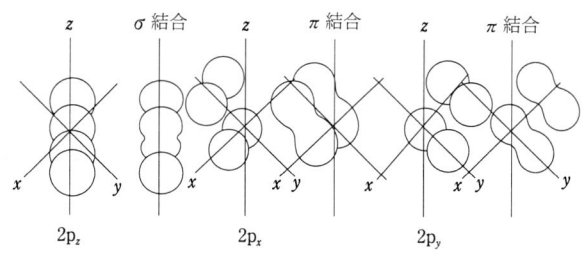

**図 10.2** $N_2$ の結合は 2p 軌道が電子対を形成によりつくられる

$2p_y$ 軌道は核と核を結ぶ軸まわりに円筒対称をもたないので軌道が合体して $\sigma$ 結合をつくることはできない．そこで，2 つの $2p_x$ および $2p_y$ 軌道どうしが合体して，電子対をつくると **π結合**が形成される．一般に 2 つの p 軌道が横方向に接近して合体し，その電子対が形成されると $\pi$ 結合を生じる．$N_2$ 分子の結合は 1 本の $\sigma$ 結合と 2 本の $\pi$ 結合からできていることになる．

## ● 10.3 共有結合のイオン性

異核二原子分子では，中性の共有結合の波動関数のほかに，極性をもつ分子の波動関数を考慮する必要がある．共有結合を表す水素分子の波動関数 $\psi_{cov}$ は，原子価結合法では

$$\psi_{cov} = \phi_a(1)\phi_b(2) + \phi_a(2)\phi_b(1) \tag{10.4}$$

と表せる．次に，電子が一方の核に偏った状態を表す波動関数 $\psi_{ion}$ は，核 a，核 b にそれぞれ 2 個の電子が入り，$a^-b^+$，$a^+b^-$ のイオン構造の波動関数で，

$$\psi_{ion} = \phi_a(1)\phi_a(2) + \phi_b(1)\phi_b(2) \tag{10.5}$$

で表せる．そこで，全波動関数は共有結合構造とイオン構造を表す波動関数の和とイオン結合性の割合 $\lambda$ を用いて，

$$\psi = C(\psi_{cov} + \lambda \psi_{ion}) \tag{10.6}$$

となる．ここで，$C$ は規格化条件である．イオン結合性の割合は次式で与えられる．

$$C^2 \lambda^2 \frac{\int \psi_{ion}^2 d\tau}{\int \psi^2 d\tau} = \frac{\lambda^2}{1+\lambda^2} \tag{10.7}$$

これより，共有結合性の割合は全体からイオン結合性の割合を差し引いて得られる．

$$\frac{1}{1+\lambda^2} \tag{10.8}$$

これより，共有結合性とイオン結合性の割合は $1 : \lambda^2$ になる．

電子密度は軌道エネルギーの低い原子 b の場所で大きい値となる．このため，分子内の電荷 $e$ に偏り $+\delta$ と $-\delta$ が生じ，原子間距離を $R$ として，**双極子モーメント**（dipole moment）$\mu$ は

$$\mu = \delta R \tag{10.9}$$

で与えられる．このとき $\delta$ は次式のようになる．

$$\delta = \frac{(\lambda^2-1)e}{1+\lambda^2+2\lambda S} \tag{10.10}$$

実測の双極子モーメント $\mu$ と原子間距離 $R$,重なり積分 $S$ の値を知れば,$\lambda$ の値を推定することができる.

### ● 10.4 混成軌道と結合の方向性

共有結合はイオン結合と異なり飽和性と方向性を有している.例えば,酸素の基底状態における価電子の配置は

$$1s[\uparrow\downarrow]\ 2s[\uparrow\downarrow]\ 2p_x[\uparrow]\ 2p_y[\uparrow]\ 2p_z[\uparrow\downarrow]$$

となる.矢印は電子のスピンの方向性を表し,$2p_x$, $2p_y$, $2p_z$ の同じエネルギー準位の軌道がいくつかある場合,電子はフントの規則に従って配置される.すなわち,電子はできるだけ別々の軌道に入り,スピンは平行になろうとする.酸素原子では,スピンが対になっていない電子が 2 個ある.おのおのの不対電子は他の原子の不対電子と対をなして共有結合をつくることができるから,酸素の原子価は 2 価である.酸素原子の 2 つの $2p_x$, $2p_y$ 軌道がそれぞれ水素原子の 1s 軌道と重なり合って O-H 結合をつくる.この軌道の重なりは,$x$ 軸上の正の方向から水素原子が近づくとき最大となる.2 個の O-H 結合に対する結合性分子軌道 $\psi(\mathrm{I})$ と $\psi(\mathrm{II})$ は,酸素原子の $2p_x$ または $2p_y$ 軌道と水素原子の 1s 軌道の一次結合となり

$$\psi(\mathrm{I})=C\,(\phi_{\mathrm{O},2p_x}+\lambda\phi_{\mathrm{H},1s}) \tag{10.11}$$

$$\psi(\mathrm{II})=C\,(\phi_{\mathrm{O},2p_y}+\lambda\phi_{\mathrm{H},1s}) \tag{10.12}$$

で与えられる.$\psi(\mathrm{I})$ と $\psi(\mathrm{II})$ は**局在分子軌道**とよばれる.したがって,水の基底状態の酸素の電子配置は

$$1s[\uparrow\downarrow]\,2s[\uparrow\downarrow]\,2p_z[\uparrow\downarrow]\,\psi(\mathrm{I})[\uparrow\downarrow]\,\psi(\mathrm{II})[\uparrow\downarrow]$$

となる.すなわち,酸素原子の 1s, 2s,および $2p_z$ 軌道に電子が 2 個ずつ入り,局在分子軌道 $\psi(\mathrm{I})$ と $\psi(\mathrm{II})$ に,酸素原子の $2p_x$, $2p_y$ 軌道に入っていた不対電子と水素原子の 1s 電子がそれぞれスピン対をなして入る.ここで,酸素の $2p_z$ 軌道中の電子は孤立電子対となっている.以上より,水分子中の 2 個の O-H 結合の長さは等しく,また結合角は 90° と予想される.これに対して,実験値は 104.5° である.この差は水素原子間の反発によると考えられる.

炭素原子の電子配置は基底状態で,

$$1s[\uparrow\downarrow]\,2s[\uparrow\downarrow]\,2p_x[\uparrow]\,2p_y[\uparrow]$$

2 個の不対電子が $2p_x$ と $2p_y$ 軌道を占めている.したがって,炭素原子の原子価は 2 価で,その結合角は 90° を示すはずである.しかし,実際の原子価は 4 価であり,結合角は正四面体角 109°28′ に近い.そこで,ポーリング(L. C. Pauling)は炭素原子の結合の本質を理解するための**混成軌道**(hybrid orbital)という概念を提案した.その方法は,まず,2s 電子の 1 個を $2p_z$ 軌道に励起させ,それによって生じたすべての不対電子を,スピンをそろえた配置にすることである.

$$1s[\uparrow\downarrow]\,2s[\uparrow]\,2p_x[\uparrow]\,2p_y[\uparrow]\,2p_z[\uparrow]$$

こうすることにより,炭素原子は 2 価でなく 4 価となることができる.メタン分子の 4 本の C-H 結合が等価であることにより,この 4 価の原子価の等価性を満たす新しい軌道 $\psi_{\mathrm{hyb}}{}^1$, $\psi_{\mathrm{hyb}}{}^2$, $\psi_{\mathrm{hyb}}{}^3$, $\psi_{\mathrm{hyb}}{}^4$ をつくる.この新しい軌道は 2s 軌道と 3 個の 2p 軌道の一次結合で与えられ,$sp^3$ 混成軌道という.

$$\psi_{sp^3}{}^i = a_i\phi_{2s} + b_i\phi_{2p_x} + c_i\phi_{2p_y} + d_i\phi_{2p_z} \quad (i=1,\ 2,\ 3,\ 4) \tag{10.13}$$

その結果得られる炭素原子の電子配置は

$$1s[\uparrow\downarrow]\,\phi_{sp^3}{}^1[\uparrow]\,\phi_{sp^3}{}^2[\uparrow]\,\phi_{sp^3}{}^3[\uparrow]\,\phi_{sp^3}{}^4[\uparrow]$$

> **column**
>
> **ポーリング**
> Linas Carl Pauling
> 1901-94
>
> アメリカの物理化学者. オレゴン農科大学 (現 州立大学) 卒業後, カリフォルニア工科大学で博士学位を取得, 欧州に留学し, A. J. W. Sommerfeld, E. Schrödinger, N. H. D. Bohr に理論物理学を学ぶ. 帰国後, 1931 年にカリフォルニア工科大学教授に就任, その後, スタンフォード大学教授を歴任後, ライナス・ポーリング化学医学研究所を創立し, 初代所長, 理事長, 1949 年には米国化学会会長を務めた. 結晶イオン半径の計算, イオン結晶の構造決定原理の提唱を行った. 量子力学習得後, 化学結合理論を発展させた. 著書の "The Nature of the Chemical Bond" は化学者に広く読まれた. 1930 年代後半以降, 生化学や医学方面にも関心を広げ, 鎌形赤血球貧血におけるヘモグロビン分子の異常を発見して分子病と命名した. 1951 年, C. B. Corey とともにペプチド鎖のヘリックス構造を提唱, 1954 年にノーベル化学賞を受賞した. また, 彼は反核・反戦平和の運動家としても有名である. 世界化学者連盟副会長, 平和擁護委員会や原子力化学者緊急委員会の委員として活動し, ラッセル-アインシュタイン声明に署名し, 核拡散防止会議を組織した. 1963 年, ノーベル平和賞を受賞.
>
> [参照:「化学大辞典」東京化学同人]

となる. この sp$^3$ 混成軌道状態において, 炭素原子は水素原子と等価な 4 本の C-H 結合をつくる. そのようすを図 10.3 に示した. sp$^3$ 混成軌道は立方体の中心から 4 個の頂点に向かって高い電子分布を与え, 2p$_x$, 2p$_y$, 2p$_z$ 軌道ともに等しい. したがって,

$$\psi_{sp^3}{}^i = a_i \phi_{2s} + b_i (\phi_{2p_x} + \phi_{2p_y} + \phi_{2p_z}) \tag{10.14}$$

とおくことができる. この軌道の規格化と直交条件から, 4 個の sp$^3$ 混成軌道は

$$\psi_{sp^3}{}^1 = (1/2)(\phi_{2s} + \phi_{2p_x} + \phi_{2p_y} + \phi_{2p_z}) \tag{10.16}$$

$$\psi_{sp^3}{}^2 = (1/2)(\phi_{2s} + \phi_{2p_x} - \phi_{2p_y} - \phi_{2p_z}) \tag{10.17}$$

$$\psi_{sp^3}{}^3 = (1/2)(\phi_{2s} - \phi_{2p_x} + \phi_{2p_y} - \phi_{2p_z}) \tag{10.18}$$

$$\psi_{sp^3}{}^4 = (1/2)(\phi_{2s} - \phi_{2p_x} - \phi_{2p_y} + \phi_{2p_z}) \tag{10.19}$$

で与えられる.

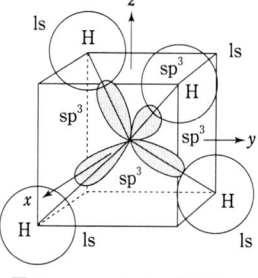

図 10.3 メタンの sp$^3$ 混成軌道と C-H 結合

sp$^2$ 混成軌道は 2s, 2p$_x$, 2p$_y$ 軌道を用いて混成軌道をつくり, これらの軌道を同一平面で, 互いの軌道を 120° をなすようにとる.

$$\psi_{sp^2}{}^i = a_i \phi_{2s} + b_i \phi_{2p_x} + c_i \phi_{2p_y} \quad (i=1, 2, 3) \tag{10.20}$$

この結果, 得られた炭素原子の電子配置は

$$1s[\uparrow\downarrow] \psi_{sp^2}{}^1[\uparrow] \psi_{sp^2}{}^2[\uparrow] \psi_{sp^2}{}^3[\uparrow] 2p_z[\uparrow]$$

となる. エチレン分子中の炭素原子では, $\psi_{sp^2}{}^1$, $\psi_{sp^2}{}^2$, および $\psi_{sp^2}{}^3$ のうち 1 個が C-C 結合のために使われ, 他の 2 個は水素原子の C-H 結合をつくる. したがって, 炭素原子のまわりのすべての結合は同一平面内に存在する. また, これら各結合性軌道は結合軸のまわりに軸対称であるから σ 結合である. sp$^2$ 混成軌道は正三角形の重心から各頂点に向かって高い電子分布を与える. いま, $\psi_{sp^2}{}^1$ 軌道が $x$ 軸方向に向かうとき,

$$\psi_{sp^2}{}^1 = a \phi_{2s} + b \phi_{2p_x} \tag{10.21}$$

となり, $\psi_{sp^2}{}^2$ および $\psi_{sp^2}{}^3$ は $\psi_{sp^2}{}^1$ と 120° の角度をなすから,

$$\psi_{sp^2}{}^2 = a \phi_{2s} + b \left\{ -\frac{1}{2} \phi_{2p_x} + \left(\frac{3}{4}\right)^{1/2} \phi_{2p_y} \right\} \tag{10.22}$$

$$\psi_{sp^2}{}^3 = a \phi_{2s} + b \left\{ -\frac{1}{2} \phi_{2p_x} - \left(\frac{3}{4}\right)^{1/2} \phi_{2p_y} \right\} \tag{10.23}$$

となる. この 3 つの軌道の規格化と直交条件から, $a=(1/3)^{1/2}$, $b=(2/3)^{1/2}$ が得られ, sp$^2$ 混成軌道として次の 3 個の軌道を得ることができる.

$$\psi_{sp^2}{}^1 = \left(\frac{1}{3}\right)^{1/2} \phi_{2p} + \left(\frac{2}{3}\right)^{1/2} \phi_{2p_x} \tag{10.24}$$

$$\psi_{sp^2}{}^2 = \left(\frac{1}{3}\right)^{1/2} \phi_{2s} - \left(\frac{1}{6}\right)^{1/2} \phi_{2p_x} + \left(\frac{1}{2}\right)^{1/2} \phi_{2p_y} \tag{10.25}$$

$$\psi_{sp^2}{}^3 = \left(\frac{1}{3}\right)^{1/2} \phi_{2s} - \left(\frac{1}{6}\right)^{1/2} \phi_{2p_x} - \left(\frac{1}{2}\right)^{1/2} \phi_{2p_y} \tag{10.26}$$

2sと2$p_x$軌道のみを用いるsp混成軌道は，各軌道どうしが同一直線上にあり，その方向が正反対で，炭素原子の電子配置は

$$1s[\uparrow\downarrow]\,\psi_{sp}{}^1[\uparrow]\,\psi_{sp}{}^2[\uparrow]\,2p_y[\uparrow]\,2p_z[\uparrow]$$

となる．アセチレン分子中の炭素原子では，$\psi_{sp}{}^1$と$\psi_{sp}{}^2$のうち1個がC-C結合のために使われ，他の1個は水素原子とC-H結合をつくる．

sp混成軌道は$x$軸上の正方向に$\psi_{sp}{}^1$が，負方向に$\psi_{sp}{}^2$が存在するので，

$$\psi_{sp}{}^1 = a\phi_{2s} + b\phi_{2p_x} \tag{10.27}$$

$$\psi_{sp}{}^2 = a\phi_{2s} - b\phi_{2p_x} \tag{10.28}$$

で表現される．規格化と直交条件より，$a = b = (1/2)^{1/2}$が得られ，sp混成軌道は次のようになる．

$$\psi_{sp}{}^1 = \left(\frac{1}{2}\right)^{1/2} \phi_{2s} + \left(\frac{1}{2}\right)^{1/2} \phi_{2p_x} \tag{10.29}$$

$$\psi_{sp}{}^2 = \left(\frac{1}{2}\right)^{1/2} \phi_{2s} - \left(\frac{1}{2}\right)^{1/2} \phi_{2p_x} \tag{10.30}$$

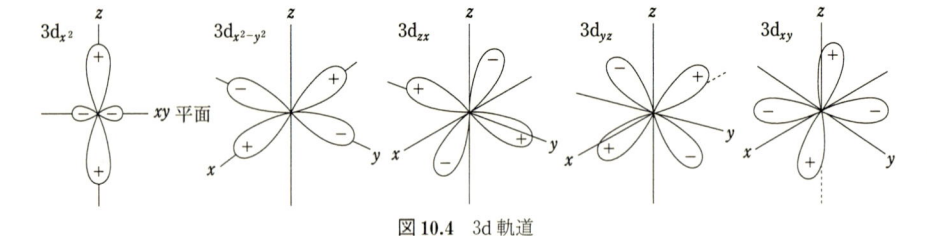

図10.4 3d軌道

第1系列の遷移金属には3d軌道があり，いろいろな配位子と錯体を形成する．配位子と結合するときには3d軌道が果たす役割は重要である．3d軌道は図10.4に示す5つの独立した軌道からなり，エネルギー的にはすべて等価である．5つのd軌道は，それぞれ$d_{xy}$, $d_{yz}$, $d_{zx}$, $d_{x^2-y^2}$, $d_{z^2}$で，$d_{x^2-y^2}$と$d_{z^2}$は座標軸上に伸びている軌道で，残りの$d_{xy}$, $d_{yz}$, $d_{zx}$は座標軸と座標軸の中間方向に伸びている軌道である．このため，$x$, $y$, $z$軸にそって配位子が遷移金属が近づいたとき，座標軸に伸びている$d_{x^2-y^2}$軌道，$d_{z^2}$軌道が最も強く相互作用する．一般によく知られたd軌道との混成軌道には，[Co(NH$_3$)$_6$]$^{3+}$の正八面体d$^2$sp$^3$混成や，[Ni(CN)$_4$]$^{2-}$の平面正方dsp$^2$混成がある．表10.1に代表的な混成軌道とその代

表10.1 代表的な混成軌道

| 混成軌道 | 結合電子対 | 非共有電子対 | 立体配置 | 結合角 | 例 |
|---|---|---|---|---|---|
| sp | 2 | 0 | 直線 | 180° | C$_2$H$_2$ |
| sp$^2$ | 3 | 0 | 三角形 | 120° | C$_2$H$_4$ |
| sp$^3$ | 4, 3, 2 | 1, 2 | 四面体 | 109°28′ | CH$_4$ |
| dsp$^2$ | 4 | 0 | 正方形 | 90° | [Ni(CN)$_4$]$^{2-}$ |
| d$^2$sp$^3$ | 6 | 0 | 八面体 | 90° | [Co(CNH$_3$)$_6$]$^{3+}$ |

表的な化合物を示した．

## 10.5 分子軌道法

化学結合を説明する第2の理論，**分子軌道法**では2つの原子軌道が合体して分子軌道になるとする考え方である．

今，2つの水素原子，$H_a$ と $H_b$ から水素分子をつくる場合を考える．2つの1s波動関数を結合距離まで近づけたとき，同位相では2つの波動関数の振幅は足し合わせになり，逆位相では引き算となる（図10.5）．この場合，図10.5の真中の状態となり，同位相では2つの原子核の間の電子密度は高くなるが，逆位相では0となる（右側）．このような相互作用により，結合性 $\sigma$ 分子軌道および反結合性 $\sigma^*$ 分子軌道が形成される（図10.5）．

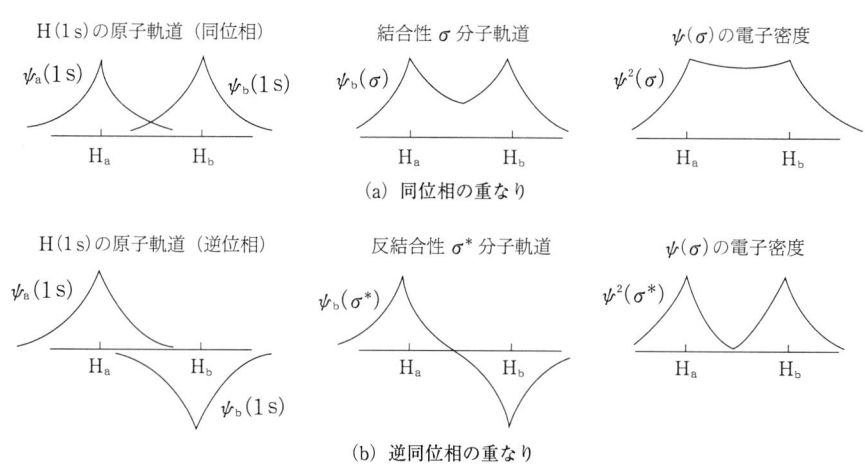

図10.5 2つの水素原子による1s軌道の重なりと電子密度

$\sigma$ 軌道および $\sigma^*$ 軌道は原子軌道の線形結合で表現される．これを LCAO-MO 法とよび，分子軌道の波動関数は次式で与えられる．すなわち，2つの原子軌道が一次結合するとき，必ず構成原子の原子軌道と同数の分子軌道ができる．

$$\psi(\sigma) = C(\psi_a + \psi_b) \tag{10.31}$$

$$\psi(\sigma^*) = C(\psi_a - \psi_b) \tag{10.32}$$

ここで，+の記号は結合性 $\sigma$ 軌道を，-の記号は反結合性 $\sigma^*$ 軌道を表している．$C$ は規格化定数である．

$H_2$ 分子にある電子対は結合性分子軌道の中に存在すると考えるので，式(10.31)，(10.32) の両辺を2乗すると

$$\psi(\sigma)^2 = C^2(\psi_a^2 + \psi_b^2 + 2\psi_a\psi_b) \tag{10.33}$$

$$\psi(\sigma^*)^2 = C^2(\psi_a^2 + \psi_b^2 - 2\psi_a\psi_b) \tag{10.34}$$

となる．$H_2$ 分子の形成により水素原子核 a, b のまわりに電子を発見する確率は，単独 H 原子状態に比べて電子密度は $2\psi_a\psi_b$ だけ増加する．この増加は2つの原子軌道の重なりによるものである．$\psi(\sigma)$ と $\psi(\sigma^*)$ の相違は，反結合性軌道ではこの重なりが $-2\psi_a\psi_b$ で与えられ，電子密度の減少に対応している．$\psi_a$，$\psi_b$ が混ざり合って分裂するときのようすを図10.6に示す．結合性 $\sigma$ 分子軌道では，そのエネルギーは1sエネルギーよりも小さく，反結合性 $\sigma^*$ 分子軌道では，そのエネルギーは1sエネルギーよりも高くなる．エネルギー準位の分裂は，原子

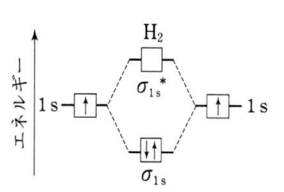

図10.6 水素分子の分子軌道エネルギーと電子密度

軌道から分子軌道がつくられるときにいつも起こる．そのエネルギーの分裂の大きさは原子軌道の混ざり合いの程度により異なり，軌道相互作用が大きいほど分裂の幅は大きくなる．

二原子分子の安定性を，二原子間の結合の数，結合次数 $B$ を計算することにより推定でき，次式で与えられる．

$$B = \frac{1}{2}(結合性分子軌道の電子数 - 反結合性分子軌道の電子数) \quad (10.35)$$

$H_2$ 分子の場合，結合性軌道に電子が 2 個あり反結合性軌道に電子がないため，結合次数は 1 であり共有結合が 1 つ存在することで，水素分子は安定に存在する．

**【例題 10.1】** 一酸化炭素（NO）の電子配置を示し，それぞれの結合次数を計算せよ．

**[解]** N 原子と O 原子の電気陰性度は同程度である．そのため，形成される分子軌道は，$N_2$ 分子の場合や CO 分子の場合とよく似ている．NO 分子の場合は，$N_2$ 分子より電子数が 1 個多いためにその電子配置は

$$(\sigma_{1s})^2(\sigma_{1s}{}^*)^2(\sigma_{2s})^2(\sigma_{2s}{}^*)^2(\pi_x)^2(\pi_y)^2(\sigma_{2p})^2(\pi_x{}^*)^1$$

となる．また，結合次数 $B$ は，内側（$\sigma$ 軌道）の電子の影響をすべて足せばよいので，

$$B = \frac{1}{2}(結合性分子軌道の電子数 - 反結合分子軌道の電子数)$$
$$= \frac{1}{2}(6-1) = 2.5$$

で与えられる．

## 10.6 二原子分子

### a. 等核二原子分子

p 軌道を有する**等核二原子分子**は，結合軸方向を $z$ 軸とすると 3 つの p 軌道は同等ではなく，$p_z$ 軌道と $p_x$ および $p_y$ 軌道は異なっている．p 軌道の混成も s 軌道の混成と同様，それぞれ結合性と反結合性の 2 つずつの分子軌道を生じる．結合軸方向に円柱対称性をもつ $p_z$ 原子軌道で得られる分子軌道を **$\sigma_p$ 分子軌道**とよぶ．一方 $p_x$ 軌道および $p_y$ 軌道の混成は **$\pi_p$ 分子軌道**とよぶ．それらの電子軌道を図 10.7 に示す．$\pi_p$ 結合に比べて $\sigma_p$ 結合の方が結合軸付近の電子密度が大きいので $\sigma_p$ 結合の方が強い結合となる．したがって，分裂に伴う安定化エネルギーは $\sigma_p$ 準位の方が $\pi_p$ よりも大きい．図 10.8 にはエネルギー準位図を示す．

Li から Ne までの第 2 周期の原子同士でつくられる等核二原子分子の原子配置は図 10.9 のエネルギー準位に従って下の準位から順に電子を入れる．$O_2$，$F_2$，$Ne_2$ 分子は図 10.9 の準位をそのまま当てはめることができる．フントの法則に従って電子を入れると $\pi^*$ 軌道にスピンを平行にして 2 個の不対電子が存在することになる．$Li_2$，$Be_2$，$C_2$，$N_2$ では，対称性が同じで，エネルギー準位が近い場合では $\sigma_{2s}{}^*$ と $\sigma_{2p}$ との間に相互作用が生じ，結合性 $\sigma_{2p}$ と $\pi_{2p}$ の順序が入れ替わる．

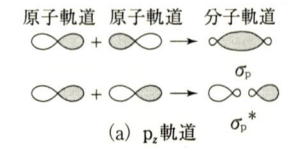

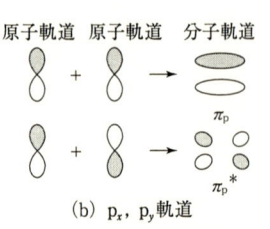

**図 10.7** 2p 原子軌道の重なり

### b. 異核二原子分子

第 1，第 2 周期の元素を含む**異核二原子分子**は，基本的に等核二原子分子の場

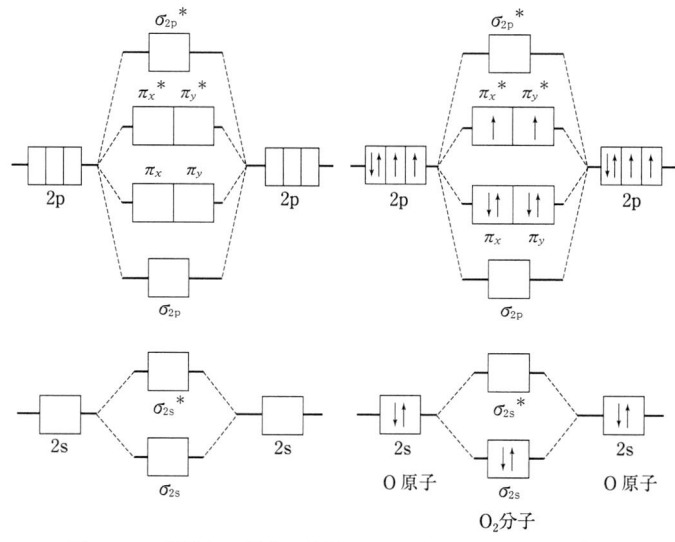

図10.8 2s軌道と2p軌道の分裂によって生じるエネルギー準位図($O_2$, $F_2$, $Ne_2$)と酸素分子の電子配置（1s電子軌道は省略）

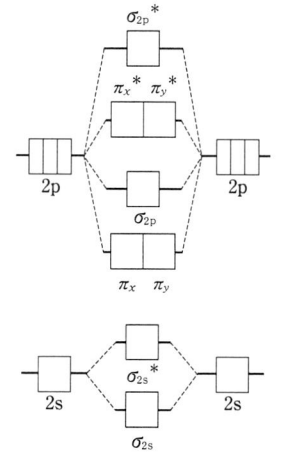

図10.9 2s軌道と2p軌道の分裂によって生じるエネルギー準位図($Li_2$, $Be_2$, $C_2$, $N_2$)（1s電子軌道は省略）

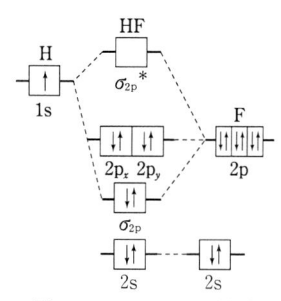

図10.10 HFの分子軌道エネルギー準位と電子配置（1s電子軌道は省略）

合と同じである．しかし，原子が異なるため，分子軌道の位置が原子軌道のように対称にならない．特に結合性分子軌道は，電気陰性度の高い方の元素の原子軌道によく似たものになる．反結合性軌道については，その逆で，電気陰性度の低い方の元素の原子軌道によく似たものになる．

まず，共有結合1つと3つの非共有電子対を有するHF分子について考えてみよう．H原子の1s原子軌道がFの$2p_z$原子軌道と相互作用して，Fの$2p_z$の寄与の大きい分子軌道を形成する．σ分子軌道の性質は，HF結合が極性をもち（$H^{δ+}-F^{δ-}$），電子密度の大部分がF原子近傍に分布する．$σ^*$分子軌道は水素原子1s軌道と同様の位置に存在し，よく似た形状をもつ．この水素の1s軌道はFの$2p_x$, $2p_y$軌道と相互作用をしない．結果として，2つのp軌道は非結合性軌道である．また，F原子の2s軌道はエネルギー的に水素原子の1s軌道よりも低いため，Hの1s軌道と相互作用することができず，このため，2s軌道もまた，非結

合性軌道となる．これらの結果を図 10.10 に示す．

HF の LCAO-MO は

$$\psi(\sigma) = C_1\psi_{1s} + C_2\psi_{2p_z} \tag{10.36}$$

$$\psi(\sigma^*) = C_3\psi_{1s} - C_4\psi_{2p_z} \tag{10.37}$$

で与えられる．$C_1$，$C_2$，$C_3$，$C_4$ は $\sigma$ 分子軌道の相対的寄与を表す係数である．H と F では電気陰性度が大きく異なるため $C_2 \gg C_1$ となる．すなわち，HF 分子においては F 近傍の電子密度が大きく，$\sigma^*$ 分子軌道では H の近傍で電子密度は大きい．$\sigma^*$ 軌道では水素 1s 軌道からの寄与が大きいので $C_3 \gg C_4$ となる．

【例題 10.2】 1 個の電子が原子軌道 A にも B にも見出すことができるとすると，全波動関数は 2 つの原子軌道の重ね合わせになる．この分子軌道を規格化せよ．

[解] 全波動関数 $\psi_\pm$ は

$$\psi_\pm = C(\psi_A \pm \psi_B)$$

この場合の規格条件は $\int \psi^*\psi d\tau = 1$ で与えられるので，全規格化因数を $C$ とすると

$$\int \psi^*\psi d\tau = C^2\left(\int \psi_A^2 d\tau + \int \psi_B^2 d\tau \pm 2\int \psi_A\psi_B d\tau\right) = C^2(1 + 1 \pm 2s) = 1$$

ここで，$s = \int \psi_A\psi_B d\tau$ である．よって次式となる．

$$C = \frac{1}{\sqrt{2(1 \pm s)}}$$

## 練 習 問 題（10 章）

**10.1** 原子軌道 (VB) 法と分子軌道 (MO) 法について，その相違点を水素分子を例にあげて説明せよ．

**10.2** $H_2$ 分子内の電子スピンを含めた波動関数を示せ．ただし，スピン波動関数を $\alpha$，$\beta$ とする．

**10.3** 異核二原子分子の波動関数 $\psi$ は，波動関数のイオン結合性の割合を $\lambda$ とすると，共有結合の波動関数 $\psi_{cov}$ とイオン結合の波動関数 $\psi_{ion}$ の一時結合で以下のように表される．

$$\psi = \psi_{cov} + \lambda\psi_{ion}$$

異核二原子分子結合のイオン性の割合は $\lambda^2/(1+\lambda^2)$ となることを示せ．

**10.4** 気体状 $C_2^+$ イオンと $C_2^-$ イオンの分子軌道の電子の詰まり方から，これらのイオンの C-C 結合の結合次数を求めよ．

**10.5** LCAO-MO 法による分子軌道エネルギー準位から，$O_2$，$O_2^+$，$O_2^-$ の結合の強さはどのような順番となるか．

**10.6** CO，NO，CN 分子の電子配置を示せ．

# 分子構造　11

## ● 11.1　光と分子スペクトル

現代化学において，分子の構造を決定することは，物質の性質や化学反応を理解する上できわめて重要である．分子構造を決定する方法の大部分は，分子と光の相互作用から得られる情報に基づいており，相互作用の種類により，**分光法**と**回折法**に大きく分けられる．分光法には**分子スペクトル**（molecular spectrum），**核磁気共鳴スペクトル法**（nuclear magnetic resonance spectrum；NMR）が，回折法としては **X 線回折**（X-ray diffraction），**電子線回折**（electron beam diffraction）法が知られている．図 11.1 に電磁波の振動数，波長，波数のエネルギー単位と各種分光法を示した．

| $E$/eV | $4.1 \times 10^6$ | 3.1 | 1.7 | $1.2 \times 10^{-3}$ | $1.2 \times 10^{-6}$ |
|---|---|---|---|---|---|
| $\bar{\nu}$/cm$^{-1}$ | $3.3 \times 10^{10}$ | $2.5 \times 10^4$ | $1.4 \times 10^4$ | 10 | $10^{-2}$ |
| $\nu$/s$^{-1}$ | $10^{16}$ | $7.5 \times 10^{14}$ | $4.3 \times 10^{14}$ | $3 \times 10^{11}$ | $3 \times 10^8$ |
| $\lambda$/m | $10^{-8}$　$2 \times 10^{-7}$ | $4 \times 10^{-7}$ | $7 \times 10^{-7}$　$3 \times 10^{-6}$ | $10^{-3}$ | 1 |

|  | X線 | 紫外線 | | 可視光 | 赤外線 | | マイクロ波 | ラジオ波 |
|---|---|---|---|---|---|---|---|---|
| 分光法 |  | 遠紫外 | 近紫外 |  | 近赤外 | 遠赤外 |  |  |
|  |  | 電　子 | | | 振動 | 回転 | ESR | NMR |

**図 11.1**　エネルギー $E$，波数 $\bar{\nu}$，振動数 $\nu$，波長 $\lambda$ と各種分光法の領域

分子内のあるエネルギー準位 $E_i$ から他のエネルギー準位 $E_j$ に遷移すると，光を放出あるいは吸収する．これを分子スペクトルという．このとき，光の振動数 $\nu$ とエネルギーの関係はボーアの振動条件の関係を用いて次式で与えられる．

$$h\nu = hc\bar{\nu} = \frac{hc}{\lambda} = E_j - E_i \tag{11.1}$$

ここで，$h$ はプランク定数，$\bar{\nu}$ は波数，$c$ は光速，$\lambda$ は光の波長である．分子スペクトルのエネルギー単位としては赤外領域では，波数単位 $\bar{\nu}$ [cm$^{-1}$] が，紫外・可視領域では波長単位 $\lambda$ [nm] が一般によく用いられる．分子のエネルギーは並進，回転，振動および電子遷移からなり，近似的には回転エネルギー，振動エネルギー，および電子エネルギーの総和で表される．エネルギーの小さい回転エネルギー準位間の遷移，すなわち**回転スペクトル**（rotational spectrum）は，遠赤外からマイクロ波領域（$\lambda = 20$ μm～1 m）の最も波長の長い領域に現れる．分子内の振動に基づく**振動スペクトル**（vibrational spectrum）は近赤外から赤外領域（$\lambda = 1000$ nm ～ 200 μm）に観測される．紫外・可視領域（$\lambda = 100$ nm ～ 800 nm）の電子エネルギー準位間の遷移による**電子スペクトル**（electronic spectrum）は，回転，振動エネルギー準位間の遷移を含んだ多くのスペクトルの重なりからなり，観測されるスペクトルは帯状となる．

各エネルギーにおける**吸収強度**（absorbance，吸光度ともいう）$A$ は以下に述べる**ランベルト-ベール**（Lambert-Beer）**の法則**に従って決定される．

$$A = -\log(I/I_0) = \varepsilon cl \tag{11.2}$$

ここで，$I_0$ は入射光の強度，$I$ は透過光の強度で，$I/I_0$ は光の**透過率**（transmittance）である．$c$ は試料濃度，$l$ は試料媒体の厚さ，$\varepsilon$ は物質に特有な係数で**モル吸光係数**（molar absorption coefficient）とよばれる．このモル吸光係数を波長または波数に対して図示したものが**吸収スペクトル**（absorption spectrum）である．

### a. 回転スペクトル

二原子分子を剛体回転子とみなして，その回転運動のシュレーディンガー方程式から回転エネルギーは次式で与えられる．

$$E_{\text{rot}} = \bar{B} hJ(J+1) \quad (J = 0, 1, 2, \cdots) \tag{11.3}$$

$$\bar{B} = h/8\pi^2 Ic \tag{11.4}$$

ここで，$J$ は回転の量子数，$B$ は回転定数 $[\text{cm}^{-1}]$ である．二原子分子では，原子の質量をそれぞれ $m_1$, $m_2$，原子間距離を $r$ とすると，その慣性モーメント $I$ は

$$I = \mu r^2 \tag{11.5}$$

で表される．ここで，$\mu = m_1 m_2/(m_1 + m_2)$ は換算質量である．永久双極子モーメントをもつ分子が回転すると，分子のまわりに電場の回転が起こり，その振動数に等しい電磁波が吸収される．このとき回転エネルギー準位間で遷移が起こる条件は $\Delta J = \pm 1$ のときに限られる．したがって，回転吸収スペクトルでは $\Delta J = 1$ のみの遷移が許される．量子数 $J$ の準位から $J+1$ の準位に遷移するとき吸収される電磁波の波数は式（11.1）により

$$\bar{\nu} = \Delta E/hc = \bar{B}[(J+1)(J+2) - J(J+1)] = 2\bar{B}(J+1) \tag{11.6}$$

となる．回転スペクトルは図 11.2 に示すように $2\bar{B}$, $4\bar{B}$, $6\bar{B}$, …の波数の位置に，$2\bar{B}$ ごとにスペクトルが得られる．したがって，回転スペクトルより $B$ を求

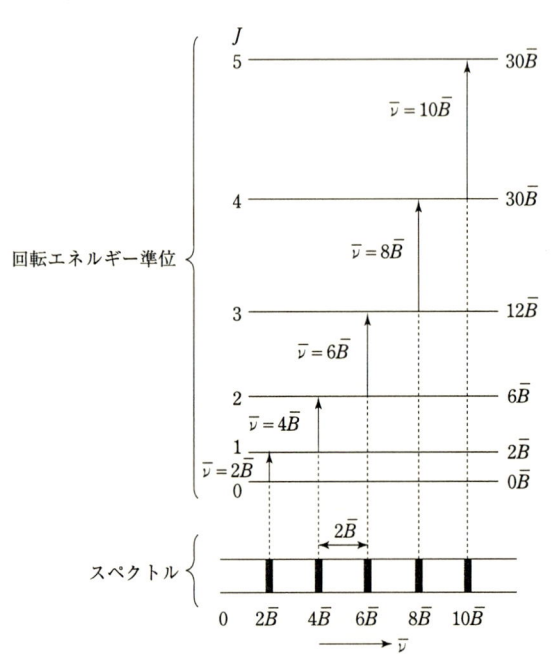

**図 11.2** 剛体回転子の回転エネルギーと遷移およびスペクトル

**【例題 11.1】** 一酸化炭素 $^{12}C^{16}O$ の $J=0$ から $J=1$ への遷移に相当する回転スペクトルは，マイクロ波の領域で観測され，その振動数は 11527 MHz であった．この分子の慣性モーメントおよび原子間距離を求めよ．ただし，$^{16}O$ の質量は 15.9949 u である．

[解] $J=0$ から $J=1$ に遷移するときに吸収される電磁波の振動数は，式 (11.3) より

$$\nu = \frac{\Delta E}{h} = (1 \times 2 - 0)\frac{h}{8\pi^2 I}$$

したがって，分子の慣性モーメントは

$$I = \frac{h}{4\pi^2 \nu} = 1.4561 \times 10^{-46} \text{ kg m}^2$$

$^{12}C^{16}O$ の換算質量は

$$N = \frac{12.0000 \times 15.9949}{12.0000 + 15.9949} \times \frac{10^{-3}}{6.0220 \times 10^{23}} \text{ kg} = 1.1385 \times 10^{-26} \text{ kg}$$

め，式 (11.4) と (11.5) から分子の原子間距離を求めることができる．

### b. 振動スペクトル

ばねで結ばれた結合距離 $r$ の2つの原子からなる二原子分子の伸縮は，平衡結合距離 $r_e$ から小さな変位 $\Delta r = r - r_e$ に対して

$$U(r) = k\Delta r^2 / 2 \tag{11.7}$$

のポテンシャルエネルギーで近似できる．ここで，$k$ を力の定数という．式 (11.7) に従う振動を**調和振動**といい，この振動のエネルギーはシュレーディンガー方程式から，以下のように求まる．

$$E_{\text{vib}} = (\nu + 1/2)h\nu_0 \quad (\nu = 0, 1, 2, \cdots) \tag{11.8}$$

ここで，$\nu$ は振動の量子数である．基底状態（$\nu = 0$）でエネルギーは有限の値をとる．これを**零点エネルギー**という．$\nu_0$ は振動子の基準振動数で二原子分子では次の式で表される．

$$\nu_0 = \frac{1}{2\pi}\left(\frac{k}{\mu}\right)^{1/2} \tag{11.9}$$

ここで，$k$ は力の定数である．

分子の振動に伴って永久双極子モーメントが変化する場合に限り，電磁波を吸収あるいは放出して振動エネルギー準位間に遷移が起こり，調和振動子では $\Delta \nu = \nu_2 - \nu_1 = \pm 1$ のみの遷移が許される．このとき，吸収される電磁波の波数は

$$\bar{\nu} = \Delta E / hc = \nu_0 / c \tag{11.10}$$

となる．振動スペクトルから得られる基準振動数をもとにして，式 (11.10) から力の定数が求まり，分子の結合の強さを決定することができる．

実際の分子振動のポテンシャルエネルギーは図 11.3 に示す**モースポテンシャル**（Morse potential）で表現され，その振動のエネルギーは近似的に次式で表される．

$$E_{\text{vib}} = \left(\nu + \frac{1}{2}\right)h\nu_0 - \left(\nu + \frac{1}{2}\right)^2 \chi_e h\nu_0 + \cdots \tag{11.11}$$

ここで，$\chi_e$ は非調和パラメータであり，図 11.3 に示す解離エネルギー $D_e$ と $\chi_e = h\nu_0 / 4D_e$ の関係にあり，隣り合う準位間の振動エネルギー差は

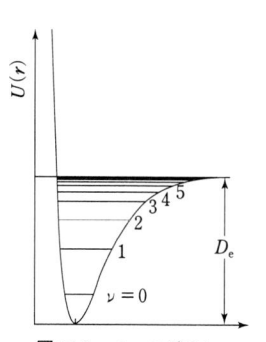

**図 11.3** モースポテンシャル曲線

$$\Delta E_\text{vib} = h\nu_0 - 2(\nu+1)\chi_\text{e} h\nu_0 \tag{11.12}$$

で与えられる．

多くの原子からなる多原子分子の振動スペクトルは，基準振動の和で表すことができる．すなわち，$N$ 個の原子からなる分子の全原子の運動の自由度は $3N$ あるが，そのうち，重心の移動（並進）の自由度として $x, y, z$ 方向に3つ，さらに直線分子では2つの，非直線分子では3つの回転の自由度があるので，結果として，直線多原子分子では $3N-5$，非直線多原子分子では $3N-6$ の自由度の基準振動が存在する．各基準振動についてシュレーディンガー方程式を解き，その振動のエネルギーを求めることによって，赤外吸収スペクトルにおける基準振動数を求めることができる．

### c. 電子スペクトル

分子の電子エネルギー準位間の遷移に伴うスペクトルは紫外・可視領域に現れる．各電子に入るエネルギー準位は分子軌道法により決定され，分子の電子状態の中で最もエネルギーの低い状態を基底状態という．分子軌道間のエネルギー差は室温の熱エネルギーよりも大きいので，通常，電子はエネルギーの高い分子軌道に存在することはないが，電子エネルギーに相当する電磁波が分子に吸収されると電子は高い軌道に遷移する．これを励起状態という．それぞれの状態における二原子分子の電子遷移のエネルギーを核間距離に対して示したのが図11.4 である．一般に，励起状態は基底状態に比べて反結合性が強いので，励起状態のポテンシャルエネルギー曲線は結合距離が長くなり，平衡結合間距離も延びる．回転準位間のエネルギー間隔は狭いので，通常の電子スペクトルでは，回転スペクトルは観測されない．しかし，低温で希薄な気体分子の電子スペクトルでは回転，振動を含む電子エネルギー準位間の遷移が観測される．液体や溶液中の分子の電子スペクトルでは，分子間の相互作用のために各電子状態の遷移に対して，1つの幅広い吸収帯が観察されるのみである．

電子は原子核に比べて非常に軽いので，光吸収が起こる時間内に原子核が動くことはほとんどない．図11.4 で示される基底状態から励起状態への遷移は基底状態の核間距離を変えることなく励起状態へ垂直に遷移する．これを**フランク-コンドン (Franck-Condon) の原理**という．励起状態に上がった分子はまわりの溶媒分子と衝突して，分子の熱運動を励起して自分自身はエネルギーを失う．励起分子は十分長く励起状態に滞在した後，自然放出を起こし基底状態に落ちる．このとき過剰のエネルギーを光として放出する．これが蛍光である．下向きの変化もまたフランク-コンドンの原理に従って垂直に起こり，一連のスペクトル線が蛍光スペクトルとして観察される．

エチレン中の $\pi$ 電子はヒュッケル法で求めたエネルギー準位 $E_1$ を占める．この $E_1$ 準位にあった $\pi$ 電子が $E_2$ 準位に遷移するとき，吸収される光の波長はヒュッケル法から

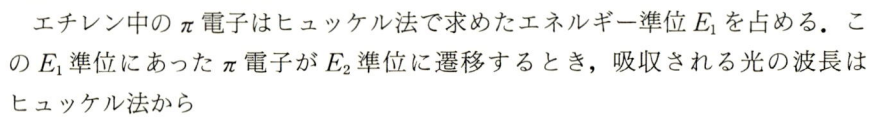

$$\lambda = \frac{hc}{E_2 - E_1} = \frac{hc}{2\beta} \tag{11.13}$$

となり，自由電子モデルでは，

$$\lambda = \frac{hc}{E_2 - E_1} = \frac{8mc}{h}\frac{a^2}{3} \tag{11.14}$$

となる．ここで，$\beta$ は共鳴積分，$a$ はエチレンの C–C 結合の長さである．

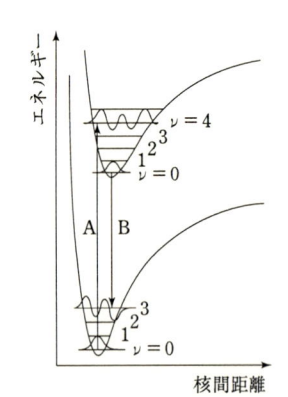

図11.4 二原子分子のポテンシャル曲線と電子遷移

> **ヒュッケル法**
> **Hückel method**
>
> 共役系分子に適用される最も単純な分子軌道法．E. Hückel によって初めて共役炭化水素化合物に適用され，その後，ヘテロ原子を含む系にも拡張された．平面構造をもつ分子では分子の対称性により分子軌道は $\sigma$ 軌道と $\pi$ 軌道とに分離でき，一般にヒュッケル法では $\pi$ 軌道のみを取り扱う．$\pi$ 分子軌道関数は共役に加わる原子軌道関数の LCAO-MO 近似で表す．波動方程式を解くにあたって，全電子ハミルトン演算子は一電子ハミルトン演算子の和で表す近似を用い，変分法の手続に従って永年方程式を解く．その際，重なり積分を無視し，クーロン積分 $(\alpha + \alpha\beta)$ および共鳴積分 $(\beta)$ の評価にあたって，それぞれ炭素における値 $\alpha$ と $\beta$ を基準として扱う．解として得られる分子軌道はヒュッケル MO とよばれ，そのエネルギーは $\alpha$ と $\beta$ を用いて表される．
>
> [参照：「化学大辞典」，東京化学同人]

いま，$\pi$ 電子の数を $2N$ とすると，$\pi$ 電子はエネルギー準位 $E_i$ の低いほうから 2 個ずつ入り，最高被占準位は $E_N$ で，最低空準位は $E_{N+1}$ である．したがって，最高被占準位に入っていた電子が最低空準位に励起するエネルギー $\Delta E$ は

$$\Delta E = E_{N+1} - E_N = \frac{h^2}{8ma^2}[(N+1)^2 - N^2] \tag{11.15}$$

である．この電子遷移により吸収される光の波長 $\lambda$ は

$$\lambda = \frac{hc}{\Delta E} = \frac{8mc}{h}\frac{a^2}{(2N+1)} \quad [\text{nm}] \tag{11.16}$$

となる．いま，鎖状ポリエン ($C_nH_{n+2}$) の平均の C-C 結合間距離を $r_{cc}$ とすると，その平均的な鎖 $a$ は，$a = (n-1)r_{cc}$ で近似的に与えられる．鎖状ポリエンでは，$\pi$ 電子をもつ炭素原子数 $n$ は当然 $\pi$ 電子数と等しいから

$$n = 2N \tag{11.17}$$

が成り立ち，

$$\lambda = \frac{8mc}{h}\frac{r_{cc}^2}{(n+1)} \quad (n \geq 2) \tag{11.18}$$

となる．したがって，$\pi$ 電子数 $n$ が大きくなり，ポリエンの共役系が長くなるにつれて，吸収帯は長波長に移る．

**【例題 11.2】** ブタジエンの電子スペクトルに現れる最大吸収波長を求めよ．ただし，C-C 結合 154 pm，C=C 結合 135 pm，両端の長さは C 原子の半径 0.77 pm に等しいとして，計算せよ．

**［解］** ブタジエンの炭素原子数 $N = 4$，分子の長さ $L = (2 \times 135 \text{ pm}) + 154 \text{ pm} + (2 \times 77 \text{ pm}) = 578 \text{ pm} = 5.78 \times 10^{-10}$ m，電子の質量 $m_e = 9.1095 \times 10^{-31}$ kg，光速度 $c = 3.00 \times 10^8$ m s$^{-1}$，プランク定数 $h = 6.626 \times 10^{-34}$ J s で，最大吸収波長 $\lambda$ は

$$\lambda = \frac{8 \times (9.1095 \times 10^{-31} \text{ kg}) \times (5.78 \times 10^{-10} \text{ m})^2 \times (3.00 \times 10^8 \text{ m s}^{-1})}{(6.626 \times 10^{-34} \text{ J s}) \times (4+1)}$$

$$= 2.20 \times 10^{-7} \text{ m} = 220 \text{ nm}$$

となる．

## ● 11.2 分子と磁場の相互作用

$z$ 軸方向の電子角運動量は $m_l h/2\pi$ の値をとりうるので $z$ 軸成分の磁気モーメ

ントは $\gamma_e m_l h/2\pi$ となる．ここで，$\gamma_e$ は電子の磁気回転比である．電荷 $-e$ の電子が角運動量 $\gamma_e m_l h/2\pi$ で回転しているとすると，$\gamma_e$ は $-e/2m_e$ となり，磁気モーメントの $z$ 軸方向の成分は

$$\mu_z = \frac{\gamma_e m_l h}{2\pi} = -\frac{eh}{4\pi m_e} m_l = -\mu_B m_l \tag{11.19}$$

で与えられる．ここで，$\mu_B$ はボーア磁子である．磁場 $H$ を $z$ 軸方向にかけたとき，磁気モーメントのエネルギーは $-\mu_z H$ で，量子数 $m_l$ をもつ電子は次のエネルギーを余分にもつことになる．

$$E = -\mu_z H = \mu_B m_l H \tag{11.20}$$

$l=1$ で $m_l$ は $+1, 0, -1$ の3つの値をとりうる．磁場がないときは，これらの3つの状態は縮重している．磁場がかかるとこの縮重が解けて，$m_l=+1$ の電子は，$\mu_B H$ だけエネルギーが上がり，$m_l=0$ はそのままで，$m_l=-1$ では $-\mu_B H$ だけ下がる．この効果を**ゼーマン**(Zeeman)**効果**という．一般には，磁場 $H$ 中での電子スピン配向 $m_s$ の電子のエネルギーは

$$E = g_e \mu_B m_s H \tag{11.21}$$

となる．ここで $g_e$ は電子の $g$ 因子とよばれ，厳密には 2.0023… の値を与える．電子スピンは $\alpha$ と $\beta$ 方向の向きをとり $m_s = \pm 1/2$ に対応する．したがって，電子スピンの磁気モーメントは外部磁場に対して2つの向きをとり，$\alpha$ スピン($m_s = +1/2$)の電子エネルギーは上がり，$\beta$ スピン($m_s = -1/2$)のエネルギーは下がる．この2つのスピン状態のエネルギー差は

$$\Delta E_{ms} = E_{1/2} - E_{-1/2} = g_e \mu_B B \tag{11.22}$$

このエネルギー差はラジオ波のエネルギー $h\nu$ に相当する．そこで，$h\nu = g_e \mu_B B$ に相当するラジオ波を照射すると試料中の不対電子は共鳴して吸収が起こる．これが**電子スピン共鳴**(electron spin resonace)である．

　原子核は，正に帯電した陽子（プロトン）と，電荷をもたない中性子からなっている．これらの粒子もまた電子と同様，スピンをもち自転し，おのおのに固有のスピン角運動量があって，核スピン量子数 $I$ で決まる．したがって，電子核のスピン角運動量は陽子や中性子の角運動量の和となり，原子核は核スピンをもつ．電子のスピン量子数のとりうる値が 1/2 に制限されているのに対して，核スピン量子数は 0 から 6 までの範囲を半整数単位でとりうる．いま，核をその質量 $A$ と電荷 $Z$ とすると，スピン量子数 $I$ は以下のように分類できる

(1) $A$ が奇数のとき，$I$ は半整数となる．

(2) $A$ および $Z$ とも偶数のとき，$I$ はゼロとなる．

(3) $A$ が偶数で $Z$ が奇数のとき，$I$ は整数となる．

例えば，$^1$H，$^{19}$F および $^{31}$P では $I=1/2$，$^{16}$O と $^{12}$C では $I=0$ で，$^2$H，$^6$Li と $^{14}$N では $I=1$ となる．核のスピン角運動量は，その固有方程式を解くことによってそれぞれ，$[I(I+I)]^{1/2}$，$m/2\pi$ となる．$^1$H や $^{13}$C などの核スピンは $I=1/2$ であり，$m_I=1/2, -1/2$ の2つのスピン状態 $\alpha$ と $\beta$ が存在し，二重に縮重している．核を均一な磁場 $H$ のもとにおくと，$(2I+1)$ 個の異なる $z$ 軸方向成分 $mh/2\pi$ に分裂し，核のエネルギーは

$$E_{ml} = g_I \mu_N m_I H \tag{11.23}$$

となる．ここで，$g_I$ は核の $g$ 因子，$\mu_N$ は核磁子である．プロトン ($I=1/2$) が低いスピン状態から高いスピン状態に遷移するときの共鳴条件は次のようになる．

11.3 分子間力

表 11.1　NMR で用いられる代表的な核スピンと磁気モーメント

| 同位体 | スピン | 天然存在比<br>(%) | プロトンに対<br>する相対感度<br>(一定周波数) | $\mu_z$ |
|---|---|---|---|---|
| $^1$H | 1/2 | 99.985 | 1.000 | 2.793 |
| $^2$H | 1 | 0.015 | 0.409 | 0.8574 |
| $^{13}$C | 1/2 | 1.10 | 0.251 | 0.7022 |
| $^{14}$N | 1 | 99.634 | 0.193 | 0.4036 |
| $^{17}$O | 5/2 | 0.038 | 1.54 | −1.893 |
| $^{19}$F | 1/2 | 100 | 0.941 | 2.627 |

$\mu_N = eh/4\pi m_p = 5.05 \times 10^{-27}$ J T$^{-1}$

$$h\nu = (1/2)g_I\mu_N H - (-1/2)g_I\mu_N H = g_I\mu_N H \tag{11.24}$$

これを**核磁気共鳴（NMR）吸収**という．ラジオ波の共鳴周波数は，外部磁場に比例する．表 11.1 に NMR 分光学で用いられる代表的な核スピン，磁気モーメントなどを示す．

## 11.3　分子間力

分子間に働く力を分子間力あるいは**ファンデルワールス力**（van der Waals force）という．これは原子間力（共有結合，イオン結合）に比べて一般に弱く，その効果も極めて近距離の範囲に限られる．このため，分子間力は室温程度の熱エネルギーによっても影響を受ける．分子間力の引力の主要因は双極子モーメントなどを含み静電気的相互作用で，配向力（orientation force），誘起力（induction force），および分散力（dispersion force）の 3 つが考えられる．

### a.　双極子モーメントと分極率

分子の極性の大きさはその**永久双極子モーメント**（permanent dipole moment）によって表される．正と負の電荷を $+q$，$-q$，電荷の重心間の距離を $r$ とすると，永久双極子モーメントはその大きさが $\mu = qr$ で，正から負の電荷の向きをもつベクトルとして定義される．双極子モーメントの SI 単位は C m であるが，通常 D（デバイ）で表す．表 11.2 には永久双極子モーメントと分極率の値を示した．正電荷をもつ核と負電荷をもつ電子の集まりとして分子を考えると，その永久双極子モーメントは

$$\mu = -\sum_i q_j r_j \tag{11.25}$$

で表すことができる．$q_j$ は核や電子の電荷で，$r_j$ は観測点から電荷へのベクトルである．

表 11.2　双極子モーメント D と平均分極率 $\bar{\alpha}$

| 分子 | D | $\bar{\alpha}$<br>[$10^{-25}$ cm$^3$] |
|---|---|---|
| H$_2$ | 0 | 7.9 |
| N$_2$ | 0 | 17.6 |
| CO$_2$ | 0 | 26.5 |
| CO | 0.109 | 19.5 |
| HF | 1.826 | 24.6 |
| HCl | 1.108 | 26.3 |
| HBr | 0.827 | 36.1 |
| HI | 0.447 | 54.4 |
| H$_2$O | 1.854 | 14.7 |
| NH$_3$ | 1.471 | 22.6 |
| CCl$_4$ | 0 | 105 |
| CHCl$_3$ | 1.04 | 82.3 |
| CH$_4$ | 0 | 26.0 |
| CH$_3$OH | 1.66 | 32.3 |
| C$_6$H$_6$ | 0 | 103.2 |

1D = $3.3356 \times 10^{-30}$ C m

---

オランダ生まれの化学者・物理学者．ドイツ・アーヘン工科大学で電気工学を専攻すると同時に A. J. W. Sommerfeld から理論物理学を学ぶ．1906 年，助手としてミュンヘン大学へ移動し，学位取得後は，A. Einstein の後任としてチューリッヒ大学の理論物理学の教授に就任．その後，ユトレヒト，ゲッチンゲン，ライプチヒ，ベルリンの各大学の教授を歴任し，1939 年に渡米し，コーネル大学の教授を勤めた．固体の比熱の理論，分子の永久双極子モーメントの発見，気体および液体の分極の理論，X 線粉末法の開発，電解質溶液に関するデバイ-ヒュッケルの理論，高分子およびコロイド溶液の光散乱の研究など，化学物理学の広い範囲にわたり多くの研究業績を残した．1936 年，双極子モーメントおよび X 線・電子線回折による分子構造の決定の業績によりノーベル化学賞を受賞．

*column*

デバイ
Peter Joseph
William Debye
1884-1966

［参照：「化学大辞典」，東京化学同人］

無極性分子でも電場をかけると，分子の電子構造が変化して**誘起双極子モーメント**（induced dipole moment）を生じる．この誘起双極子モーメントの大きさは電場の強さに比例して次のように表される．

$$\mu_{\text{Induced}} = \alpha E \tag{11.26}$$

この比例係数 $\alpha$ を分子の分極率といい，一般に分子の配向に依存する．分極には，分子が電場により双極子モーメントを誘起される誘起分極と永久双極子モーメントをもつ分子が電場で配向する配向分極がある．デバイはこの2種類の分極を考慮して，気体の比誘電率 $\varepsilon_r (= \varepsilon/\varepsilon_0)$ に対して次の**デバイの式**を導いた．

$$\frac{L}{3\varepsilon_0}\left(\alpha + \frac{\mu^2}{3kT}\right) = \frac{M}{\rho}\frac{\varepsilon_r - 1}{\varepsilon_r + 2} \tag{11.27}$$

ここで，$M$ は分子量，$\rho$ は密度，$L$ はアボガドロ数，$k$ はボルツマン定数である．
クラウジウス-モソティ（Clausius-Mosotti）の式はモル分極 $P_M$ と

$$P_M = \frac{M}{\rho}\frac{\varepsilon_r - 1}{\varepsilon_r + 2} \tag{11.28}$$

の関係にあり，式（11.28）は

$$P_M = \frac{L}{3\varepsilon_0}\left(\alpha + \frac{\mu^2}{3kT}\right) \tag{11.29}$$

となる．いま，**分極率**を式（11.26）で定義すると，$E$ は V m$^{-1}$ で，$\mu_{\text{Induced}}$ は C m で表されるので分極率の単位は J$^{-1}$ C$^2$ m$^2$ となる．この単位は不便なので，普通は $4\pi\varepsilon_0$ で割って分極率を m$^3$ で表す．

### b．配 向 力

2個の永久双極子をもつ分子が図11.5のように配向すると，これらの分子間には強い双極子間力が作用する．このような現象を**配向力**という．温度が十分に低くて，分子が熱運動のエネルギーに比べて，配向力による相互作用が大きいときは，すべての双極子は図に示すように一定の方向に配向しようとする．しかし，温度が高くて熱運動が激しくなると，分子は自由に運動して，あらゆる配向の可能性が等しくなり，その結果，配向による相互作用のエネルギーはゼロとなる．このように配向力は温度依存性を示す．永久双極子モーメント $\mu_1, \mu_2$ をもつ2つの分子の相互作用エネルギーは次式で与えられる．

$$U_0(r) = -\frac{2}{3}\left(\frac{\mu_1\mu_2}{4\pi\varepsilon_0}\right)^2 \frac{1}{r^6}\frac{1}{kT} \tag{11.30}$$

### c．誘 起 力

永久双極性モーメント $\mu_1$ を有する分子は近くに存在する分極率 $\alpha_2$ の無極性分子に双極子を誘起し，その結果，分子間に引力を生じる．これを**誘起力**という．このような力によって引き起こされた誘起双極子モーメントは図11.6に示すように永久双極子に誘起されてさまざまな方向に向かないので，集合体全体として配向効果は平均化されて打ち消される．したがって，誘起力には温度依存性はない．2個の分子に対する平均の相互作用エネルギーは次式で表される．

$$U_0(r) = \frac{\mu_1^2\alpha_2}{4\pi\varepsilon_0}\frac{1}{r^6} \tag{11.31}$$

### d．分 散 力

2個の無極性分子が距離 $r$ だけ離れて存在したとすると，永久双極子モーメントをもたない分子の電子雲は揺らいでいるから，図11.7のように常に大きさと

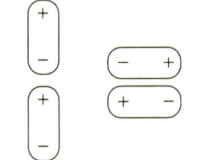

**図11.5** 2個の有極性分子の安定な配向

**図11.6** 双極子-誘起双極子相互作用：有極分子（黒）は無極性分子に双極子（白）を誘起する．

**図11.7** 誘起双極子-誘起双極子相互作用：瞬間的に生じる双極子（黒）は分子に双極子（白）を誘起する．

方向が変化する瞬間的な双極子モーメントをもつと考えられる．一方の分子に揺らぎが生じ，瞬間的に双極子 $\mu_1^*$ を生じるような電子配置になったとすると，この双極子はもう一方の分子を分極させ，その瞬間的な双極子 $\mu_2^*$ を誘起する．この2つの双極子は引き合うので，分子は互いに引力を及ぼし合う．第1の分子がその双極子の方向を変え続けても第2の分子はそれに従う．このような相互関係のため，引力効果は平均してゼロになることはない．このエネルギーの大きさは第1の分子の分極率と第2の分子の分極率に依存し，次式で与えられる．

$$U_0(r) = -\frac{2}{3} \frac{I_1 I_2}{I_1 + I_2} \frac{\alpha_1 \alpha_2}{r^6} \tag{11.32}$$

この式を**ロンドン**(London)**の式**という．ここで，$I_1$, $I_2$ は各分子のイオン化ポテンシャルである．

以上3種類の効果による相互作用のエネルギーは，分子間距離の6乗に逆比例する点が共通している．したがって，これらの引力によるポテンシャルエネルギーを一括して，$-Ar^{-6}$ で表すことができる．分子同士を押し付けると，原子間，および電子間の反発と電子の運動エネルギーの上昇とが引力に打ち勝つようになる．原子間距離が小さくなるにつれて反発相互作用が急激に大きくなるから，分子間のエネルギーは図11.8に示すように鋭い立ち上がりをもつ曲線に沿って大きくなることが期待できる．距離が小さいところでは，物質の種類や電子構造に依存する．これらの引力と斥力の関係はレナード–ジョーンズ(Lenard-Jones)式でよく近似できる．

$$U(r) = C_n/r^n - C_6/r^6 \tag{11.33}$$

$n=12$ のときレナード–ジョーンズの (12,6) ポテンシャルといい，一般によく用いられる．$r$ 値が小さなところでは $r^{12}$ は $r^6$ よりずっと小さいから，正の項である $C_{12}/r^{12}$ が負の項 $-C_6/r^6$ に打ち勝つ．距離が大きくなるとこの逆が成り立つ．(12,6) ポテンシャルは次の限定された形で書かれることが多い．

$$U(r) = 4\varepsilon\left\{\left(\frac{\sigma}{r}\right)^{12} - \left(\frac{\sigma}{r}\right)^6\right\} \tag{11.34}$$

式中のパラメータ $\sigma$ は図11.8の曲線の極小の深さであり，$r_e = 2^{1/6}\sigma$ で極小となる．

## ● 11.4 水素結合

水素は1価の共有結合原子価を示すが，窒素，酸素，フッ素のような原子半径が小さく，電気陰性度の大きな元素とは同時に2個の原子と結合して，見かけ上2価の結合を形成する．このような水素が2つの原子間で橋渡しをしてできる結合を**水素結合** (hydrogen bond) という．水素結合の本質には2つの考え方がある．その1つは図11.9に示す2個の水分子間の水素結合の直接モデルから，水素結合に関与している各原子に点在する電荷を双極子モーメントをもとにして静電エネルギーを計算して，水素結合のエネルギーとして $-25\,\mathrm{kJ\,mol^{-1}}$ を得た．この値はほぼ実際の水素結合エネルギーに近い値である．もう1つの考え方は，水素結合エネルギーを，静電的なもののほかに電荷移動力を導入して，以下の3つの主要な構造

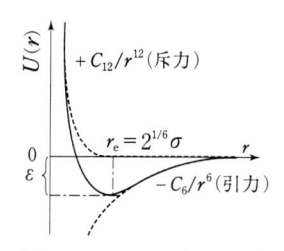

(1) A–H⋯B　　　N 構造（共有結合形）
(2) A–H$^+$⋯B$^-$　　I 構造（イオン結合形）
(3) A–H–B$^+$　　P 構造（電荷移動形）

図11.8 レナード–ジョーンズポテンシャル

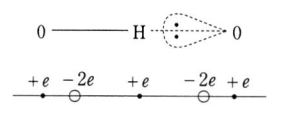

図11.9 2個の水分子間の水素結合の直線モデル

の共鳴を考慮して半経験的にシュレーディンガー方程式を解いて得られる．ここで，N 構造は分子 A-H が A と H 間で共有結合をつくり非共有電子対を有する分子 B が単独のときの電子構造のまま接触した状態を，I 構造はイオン結合状態を示している．新たに導入された P 構造は，A-H 結合をつくる電子対が A 原子に移り，B の非共有電子対が H と B との間に長い共有結合を生じたもので，結局 B から A へ電子が 1 個移動した構造となり，錯体における電荷移動構造の一種といえる．電荷移動力を考慮に入れると陽子受容体 B のイオン化電位が小さく，電子供与体 A-H の一部をなす A ラジカルの電子親和力が大きいほど強い水素結合を生じることになる．

水素結合は分子間，分子内，結晶構造中に存在し，これらの物性に重要な影響を及ぼす．酢酸などのカルボン酸やアルコールは分子間で水素結合を生じ会合する．これを分子会合という．無機化合物では，窒素，酸素，フッ素の水素化物などが分子会合し，同族の水素化物に比べて沸点や融点が高い．サリチル酸をはじめ多くの有機化合物には分子内水素結合が知られている．

分子内水素結合で重要な例は図 11.10 に示すタンパク質のポリペプチド構造で，分子内の窒素，酸素，水素間の水素結合によりヘリックスなどの二次構造を形成して安定な立体構造を形成する．氷は結晶内で水素結合を形成している代表的な例である．氷は 1 個の酸素に共有結合による 2 個の水素と，水素結合による結合距離の伸びた 2 個の水素の合計 4 個の水素が四配位座を形成している．この配列は図 11.11 に示すように，空間の多い，しかも分子間凝集力の強い格子をつくる．このため，氷は水より密度が小さく水に浮く．

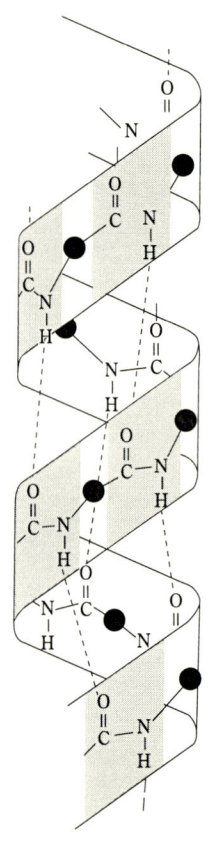

図 11.10　タンパク質のポリペプチド鎖（ヘリックス）

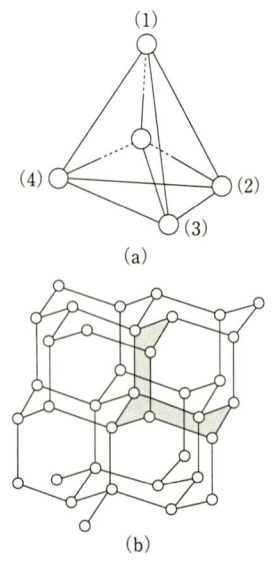

図 11.11　氷の水分子間の四配位座 (a) と氷の構造 (b)

## 11.5　配位結合と錯体

非共有電子対をもつ原子，イオンおよび原子団が電子対を供与して生じる化学結合を**配位結合**（coodinate bond）という．その結果生じる化合物を**配位化合物**（coordination compound）という．また，金属原子が金属イオンのまわりに複数の原子，イオンあるいは原子団を配位して形成される化合物を特に**錯体**（complex）という．中心原子に配位している原子または原子団を配位子といい，その数を**配位数**（coordination number）とよぶ．

配位結合の理論は，電子受容原子の原子軌道のエネルギー準位が配位しようとするイオンあるいは極性分子の電場の影響によって変化すると考える結晶場理論によって証明される．一般に，陽イオンは電子受容性であり陰イオンは供与性であるから，イオン結晶のような金属の陽イオンは配位子によって対称的に取り囲まれて錯体を形成する．このとき配位子の電子は陽イオンのほうを向いていると考えると，配位子の負電荷で縮重していた 5 個の d 軌道が分裂し，その分裂のしかたは配位子の数と配列に関係する．

いま，図 11.12 に示すように，$x, y$ 軸方向から 4 個の同じ配位子が中心にある遷移元素の陽イオンに接近する平面正方の場合を考えてみる．配位子がない場合は 5 重に縮重していた d 軌道は，配位子の対称的静電場の影響でエネルギー準位が分裂する．この静電相互作用のために陽イオンの $d_{x^2-y^2}$ 軌道の電子を強く押しのけようとして電子は静電的反発を受ける．したがって，この軌道のエネルギーは高くなる．$d_{xy}$ 軌道にある電子は $d_{x^2-y^2}$ 軌道と同じ面内にあるが，エネルギー上昇は $d_{x^2-y^2}$ 軌道に比べて相対的に低い．面に垂直な $d_{z^2}$ 軌道は比較的安定で，

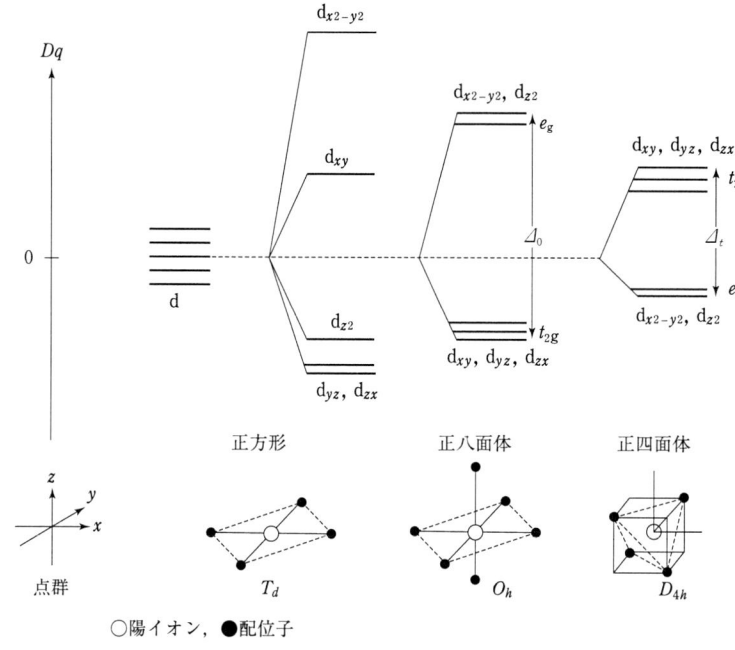

図11.12 配位子によるd軌道準位の分裂

面外の$d_{xy}$, $d_{yz}$軌道のエネルギーは最も低い準位にあり二重項となる．すなわち，$d_{xy}$, $d_{yz}$軌道の二重項と$d_{x^2-y^2}$, $d_{xy}$および$d_{z^2}$軌道の3本の異なる準位に分裂する．これが平面正方形の分裂で，$[PtCl_4]^{2-}$や$[Ni(CN)_4]^{2-}$イオンのつくる錯体などがその例である．

$[Ti(H_2O)_6]^{3+}$や$[Fe(H_2O)_6]^{3+}$イオンのつくる錯体は6個の同じ配位子が直交軸方向から配位する正八面体を形成する．この配列は，軸方向に広がる$d_{x^2-y^2}$および$d_{z^2}$軌道のエネルギー上昇は大きく二重項となり，$d_{xy}$, $d_{yz}$, $d_{xz}$のエネルギーは相対的に低く三重項となる．配位子の正八面体配列は最も普通の幾何学的対称で，高いエネルギー準位の二重項を$e_g$，低い方の三重項を$t_g$で表す．$e_g$と$t_g$の差$\Delta_0$は配位子場の分裂をよばれ，中心イオンと配位子の種類によって変化する．配位子のもう1つの対称配列の形は正四面体配列で，$[CoCl_4]^{2-}$や$[NiCl_4]^{2-}$などがよく知られている．正四面体の頂点に配位子があり，中心に陽イオンが位置する配置では，配位原子の原子軌道と対称が一致するものは$d_{xy}$, $d_{yz}$, $d_{xz}$軌道で，正八面体配列とは逆に高い準位が三重項（$t_2$）となり，$d_{x^2-y^2}$, $d_{z^2}$（$e$）は低いエネルギー準位で二重項となる．$t_2$と$e$のエネルギー差$\Delta_t$は，単純な静電場理論によれば$\Delta_t = 4/9\Delta_0$であり，陽イオンと配位子が同じであれば正八面体に配位したときの分裂$\Delta_0$の4/9である．4配位平面正方形錯体では，$d_{x^2-y^2}$軌道のエネルギー準位は非常に高く励起される結果，$d_{x^2-y^2}$と$d_{z^2}$との間隔が$\Delta_0$とほぼ同じ程度に開く．

最も普通の錯体の立体配置は6配位正八面体配置で，このときd軌道は$t_{2g}$軌道と$e_g$軌道に分裂して配位子場の分裂$\Delta_0$を与える．チタン(Ⅲ)の水和錯体$[Ti(H_2O)_6]^{3+}$では，$t_{2g}$軌道に入っている1個のd電子は，$\Delta_0$に相当するエネルギーを光として吸収すれば$e_g$軌道に遷移する．このような遷移をd-d遷移という．これが可能なためには$t_{2g}$軌道に電子があり，$e_g$軌道は完全には満たされていないという条件が必要で，遷移元素イオンのみがこれに該当する．$\Delta_0$の大きさ

は中心イオンと配位子の種類によるが，吸収される光はおおむね近紫外部から近赤外部にわたり，可視部領域の光はすべてこの範囲に含まれる．配位子場が強くなると$\Delta_0$は大きくなり，吸収される光のエネルギーも大きくなる．

## 練習問題（11章）

**11.1** 次の表の空白を埋めよ．

| | 紫外線 | 可視光線 | 赤外線 | マイクロ波 |
|---|---|---|---|---|
| 波長 $\lambda$/m | $3\times10^{-7}$ | | | |
| 振動数 $\nu$/Hz | | $6\times10^{14}$ | | |
| 波数 $\tilde{\nu}$/cm$^{-1}$ | | | $3.3\times10^2$ | |
| エネルギー $E$/eV | | | | $4.1\times10^{-5}$ |

**11.2** 二原子分子 NO の核間距離は 0.1151 nm である．慣性モーメントを求めよ．

**11.3** CO 分子の $J=0$ から $J=1$ への回転遷移は，波長 0.260 nm のマイクロ波を吸収する．この結果から完成モーメントと CO の結合距離を求めよ．

**11.4** CO の基準振動は波数 2143 cm$^{-1}$ の赤外線を吸収する．CO の換算質量を求め，力の定数を求めよ．

**11.5** アセトアルデヒドのメチルプロトンの化学シフトは $\delta=2.20$ ppm，アルデヒドプロトンでは $\delta=9.80$ ppm である．60 MHz と 300 MHz の分光器で測定するとメチルプロトンとアルデヒドプロトン間の分裂の大きさはいくらか．

**11.6** 水分子の永久双極子モーメントは，$6.17\times10^{-30}$ C m，結合角は 104.5° である．O-H 結合の永久双極子モーメントはいくらか．また O-H 結合のイオン性の割合（%）はいくらか．O-H の距離は 0.09 nm とする．

**11.7** クロロベンゼンの永久双極子モーメントの測定値は $5.7\times10^{-30}$ C m である．ジクロロベンゼンのオルト，メタ，パラの異性体の永久双極子モーメントを計算し，実測値（$8.4\times10^{-30}$ C m，$5.6\times10^{-30}$ C m，0 C m）と比較し，その差を説明せよ．

**11.8** 四面体錯体 $[Zn(NH_3)_4]^{2+}$ の分子軌道の電子配置を書け．

# 固体の構造と性質 12

## ● 12.1 固体の一般的性質

実在気体は1章で学んだように，温度や圧力を変えると臨界点以下では固体や液体に転移する．理想気体の性質に最も近いヘリウムでも 0.1 MPa では 4 K で液体になり，さらに加圧下 1 K 以下にすると固体になる．炭酸ガスが常温で気体と固体（ドライアイス）として利用されていることは，身近にある材料でよく知られている．固体，液体，気体の性質をまとめると図 12.1 のようになる．**固体**（solid）には原子あるいは分子が三次元的に規則的に配列した**結晶**（crystal）と規則的な構造をもたない**非結晶**（amorphous）がある．非結晶の中にも一次元，あるいは二次元の配置に乱れをもつ液晶やガラス，ゴム状態，準結晶，柔軟性結晶などがある．固体を構成するためには原子，分子，イオンの要素は共有結合，イオン結合，金属結合，水素結合あるいは分子間力（双極子，分散力相互作用など）により一定の位置に配置されている．その結合形式によってイオン結合性固体，共有結合性固体，金属結合性固体，分子性固体に分類する．これらの物質が融解，蒸発，あるいは固体状態間で相転移するときは結合様式によって変化に伴うエンタルピーやエントロピーが大きく異なる（4章参照）．

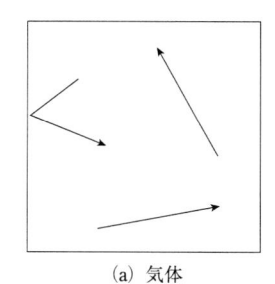

(a) 気体
自由体積：分子間距離が大きく分子間力がほとんど働かない．分子は熱運動で飛び回っている．

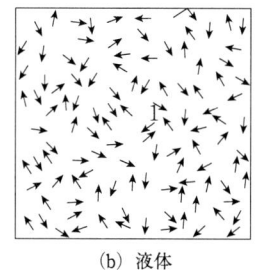

(b) 液体
自由表面：分子間距離が小さいので分子間力が働く．分子は熱運動で相互の位置を変える．

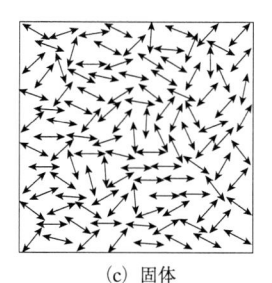

(c) 固体
分子間距離が小さいので分子間力が強く働く．分子は格子点のまわりで熱運動しているが相互の位置を変えるのに時間がかかる．

図 12.1　固体，液体，気体の概念図

## ● 12.2 結晶系と回折法

### a. 結 晶 系

理想化した結晶の対称性を用いて 32 の対称点群に結晶は分類される．アユイ（René Just Haüy）は 1784 年，鉱物の結晶面のサイズに整数比が成り立つという**有理指数の法則**（law of rational indices）を発見した．これは結晶が小さな単位（原子または分子の繰り返し）でできているということであり，結晶の面は3つの軸に沿った単位距離の小さな整数比で表すことができるということである．ミラー（William Hallowes Miller）は 1839 年，この結晶面を**ミラー指数**で表現した．結晶

はその対称性から 7 晶系に分類されていたが，数学者ブラヴェ（Auguste Bravais）が 1848 年に詳しい幾何学的研究から，すべての結晶が 14 種の**空間格子**（ブラヴェ格子，結晶格子）に分類されることを見出した．さらに研究が進められ，32 晶族（単位格子の対称性に関する 32 種の点群に対応する）が明らかにされた．ついで物理学者シェーンフリース（Arthur Schoenflies）らにより結晶全体の対称性が研究され，230 種の空間群による細かい分類が完成した（表 12.1 の結晶系と晶族を参照）．

表 12.1 ブラヴェの空間格子

| 結晶系 | 軸 | 切片 | 図 12.3[*1] | 結晶族の点群[*2] |
|---|---|---|---|---|
| 三斜 | $a \neq b \neq c$ | $\alpha \neq \beta \neq \gamma \neq 90°$ | (a) | $C_1, C_i$ |
| 単斜 | $a \neq b \neq c$ | $\alpha = \gamma = 90°, B \neq 90°$ | (b) (c) | $C_s, C_2, C_{2h}$ |
| 斜方 | $a \neq b \neq c$ | $\alpha = \beta = \gamma = 90°$ | (d)〜(g) | $C_{2v}, D_2, D_{2h}$ |
| 六方 | $a = b \neq c$ | $\alpha = \beta = 90°, \gamma = 120°$ | (h) | $C_6, C_{6v}, C_{6h}, C_{3h}, D_{3h}, D_{6h}, D_6$ |
| 三方 | $a = b = c$ | $\alpha \neq \beta \neq \gamma \neq 90°$ | (i) | $C_3, C_{3v}, D_3, D_{3d}, S_6$ |
| 正方 | $a = b \neq c$ | $\alpha = \beta = \gamma = 90°$ | (j) (k) | $C_4, C_{4v}, C_{4h}, D_{2d}, D_4, D_{4h}, S_4$ |
| 立方 | $a = b = c$ | $\alpha = \beta = \gamma = 90°$ | (l)〜(n) | $T, T_d, T_h, O, O_h$ |

*1 図 12.3 のブラヴェの空間格子参照．　*2 7 つの晶系は 32 の点群に分類できる．
［今野豊彦　物質の対称性と群論，共立出版，2001 参照］

図 12.2 に示したように三次元空間 $(x, y, z)$ 軸上に，原子あるいは分子が $a, b, c$ を単位とする間隔で規則的に配列されている．$a, b, c$ の単位を単位ベクトルとすると $x, y, z$ 軸の切片の長さは $a/h, b/k, c/l$ となる．この $h, k, l$ の小さな整数で面が指定される．図 12.2(b) で示したハッチ面は $y$ 軸で接するが $x, z$ 軸とは接さず (010) 面となる．また図 12.2(c) では $x$ 軸を $a$，$y$ 軸を $b$ で接し，$z$ 軸と接しないので (110) となる．

**【例題 12.1】** ミラー指数 (100), (110), (111) 面を示せ．
［解］それぞれ下図のグレイの面．

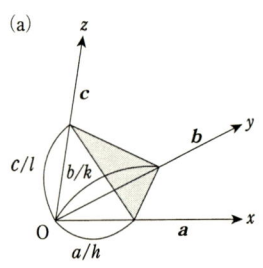

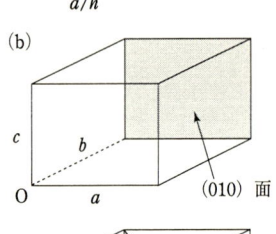

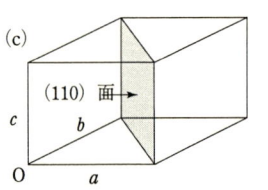

図 12.2 原点 O の単位格子からベクトル $a, b, c$ に $x, y, z$ 軸をとり，$a/h, b/k, c/l$ での接点で構成させる面は $(h, k, l)$ で示される．

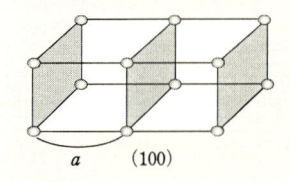

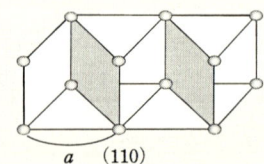

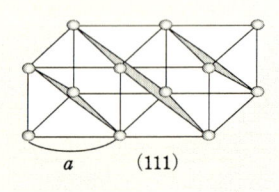

図 12.3 にブラヴェの 14 種の空間格子を示した．すべての結晶は 3 つの結晶軸の長さ $(a, b, c)$ が同じで 3 軸間の角度 $(\alpha, \beta, \gamma)$ が 90° である立方晶系から長さも角度も異なる三斜晶系のいずれかに属する．

### b. X 線回折法

ラウエ（Max Theodor Felix von Laue）は 1912 年，硫化亜鉛の結晶に X 線を当てて写真乾板上に**回折像**を得た．今単色の波長 $\lambda$ の X 線が図 12.4 に示したような二次元の結晶格子に照射した場合を考える．照射した X 線ビームはそれぞれの面の原子と衝突する．最初の面において照射した光は通常の光と同じように原子と衝突し，反射する．この最初の面から反射した光と距離 $d$ だけ異なる面から反射した光の干渉は位相が一致すると X 線は強く観測され，位相が合わなければ弱められる．この強め合う干渉は面の間隔と X 線の波長と入射角 $\theta$ を次のように表すことができる．

$$2d \sin \theta = n\lambda \quad (n = 1, 2, 3, \cdots) \tag{12.1}$$

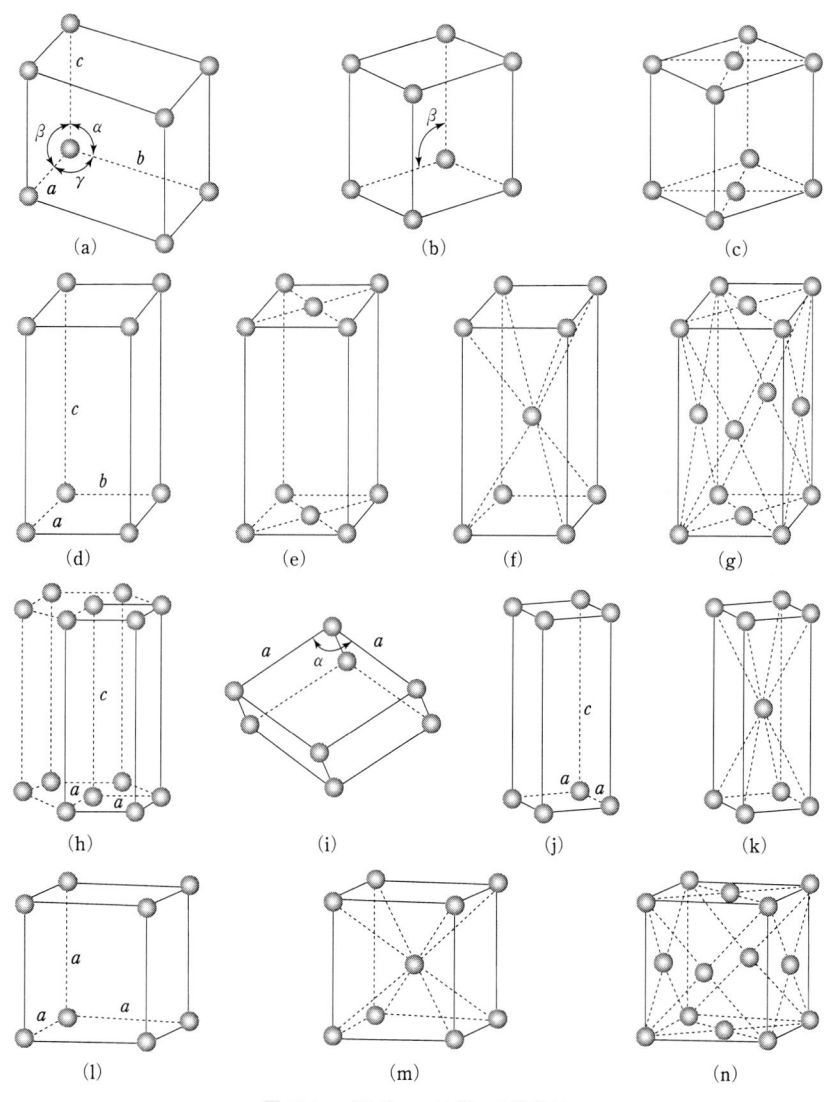

図 12.3 ブラヴェの 14 種の空間格子

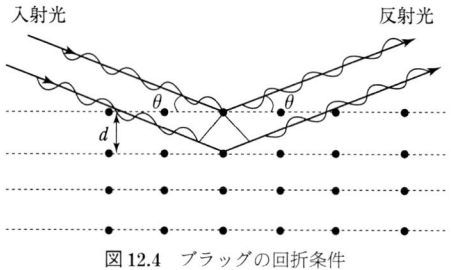

図 12.4 ブラッグの回折条件

ここで $n$ は整数であり，**反射次数**といわれる．$\lambda$ が既知の場合 $\sin\theta$ が 0 と 1 の間で強め合う干渉が生じるときの $d$ の値を決めることができる．入射角を連続的に変えていくと，このブラッグ（William Henry Bragg and William Lawrence Bragg）の反射条件にみたす面 ($hkl$) から回折線が検出される．例えば (111) 面からの二次反射は (222) 面からの一次反射であるとみなすことができる．ミラー指数は，$d_{222} = d_{111}/2$ とすると，

$$\sin\theta = \frac{2\lambda}{d_{111}} = \frac{1\lambda}{d_{222}} \tag{12.2}$$

となる．このように高次の反射次数は一次の反射次数と考えることができ，

$$2d\sin\theta = \lambda \tag{12.3}$$

となり，**ブラッグの式**として知られている．このブラッグの式は面間隔 $d_{hkl}$ が面 ($hkl$) と単位セルの大きさによって決まり，直交軸 ($\alpha=\beta=\gamma=90°$, $a=b=c$) をもつ任意の結晶系について

$$\frac{1}{d^2_{hkl}} = \frac{h^2}{a^2} + \frac{k^2}{b^2} + \frac{l^2}{c^2} = \frac{h^2+k^2+l^2}{a^2} \tag{12.4}$$

となる．書き換えると

$$d_{hkl} = \frac{a}{\sqrt{h^2+k^2+l^2}} \tag{12.5}$$

となり，式 (12.3) に代入すると

$$\sin\theta_{hkl} = \frac{\lambda^2}{4a^2}(\sqrt{h^2+k^2+l^2}) \tag{12.6}$$

となる．いろいろの面に対する ($h^2+k^2+l^2$) は

| $hkl$ | 100 | 110 | 111 | 200 | 210 | 211 | … |
| $(h^2+k^2+l^2)$ | 1 | 2 | 3 | 4 | 5 | 6 | … |

となる．それぞれの面に対する角度 $\theta_{hkl}$ から，与えられた $\lambda/a$ に対して $\sin\theta_{hkl}$ のスペクトルを図 12.5 のように予想することができる．

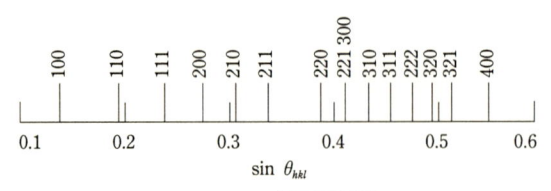

**図 12.5** 単純立方結晶の $\sin\theta$ と $(\lambda/2a)\sqrt{h^2+k^2+l^2}$ の関係．$\lambda/a=0.274$ とした．

## ● 12.3 分子性結晶

1種類の元素からなる物質を**単体**というが，単体で**分子結晶**となる物質は希ガス原子と $N_2$, $O_2$, ハロゲンなどの15種類である．1つの分子を取り囲むまわりの分子の数を配位数という．これらの原子や分子はファンデルワールス力によって結晶構造が保たれている．このファンデルワールス力は表 12.2 に示したように他の結合と比べて著しく弱いので，分子性結晶は融点などが低い．また希ガス原子は球状であるので立方細密充塡をつくることがわかっている．しかし他の分子結晶では分子が非球形であるので単純ではない．

特に，分子内に極性をもつ官能基がある，あるいはフェニール基や $\pi$ 電子をもつ系などをもつ系は，結晶状態で安定な格子エネルギーの状態を保つためにいろいろの構造をとる．

炭素は 4 本の共有結合をとることができ，図 12.6 に示したように炭素同士が $sp^2$ 混成軌道を形成し，正六角形の平面構造をとるとグラファイトとなり，$sp^3$ 混成軌道を形成して三次元的の四面体構造をとるとダイヤモンドになるなど数種の同素体がある．ダイヤモンドは $sp^3$ で三次元に強硬な構造体となる．電子は過不

**表 12.2** 結合力相対的な大きさ

| 結合力 | 大きさ |
|---|---|
| イオン間相互作用 | 1000 |
| 水素結合 | 100 |
| 双極子相互作用 | 10 |
| ロンドン分散力 | 1 |

足なく結合に加わるので絶縁体である．しかしグラファイトはsp²平面構造で二次元的に広がった層状構造をもつ．このsp²平面構造における2p$_z$にある1つの電子は炭素間のπ結合であるため平面内を移動することができ，電気伝導性に富む．さらに層間はファンデルワールス力でできているので，柔らかく，劈開性がある．

## 12.4 金属

金属は周期表の左側の元素で，約70種が単体として存在する．固体状態では金属原子はいくつかの電子を出して格子点に存在する正の電荷をもつ金属の原子核と，自由電子からなる．規則正しく配列した正の荷電をもつ金属の原子核の間を自由電子が自由に動きまわり，これらの間に働くクーロン力で結合している．いいかえると金属はカチオンからできていて，ほとんど一様な電子の海に埋まっていると考えても悪くない．そのため，① 高い電気伝導性，② 高い熱伝導性，③ 金属光沢をもつ，④ 電子が光や熱によって容易に飛び出す，⑤ 展性・延性に富む，⑥ 密度が高い，などの性質をもつ．① から ④ は自由電子をもつためであり，⑤と⑥は化学結合に方向性がないためである．いま分子軌道法で考え，同種の原子が無限に長い線上に並んでいるものとする（図12.7）．原子はs軌道を1つもち，分子軌道をつくることができる．この固体の1個の原子は決まったエネルギーの1個のs軌道をつくる．2番目の原子が加わると結合性軌道と反結合性軌道が1つずつできる．第3の原子を加えるとそれぞれの原子軌道から3個の分子軌道ができる．

このように次々と原子を加えると，分子軌道によっておおわれるエネルギー範囲が広がる．アボガドロ数個の原子がそれと同じ数の分子軌道をもつことになる．軌道が結合にあずかる電子の数よりも非常に多いため，見かけ上連続エネルギーとして扱うことができる．この許されたエネルギーあるいは軌道の状態を**バンド**という．s軌道の重なりでできるバンドを**sバンド**，p軌道の重なりでできるバンドを**pバンド**といい，sおよびpバンドの間には**バンドギャップ**といわれる分子軌道が存在しない領域が生じる．このバンドの中で最高エネルギー準位を**フェルミ準位**といい，金属のエネルギーがフェルミ準位（図12.8）のわずかに上に空の軌道があるので，最高位の上にある電子を励起するためにはほとんどエネルギーがいらないため電子は容易に移動でき，高い電気伝導性を示すことになる．しかし温度を上げると，原子の熱運動が激しくなり運動する原子と電子の間で衝突が多くなる．そのため電子は散乱され電荷の輸送効率が低下する．つまり電気抵抗が増えることになる．また，この自由電子による結合は方向性をもたないので，同じ大きさの粒子を箱の中に詰めるのと同じく細密充填あるいはそれに近い構造をとる．しかし金属結晶においては格子面でのすべりが容易であるため，展性や延性に富む．

## 12.5 イオン結晶

**イオン結晶**はイオン化エネルギーが小さい（陽イオン）アルカリ金属のまわりを電子親和力が強い（陰イオン）ハロゲンなどが取り巻く，あるいは逆の構造で結晶格子を形成している．イオン結晶の場合は，結晶構造を維持するための力がクーロン力である．クーロン力は強いので一般に融点が高い．また溶融するとイ

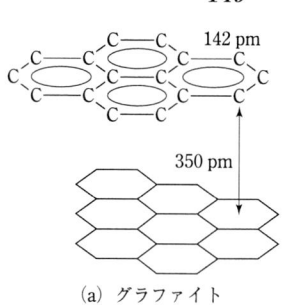

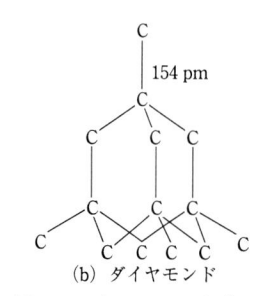

(a) グラファイト

(b) ダイヤモンド

図12.6 グラファイト(sp²)とダイヤモンド(sp³)構造

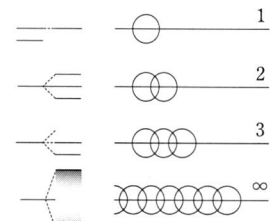

図12.7 結合軌道：直線状でN個の原子を加え，N個の基礎が形成される．バンド幅は有限であり，Nが大きいと連続のようにみえるN個の軌道が形成される．

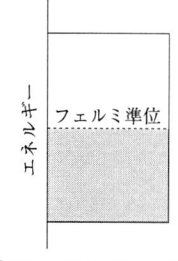

図12.8 N個の電子がN個の軌道によるバンドを占めるときフェルミ準位付近の電子は動くことができる．

オンが移動するので電気伝導性を示す．さらに，クーロン力は方向性がないので金属結晶と同様に最密充填となり配位数が12となると考えられるが，陽イオンと陰イオンのイオン半径が異なるのでそうはならない．例えば，NaClの結晶ではNa$^+$のイオン半径は95 pmであるのに対してCl$^-$のイオン半径は181 pmと大きく，Na$^+$は6個のCl$^-$に取り囲まれ単純立方型になる（図12.9）．したがって結晶中の陽イオンと陰イオンの原子間距離はイオンの電子雲が球対称であると過程できる際には両イオンのイオン半径の和と考えることができる．しかし正確にはイオン半径の値は，配位数（4配位，6配位，8配位，12配位など）や，高スピン状態か低スピン状態によっても異なることが知られている．

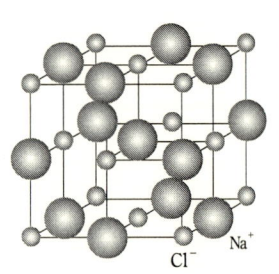

図12.9 NaCl結晶

イオン結晶ではクーロン力によって結合しているので，静電的なエネルギー$U$は

$$U = \frac{1}{2}\sum \frac{z_1 z_2 e^2}{4\pi\varepsilon_0 r_{12}} \tag{12.8}$$

ここで$\varepsilon_0$は誘電率，$r_{12}$は1，2イオン間の距離，$z_1$, $z_2$はイオン1，2の電荷である．マーデルング（Erwin Madelung）は1モルのクーロンエネルギーを

$$U = \frac{N_A M z^2 e^2}{r_0} \tag{12.9}$$

と近似した．ここで$r_0$は隣接するイオン間の距離，$z$は2つのイオンの電荷の最大公約数，$N_A$はアボガドロ数，$M$は**マーデルング定数**である．マーデルング定数は結晶を構成するイオン種と結晶系によって決まり，表12.3に示したようになる．

表12.3 マーデルング定数

| 結晶 | 化学量論組成 | マーデルング定数 |
|---|---|---|
| 塩化ナトリウム | NaCl | 1.7476 |
| 塩化セシウム | CsCl | 1.7627 |
| 閃亜鉛鉱 | ZnS | 1.6381 |
| 蛍石 | CaF$_2$ | 5.0388 |
| 赤銅鉱 | CuO$_2$ | 4.1155 |
| 金紅石 | TiO$_2$ | 4.816 |
| 鋼玉 | Al$_2$O$_3$ | 2.408 |

またイオンが接近しすぎると反発力が働くので，このエネルギー$U_r$は

$$U_r = A\exp\left(-\frac{r_0}{\rho}\right) \tag{12.10}$$

となる．ここで$\rho$は反発に関する定数である．この効果を入れると，結晶のエネルギー$U_c$は次式となる．

$$U_r = \frac{N_A M z^2 e^2}{r_0} + A\exp\left(-\frac{r_0}{\rho}\right) \tag{12.11}$$

$U$は，結晶が安定な状態では格子点で極小値をとるので$(\partial U/\partial r)_{r_0}=0$である．

$$U = \frac{N_A M z^2 e^2}{r_0} + A\exp\left(-\frac{r_0}{\rho}\right)=0 \tag{12.12}$$

$$A = \frac{\rho N_A M z^2 e^2}{r_0^2} + \exp\left(\frac{r_0}{\rho}\right) \tag{12.13}$$

であるので

$$U_L = -N_A M \frac{z^2 e^2}{r_0}\left(1-\frac{\rho}{r_0}\right) \tag{12.14}$$

となる．ここで$\rho$は結晶の圧縮率から測定される．

このように算出できる結晶エネルギーは，熱力学第一法則（2章参照）を使った**ボルン-ハーバーサイクル**（Max Born, Fritz Haber）から求めることができる．NaCl(c)を例題にボルン-ハーバーサイクルを示すと図12.10のようになり，

$$\Delta U_C = -\Delta_f H(\text{NaCl,c}) + \Delta_{sub} H(\text{Na,g}) + \Delta_f H(\text{Cl,g}) - 2RT + I - A \tag{12.15}$$

となる．ここで$\Delta_f H(\text{NaCl,c})$, $\Delta_{sub} H(\text{Na,g})$, $\Delta_f H(\text{Cl,g})$, $I$, $A$はそれぞれNaClの標準生成エンタルピー，Na(c)の昇華エンタルピー，塩素分子の解離エ

図12.10 ボルン-ハーバーサイクル NaCl(c)の結晶格子エネルギーの算出

ネルギー，Na のイオン化エネルギー，Cl の電子親和力である．イオン結晶について式 (12.11) および (12.15) の値を比較すると表 12.4 のように 5％以内の一致がみられる．

表 12.4　イオン結晶のエネルギー [単位：kJ mol$^{-1}$]

| イオン結晶 | $\Delta_f H$ (MX, c) | $\Delta_{sub}H$ (M, g) | $\Delta_\phi H$ (X, g) | $I$ | $A$ | $\Delta U_c$ 式 (12.11) | $\Delta U_c$ 式 (12.15) |
|---|---|---|---|---|---|---|---|
| NaCl | 414 | 109 | 226 | 490 | 347 | 779 | 753 |
| KCl  | 435 | 88  | 226 | 414 | 347 | 674 | 635 |
| RbCl | 439 | 84  | 266 | 397 | 347 | 686 | 650 |
| NaBr | 377 | 109 | 192 | 490 | 318 | 754 | 727 |
| NaI  | 322 | 109 | 142 | 490 | 297 | 695 | 711 |

ここで $RT = 8.314 \times 298.15$ J mol$^{-1}$ とした．

## 12.6　水素結合結晶

分子結晶 (12.3 節) の一種ともいえるが，格子点にある分子間の水素結合が結晶構造を保持するために大きな役割をしている場合には **水素結合結晶** とよぶ．水素結合は，表 12.2 に示したようにファンデルワールス力よりも大きいので分子結晶よりも安定で，融点などが高い．アミノ酸，カルボン酸など生体を構成するたんぱく質や核酸などは水素結合の果たす役割は非常に大きい．水素結合の代表例は，図 1.1 で示したように圧力や温度で多くの結晶多形をとる．常圧でみられる氷 I の構造は，図 12.11 のように各酸素原子は隣接する 4 つの水素原子を正四面体の頂点にもつような構造をしており，隙間が多く，これらの酸素原子との間には水素結合が形成されている．

また，**気体水和物** (図 12.12) として知られているものは水素結合による水分子のかご状構造の中に他の分子が入り込んだもので，永久凍土や海底に存在する．このかご状構造包接される分子には低分子の炭化水素や二酸化炭素があり，燃料や地球温暖化との関連でよく調べられている．

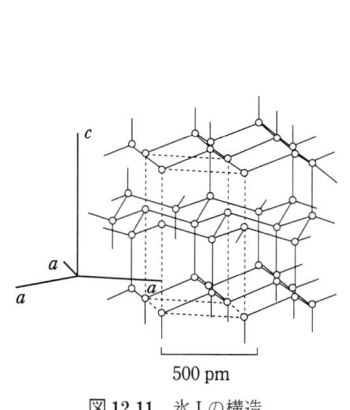

図 12.11　氷 I の構造

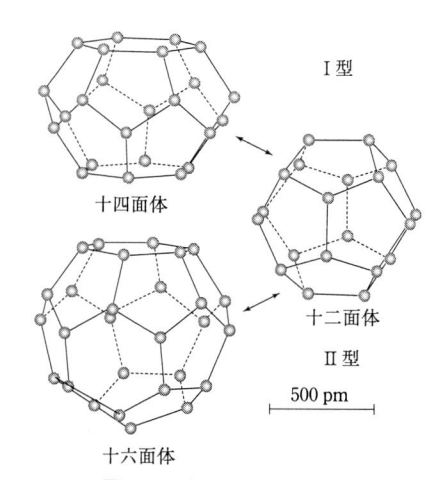

図 12.12　気体水和物構造の氷

## 練習問題（12章）

**12.1** 154.1 pm の X 線を結晶に照射したところ，$\theta = 22.2°$ の反射 X 線が観測された．この反射を生じる面の間隔を求めよ．

**12.2** ミラー指数 (111), (200), (220), (222) 面を図示せよ．

**12.3** 体心立方格子，面心立方格子の理論的なスペクトルを計算し，図12.5のように示せ．

**12.4** 食塩の結晶の密度は 2180 kg m$^{-3}$ であった．Na と Cl の原子間距離を求めよ．

**12.5** 食塩の結晶は六方晶で単位格子の長さは 564 pm であった．単位セル内の NaCl の数を求めよ．ただし食塩の結晶の密度は 2180 kg m$^{-3}$ とする．

**12.6** CsCl 結晶について，(a) 格子定数，(b) 密度を求めよ．ただし Cs$^+$ および Cl$^-$ のイオン半径をそれぞれ 169 pm，181 pm とする．

**12.7** 式 (12.12) とボルン-ハーバーサイクルの結果が一致しない理由について，その主な要因を考えよ．

## 練習問題解答

### ● 1章

**1.1** $n = 20.0\,\text{g}/18.0\,\text{g mol}^{-1} = 1.11\,\text{mol}$

(a) $PV = nRT$, $V = nRT/P = 1.11\,\text{mol} \times 8.314\,\text{JK}^{-1}\,\text{mol}^{-1} \times (273.15 + 100.00)\,\text{K}/0.0500 \times 10^6\,\text{Pa} = 0.0689\,\text{m}^3$

(b) $P_1V_1 = P_2V_2$, $V_2 = P_1V_1/P_2 = 0.0500\,\text{MPa} \times 0.0689\,\text{m}^3/0.0800\,\text{MPa} = 0.0431 \times 10^3\,\text{m}^3$

**1.2** $PV = nRT$, $n = PV/RT$

$n = \dfrac{1333\,\text{Pa} \times (5.0 \times 10^{-4}\,\text{m}^3)}{8.314\,\text{JK}^{-1}\,\text{mol}^{-1} \times (120.0 + 273.15)\,\text{K}}$
$= 2.04 \times 10^{-4}\,\text{mol}$

$w(\text{N}_2) = n \times 0.78 \times 28.0\,\text{g mol}^{-1} = 4.45\,\text{mg}$
$w(\text{O}_2) = n \times 0.21 \times 32.0\,\text{g mol}^{-1} = 1.37\,\text{mg}$
$w(\text{Ar}) = n \times 0.01 \times 40.0\,\text{g mol}^{-1} = 0.0816\,\text{mg}$

**1.3** $PV = nRT$, $P = nRT/V$

(a) $P = \dfrac{1.00\,\text{mol} \times 8.314\,\text{J K}^{-1}\,\text{mol}^{-1} \times (273.15 + 25.0)\,\text{K}}{2.48 \times 10^{-4}\,\text{m}^3}$
$= 10.0\,\text{MPa}$

(b) $\left(P + n^2\dfrac{a}{V^2}\right)(V - nb) = nRT$

$\left\{P + (1.00\,\text{mol})^2 \times \dfrac{2.29 \times 10^{-7}\,\text{MPa m}^6\,\text{mol}^{-2}}{(2.48 \times 10^{-4}\,\text{m}^3)^2}\right\}$
$\times (2.48 \times 10^{-4}\,\text{m}^3 - 1.00\,\text{mol} \times 4.30 \times 10^{-5}\,\text{m}^3\,\text{mol}^{-1})$
$= (1.00\,\text{mol}) \times 8.314\,\text{J K}^{-1}\,\text{mol}^{-1}(273.15 + 25.0)\,\text{K}$
$P = 8.37\,\text{MPa}$

**1.4**

(a) $n = 14.0 \times 1000\,\text{g}/28.0\,\text{g mol}^{-1} = 500\,\text{mol}$
$PV = znRT$, $V = znRT/P = 0.800 \times 500\,\text{mol} \times 8.314\,\text{J K}^{-1}\,\text{mol}^{-1} \times 600\,\text{K}/1.23\,\text{MPa} = 1.62\,\text{m}^3$

(b) $V_g = \dfrac{z(n - n_1)RT}{P}$
$= \dfrac{0.800 \times (500 - n_1)\,\text{mol} \times 8.314\,\text{J K}^{-1}\,\text{mol}^{-1} \times 104.2\,\text{K}}{1.0 \times 10^6\,\text{Pa}}$
$= 5.63 \times 10^{-4} \times (500 - n_1)\,\text{m}^3$

$V_l = \dfrac{0.0280\,\text{kg mol}^{-1}}{0.65\,\text{kg dm}^{-3}} \times n_1\,\text{mol} = 4.3 \times 10^{-5} \times n_1\,\text{m}^3$

∴ $V_g + V_l = 5.63 \times 10^{-4} \times (500 - n_1)\,\text{m}^3 + 4.3 \times 10^{-5} \times n_1\,\text{m}^3$
$= 0.200\,\text{m}^3$

∴ $n_1 = 157\,\text{mol} \approx 1.6 \times 10^2\,\text{mol}$, $n_g = (n - n_1)$
$= 343\,\text{mol} \approx 3.4 \times 10^2\,\text{mol}$

**1.5** Excel などの表計算ソフトを使い，温度を固定し $PV$ の関係を描画する．臨界点付近の状態がわかる．

**1.6** 1.00 mol, 0.202 MPa, 381.15 K, $\text{N}_2$ $d = 374\,\text{pm}$, $V = nRT/P = 0.0131\,\text{m}^3$

1 m³ 中の分子数
$N^* = \dfrac{6.022 \times 10^{23}}{0.0131\,\text{m}^3} = 4.60 \times 10^{25}\,\text{m}^{-3}$

$M = 0.028\,\text{kg mol}^{-1}$

$\bar{v} = \sqrt{\dfrac{8RT}{\pi M}} = 490.5\,\text{m s}^{-1}$

(a) 根平均二乗速度
$\sqrt{\overline{v^2}} = \sqrt{\dfrac{3RT}{M}} = \sqrt{\dfrac{3 \times 8.314 \times 318.15\,\text{J mol}^{-1}}{0.0280\,\text{kg mol}^{-1}}}$
$= \sqrt{283.4 \times 10^3 \left(\dfrac{\text{N m}}{\text{kg}} = \dfrac{\text{kg m}^2\,\text{s}^{-2}}{\text{kg}}\right)}$
$= \sqrt{283.4 \times 10^3\,\text{m}^2\,\text{s}^{-2}} = 532\,\text{m s}^{-1}$

(b) 平均自由行程
$L = \dfrac{1}{\sqrt{2}\,\pi d^2 N^*} = 3.50 \times 10^{-8}\,\text{m} = 35.0\,\text{nm}$

(c) 衝突回数
$z_1 = \sqrt{2}\,\pi d^2 \bar{v} N^* = 1.40 \times 10^{10}$ 回 s$^{-1}$

(d) 全衝突回数
$Z_{11} = \dfrac{1}{\sqrt{2}}\,\pi d^2 \bar{v}(N^*)^2 = 3.23 \times 10^{35}$ 回 m$^{-3}$s$^{-1}$

### ● 2章

**2.1** (a) $W = -nRT\ln(V_2/V_1)$, (b) $W = -P_e(V_2 - V_1)$
(b) の方が大きい．

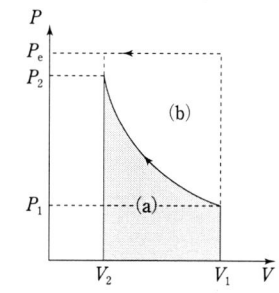

**2.2** 例えば，0〜4 °C の水

**2.3** 理想気体の定温膨張では $\Delta U = 0$．ゆえに，$Q = -W$
一定外圧に抗して膨張：

$Q_1 = -W_1 = \int_{V_1}^{V_2} P_e dV = P_e\int_{V_1}^{V_2} dV = P_e(V_2 - V_1)$

準静的変化での膨張：

$Q_2 = -W_2 = \int_{V_1}^{V_2} PdV = \int_{V_1}^{V_2}\dfrac{nRT}{V}dV = nRT\ln\dfrac{V_2}{V_1}$

$P_e < P$ より，$Q_1 < Q_2$
(系の最初と最後の状態が同じでも，系の変化の経路によって $Q$ の値が異なる)

**2.4** $-W = 3.05\,\text{kJ mol}^{-1}$

**2.5** $\Delta H = 40.67\,\text{kJ mol}^{-1}$, $\Delta U = 37.62\,\text{kJ mol}^{-1}$

**2.6** $Q = 5155\,\text{kJ}$

**2.7**
(1) (a) $T_f = 145.6\,\text{K}$, (b) $-W = 1.90\,\text{kJ mol}^{-1}$,
(c) $\Delta U = -1.90\,\text{kJ mol}^{-1}$, (d) $\Delta H = -3.17\,\text{kJ mol}^{-1}$

(2) (a) $T_f = 198.8\,\text{K}$, (b) $-W = 1.24\,\text{kJ mol}^{-1}$,
(c) $\Delta U = -1.24\,\text{kJ mol}^{-1}$, (d) $\Delta H = -2.07\,\text{kJ mol}^{-1}$

**2.8** $H = U + PV = U + nRT$,

∴ $(\partial H/\partial P)_T = (\partial U/\partial P)_T + 0 = 0$

2.9  $\Delta_f H^\ominus$ (CH$_2$=CH$_2$) = 52.5 kJ mol$^{-1}$,
$\Delta_f H^\ominus$ (CH$_3$CH$_3$) = $-$84.7 kJ mol$^{-1}$,
$\Delta H^\ominus = -137.2$ kJ

2.10 キルヒホッフ式を応用する.$\Delta_l^g H^\ominus = 43.69$ kJ mol$^{-1}$

2.11 $\Delta_a H^\ominus$ (CH$_4$) = $-$1663.4 kJ mol$^{-1}$,
$\Delta_a H^\ominus$ (C$_2$H$_6$) = $-$2825.8 kJ mol$^{-1}$,
$E$(C$-$H) = 415.9 kJ mol$^{-1}$, $E$(C$-$C) = 330.4 kJ mol$^{-1}$

◉ 3章

3.1 (a) 11.5 J K$^{-1}$, $-$23.1 J K$^{-1}$,
(b) 6.05 J K$^{-1}$ g$^{-1}$, $-$1.22 J K$^{-1}$ g$^{-1}$,
(c) 7.62 J K$^{-1}$ mol$^{-1}$,
(d) 0 J K$^{-1}$,
(e) 13.8 J K$^{-1}$,
(f) 36.4 J K$^{-1}$ mol$^{-1}$

3.2 $T$-$S$ 線図で四角形の面積=系が吸収した熱量 ($d'Q_r = TdS$)=系がした仕事量

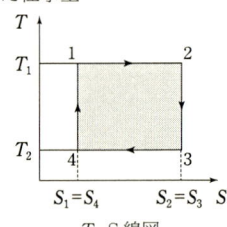

$T$-$S$ 線図

3.3 $\Delta S = 44.56$ J K$^{-1}$ mol$^{-1}$

3.4 $\Delta S = -20.6$ J K$^{-1}$ mol$^{-1}$,
$\Delta S_e = 21.4$ J K$^{-1}$ mol$^{-1}$,
∴ $\Delta S + \Delta S_e = 0.8$ J K$^{-1}$ mol$^{-1}$ > 0

3.5 CO が同じ向き:$W_1 = 1$,反対向きも可能:$W_2 = 2^N$,
∴ $\Delta S = S_2 - S_1 = k \ln 2^N = R \ln 2 = 5.76$ J K$^{-1}$ mol$^{-1}$

3.6 (a) $\Delta S = 20.8$ J K$^{-1}$,
(b) $\Delta H = 0$ J,
(c) $\Delta G = -6.20$ kJ

3.7 (a) $\Delta A = \Delta G = -3.50$ kJ,
(b) $\Delta A = 3.10$ kJ mol$^{-1}$, $\Delta G = 0$ kJ mol$^{-1}$

3.8 $\Delta G = \Delta H - T\Delta S = -5630 - 263.2 \times (-20.6) = -208$ J mol$^{-1}$ = $-$0.21 kJ mol$^{-1}$ < 0.定温・定圧下の変化で $\Delta G$ < 0 より,この変化は自発的に生じる.

3.9 $dU = TdS - PdV$,
∴ $\left(\dfrac{\partial U}{\partial V}\right)_T = T\left(\dfrac{\partial S}{\partial V}\right)_T - P = T\left(\dfrac{\partial P}{\partial T}\right)_V - P$

3.10 問題 3.9 より,1 mol のファンデルワールス気体に対しては
$\left(\dfrac{\partial U}{\partial V}\right)_T = T\left(\dfrac{\partial P}{\partial T}\right)_V - P = \dfrac{RT}{V-b} - P = \dfrac{a}{V^2}$,
∴ $\Delta U = \int dU = \int_{V_1}^{V_2} \dfrac{a}{V^2} dV = -a\left(\dfrac{1}{V_2} - \dfrac{1}{V_1}\right)$

(a) $-W = RT \ln\{(V_2-b)/(V_1-b)\} + a(1/V_2 - 1/V_1)$,
(b) $Q = RT \ln\{(V_2-b)/(V_1-b)\}$,
(c) $\Delta U = -a(1/V_2 - 1/V_1)$,
(d) $\Delta S = R \ln\{(V_2-b)/(V_1-b)\}$,
(e) $\Delta A = -RT \ln\{(V_2-b)/(V_1-b)\} - a(1/V_2 - 1/V_1)$

◉ 4章

4.1 70.6 kPa
4.2 0.659
4.3 (a) 186, (b) 0.134°C, (c) 634 kPa
4.4 $-$627 J
4.5 60.5
4.6 全蒸気圧:6.47 kPa
モル分率:0.770 (ベンゼン)
0.230 (トルエン)
4.7 溶液:0.0627 (ベンゼン)
0.937 (トルエン)
蒸気:0.139 (ベンゼン)
0.861 (トルエン)
4.8 48.8 kJ mol$^{-1}$
4.9 474
4.10 (略)

◉ 5章

5.1 分圧:21.0 atm,全圧:41.0 atm
5.2 252
5.3 0.5 mol dm$^{-3}$
5.4 2.86 atm
5.5 0.0120
5.6 $K_p = \dfrac{x^2(3-x)}{(1-x)^3 P}$
5.7 $K_p = 0.700$ atm$^{-0.5}$
5.8 41.7 kJ mol$^{-1}$,吸熱
5.9 6.73×10$^{-2}$
5.10 39.7

◉ 6章

6.1 18.5 μm
6.2 1.84×10$^5$ s, 75 s
6.3 15500 cm$^3$
6.4 5710 cm$^3$
6.5 8.33×10$^{11}$ 個, 1.51×10$^{-3}$ m$^2$
6.6 2.97 cm
6.7 0.560 cm
6.8 0.470 mm
6.9 0.242 mm, 20.9 mN m$^{-1}$
6.10 1.01 atm, 1.11 atm, 2.93 atm
6.11 372.6 K
6.12 1.002
6.13 0.218 nm$^2$
6.14 (略)
6.15 4.17 mmol g$^{-1}$, 501 m$^2$ g$^{-1}$

◉ 7章

7.1 $K_a = 1.77 \times 10^{-5}$,pH = 2.88,$C = 4.97 \times 10^{-3}$ mol dm$^{-3}$
7.2 $\alpha = 0.106$
7.3 $\gamma_{Ba^{2+}} = 0.563$,$\gamma_{Cl^-} = 0.866$,$\gamma_\pm = 0.750$
7.4 $\gamma_{H^+} = \gamma_{Ac^-} = 0.978$
7.5 (a) $\alpha = 4.17 \times 10^{-2}$,
(b) $\gamma_\pm = 0.976$,
(c) $K_a = 1.73 \times 10^{-5}$

練習問題解答

7.6 $K_b = 0.512 \deg(\text{mol/kg})^{-1}$, $M = 69.8$, $i = 2.98$
7.7 373.6 K, 270.9 K, 27.9 atm
7.8 (a) $4.76 \times 10^{-5} \, \Omega^{-1}$,
 (b) $100 \, \text{m}^{-1}$,
 (c) $4.76 \times 10^{-3} \, \Omega^{-1} \, \text{m}^{-1}$,
 (d) $2.07 \times 10^{-4} \, \text{mol dm}^{-3}$,
 (e) $3.55 \times 10^{-11}$
7.9 $\text{NH}_4^+ \, 7.35 \times 10^{-3} \, \text{m}^2 \, \Omega^{-1}$, $7.62 \times 10^{-8} \, \text{m s}^{-1}/\text{V m}^{-1}$
 $\text{Cl}^- : 7.62 \times 10^{-3} \, \text{m}^2 \, \Omega^{-1}$, $7.90 \times 10^{-8} \, \text{m s}^{-1}/\text{V m}^{-1}$
7.10 (a) $\text{Hg}_2\text{Cl}_2 + \text{H}_2 \rightleftharpoons 2\,\text{Hg} + 2\,\text{H}^+ + 2\,\text{Cl}^-$,
 (b) $\text{H}_2 + \text{I}_2 \rightleftharpoons 2\,\text{H}^+ + 2\,\text{I}^-$
7.11 (a) $\text{Ag}|\text{AgCl}|\text{Cl}^-|\text{Cl}_2|\text{Pt}$, 1.137 V, $-1.10 \times 10^2$ kJ,
 (b) $\text{Pt}|\text{Fe}^{2+}, \text{Fe}^{3+}||\text{Cl}^-|\text{Cl}_2|\text{Pt}$, 0.5885 V,
  $-56.8$ kJ ($-113.6$ kJ),
 (c) $\text{Zn}|\text{Zn}^{2+}|\text{Cl}^-|\text{Cl}_2|\text{Pt}$, 2.122 V, $-409.5$ kJ
7.12 0.261 V
7.13 $\gamma_\pm = 0.723$
7.14 1.12 V, $\Delta G^0 = -212$ kJ, $K = 1.61 \times 10^{37}$
7.15 $4.89 \times 10^{-13}$
7.16 8.90 mV
7.17 (a) $1.32 \times 10^{-2}$,
 (b) $\gamma_{\pm(\text{HAc})} = 0.958$, $\gamma_{\pm(\text{HCl})} = 0.690$, HAc 中の $a_{\text{H}^+} = 1.27 \times 10^{-3}$, HCl 中の $a_{\text{H}^+} = 0.0690$,
 (c) 103 mV

●8章
8.1 $2.61 \times 10^{-2}$ mol
8.2 半減期：19.1 s, 圧力：3.0 倍
8.3 $18.8$ kJ mol$^{-1}$
8.4 2 次
8.5 $35.2$ kJ mol$^{-1}$
8.6 721 分
8.7 (a) 9.1％, (b) 17.6％, (c) 0％
8.8 $39.0 \, \text{dm}^3 \, \text{mol}^{-1} \, \text{min}^{-1}$
8.9 3.64 分
8.10 略

●9章
9.1 (略)
9.2 $\lambda_{\max} T = 2.83 \times 10^6$, $h = 6.5 \times 10^{-34}$ J s
9.3 $\phi_n(x) = (2/a)^{1/2} \sin(n\pi x/a)$, $E_n = n^2 h^2/8 \, ma^2$, ($n = 1, 2, 3, \cdots$)
9.4 (1,1,1) (2,1,1) (1,2,1) (1,1,2) (2,2,1) (2,1,1) (1,2,2)
9.5 $N = (1/\pi a_0^3)^{1/2}$
9.6 

| | 2s | $2p_x$ | $2p_y$ | $2p_z$ |
|---|---|---|---|---|
| C | ↑↓ | ↑ | ↑ | |
| N | ↑↓ | ↑ | ↑ | ↑ |
| O | ↑↓ | ↑↓ | ↑ | ↑ |
| F | ↑↓ | ↑↓ | ↑↓ | ↑ |

9.7 

| 周期 | 満たされた軌道 | 元素数 |
|---|---|---|
| 1 | 1s | 2 |
| 2 | 2s, 2p | 8 |
| 3 | 3s, 3p | 8 |
| 4 | 3d, 4s, 4p | 18 |
| 5 | 4d, 5s, 5p | 18 |

9.8 (略)

●10章
10.1 (略)
10.2 (略)
10.3 (略)
10.4 $C_2^+ = 1.5$, $C_2^- = 2.5$
10.5 $O_2^+ > O_2 > O_2^-$
10.6 (略)

●11章
11.1

| | 紫外線 | 可視光線 | 赤外線 | マイクロ波 |
|---|---|---|---|---|
| 波長 $\lambda$/m | $3 \times 10^{-7}$ | $5 \times 10^{-7}$ | $3 \times 10^{-5}$ | $3 \times 10^{-2}$ |
| 振動数 $\nu$/Hz | $10^{15}$ | $6 \times 10^{14}$ | $10^{13}$ | $10^{10}$ |
| 波数 $\bar{\nu}$/cm$^{-1}$ | $3.3 \times 10^4$ | $2 \times 10^4$ | $3.3 \times 10^2$ | $3.3 \times 10^{-1}$ |
| エネルギー $E$/eV | 4.1 | 2.5 | $4.1 \times 10^{-2}$ | $4.1 \times 10^{-5}$ |

11.2 $16.5 \times 10^{-40}$ g cm$^2$
11.3 $6.62 \times 10^{-27}$, $18.4 \times 10^5$ dyne cm$^{-1}$
11.4 (略)
11.5 456 Hz (60 MHz), 2.28 kHz (300 MHz)
11.6 $5.04 \times 10^{-30}$ C m, 36％
11.7 オルト：$9.9 \times 10^{-30}$ C m, メタ：$5.7 \times \times 10^{-30}$ C m, パラ：0 C m
11.8 (略)

●12章 (略)

# 付　録

## ◯ 基礎物理定数

| 量 | 記号および等価な表現 | 値 |
|---|---|---|
| 真空の透磁率 | $\mu_0$ | $4\pi \times 10^{-7}$ N A$^{-2}$ |
| 真空中の光速度 | $c, c_0$ | $2.997\ 924\ 58 \times 10^8$ m s$^{-1}$ |
| 真空の誘電率 | $\varepsilon_0 = (\mu_0 c^2)^{-1}$ | $8.854\ 187\ 817 \times 10^{-12}$ F m$^{-1}$ |
| 電気素量 | $e$ | $1.602\ 176\ 487(40) \times 10^{-19}$ C |
| Planck 定数 | $h$ | $6.626\ 068\ 96(33) \times 10^{-34}$ J s$^{-1}$ |
|  | $\hbar = h/2\pi$ | $1.054\ 571\ 63 \times 10^{-34}$ J s |
| Avogadro 定数 | $N_\mathrm{A}, L$ | $6.022\ 141\ 79(30) \times 10^{23}$ mol$^{-1}$ |
| 原子質量単位 | $m_\mathrm{u} = 1$ u | $1.660\ 538\ 782(83) \times 10^{-27}$ kg |
| 電子の静止質量 | $m_\mathrm{e}$ | $9.109\ 382\ 15(45) \times 10^{-31}$ kg |
| 陽子の静止質量 | $m_\mathrm{p}$ | $1.672\ 621\ 637(83) \times 10^{-27}$ kg |
| 中性子の静止質量 | $m_\mathrm{n}$ | $1.674\ 927\ 211(84) \times 10^{-27}$ kg |
| Faraday 定数 | $F = eN_\mathrm{A}$ | $9.648\ 533\ 99(24) \times 10^4$ C mol$^{-1}$ |
| Rydberg 定数 | $R_\infty = \mu_0^2 m_\mathrm{e} e^4 c^3 / 8h^3$ | $1.097\ 373\ 156\ 853(7) \times 10^7$ m$^{-1}$ |
| Bohr 半径 | $a_0 = a/4\pi R_\infty$ | $5.291\ 772\ 085\ 9(36) \times 10^{-11}$ m |
| Bohr 磁子 | $\mu_\mathrm{B} = e\hbar/2m_\mathrm{e}$ | $9.274\ 009\ 15(23) \times 10^{-24}$ J T$^{-1}$ |
| 核磁子 | $\mu_\mathrm{N} = e\hbar/2m_\mathrm{p}$ | $5.050\ 783\ 24(13) \times 10^{-27}$ J T$^{-1}$ |
| 電子の磁気モーメント | $\mu_\mathrm{e}$ | $-9.284\ 763\ 77(23) \times 10^{-24}$ J T$^{-1}$ |
| 陽子の磁気モーメント | $\mu_\mathrm{p}$ | $1.410\ 606\ 662(37) \times 10^{-26}$ J T$^{-1}$ |
| 気体定数 | $R$ | $8.314\ 472(15)$ J K$^{-1}$ mol$^{-1}$ |
| Celsius 目盛におけるゼロ | $T_0$ | $273.15$ K |
| 標準大気圧 | $P_0$ | $1.013\ 25 \times 10^5$ Pa |
| 理想気体の標準モル体積 | $V_0 = RT_0/P_0$ | $2.241\ 399(40) \times 10^{-2}$ m$^3$ mol$^{-1}$ |
| Boltzmann 定数 | $k, k_\mathrm{B} = R/N_\mathrm{A}$ | $1.380\ 650\ 4(24) \times 10^{-23}$ J K$^{-1}$ |
| 重力の標準加速度 | $g_\mathrm{n}$ | $9.806\ 65$ m s$^{-2}$ |

注：（　）内の中の数値は最後の桁につく標準不確かさを示す．
© 2010 日本化学会　単位・記号委員会，「化学と工業」第 63 巻第 4 号より抜粋・転載

## ●周期表

| 族\周期 | 1 | 2 | 3 | 4 | 5 | 6 | 7 | 8 | 9 | 10 | 11 | 12 | 13 | 14 | 15 | 16 | 17 | 18 |
|---|---|---|---|---|---|---|---|---|---|---|---|---|---|---|---|---|---|---|
| 1 | 1 H 1.00794 | | | | | | | | | | | | | | | | | 2 He 4.002602 |
| 2 | 3 Li 6.941 | 4 Be 9.01218 | | | | | | | | | | | 5 B 10.811 | 6 C 12.0107 | 7 N 14.0067 | 8 O 15.9994 | 9 F 18.99840 | 10 Ne 20.1797 |
| 3 | 11 Na 22.98977 | 12 Mg 24.3050 | | | | | | | | | | | 13 Al 26.98154 | 14 Si 28.0855 | 15 P 30.97376 | 16 S 32.065 | 17 Cl 35.453 | 18 Ar 39.948 |
| 4 | 19 K 39.0983 | 20 Ca 40.078 | 21 Sc 44.95591 | 22 Ti 47.867 | 23 V 50.9415 | 24 Cr 51.9961 | 25 Mn 54.93805 | 26 Fe 55.845 | 27 Co 58.93320 | 28 Ni 58.6934 | 29 Cu 63.546 | 30 Zn 65.38 | 31 Ga 69.723 | 32 Ge 72.64 | 33 As 74.92160 | 34 Se 78.96 | 35 Br 79.904 | 36 Kr 83.798 |
| 5 | 37 Rb 85.4678 | 38 Sr 87.62 | 39 Y 88.90585 | 40 Zr 91.224 | 41 Nb 92.90638 | 42 Mo 95.96 | 43 Tc (99) | 44 Ru 101.07 | 45 Rh 102.9055 | 46 Pd 106.42 | 47 Ag 107.8682 | 48 Cd 112.411 | 49 In 114.818 | 50 Sn 118.710 | 51 Sb 121.760 | 52 Te 127.60 | 53 I 126.9045 | 54 Xe 131.293 |
| 6 | 55 Cs 132.9055 | 56 Ba 137.327 | 57〜71 ランタノイド | 72 Hf 178.49 | 73 Ta 180.9479 | 74 W 183.84 | 75 Re 186.207 | 76 Os 190.23 | 77 Ir 192.217 | 78 Pt 195.084 | 79 Au 196.9666 | 80 Hg 200.59 | 81 Tl 204.3833 | 82 Pb 207.2 | 83 Bi 208.9804 | 84 Po (210) | 85 At (210) | 86 Rn (222) |
| 7 | 87 Fr (223) | 88 Ra (226) | 89〜103 アクチノイド | 104 Rf (267) | 105 Db (268) | 106 Sg (271) | 107 Bh (272) | 108 Hs (277) | 109 Mt (276) | 110 Ds (281) | 111 Rg (280) | 112 Cn (285) | 113 Uut (284) | 114 Uuq (289) | 115 Uup (288) | 116 Uuh (293) | | 118 Uuo (294) |

遷移元素: 族3〜12

| | | | | | | | | | | | | | | |
|---|---|---|---|---|---|---|---|---|---|---|---|---|---|---|
| ランタノイド | 57 La 138.9055 | 58 Ce 140.116 | 59 Pr 140.9077 | 60 Nd 144.242 | 61 Pm (145) | 62 Sm 150.36 | 63 Eu 151.964 | 64 Gd 157.25 | 65 Tb 158.9254 | 66 Dy 162.500 | 67 Ho 164.9303 | 68 Er 167.259 | 69 Tm 168.9342 | 70 Yb 173.054 | 71 Lu 174.9668 |
| アクチノイド | 89 Ac (227) | 90 Th 232.0381 | 91 Pa 231.0359 | 92 U 238.0289 | 93 Np (237) | 94 Pu (239) | 95 Am (243) | 96 Cm (247) | 97 Bk (247) | 98 Cf (252) | 99 Es (252) | 100 Fm (257) | 101 Md (258) | 102 No (259) | 103 Lr (262) |

注1：元素記号の上の数字は原子番号，下の数字は原子量．
注2：安定同位体がなく，天然で特定の同位体組成を示さない元素については，その元素の放射性同位体の質量数の一例を（ ）内に示す．
備考：超アクチノイド（原子番号104番以降の元素）については，周期表の位置は暫定的である．

## ◯ 原子量表

$A_r(^{12}C) = 12$

| 元素名 | 元素記号 | 原子記号 | 原子量 | 元素名 | 元素記号 | 原子記号 | 原子量 |
|---|---|---|---|---|---|---|---|
| アインスタイニウム* | Es | 99 | | 窒素 | N | 7 | 14.007(2) |
| 亜鉛 | Zn | 30 | 65.38(2) | 窒素15 | N-15 | | 15.000 |
| アクチニウム* | Ac | 89 | | ツリウム | Tm | 69 | 168.93(2) |
| アスタチン* | At | 85 | | テクネチウム* | Tc | 43 | |
| アメリシウム* | Am | 95 | | 鉄 | Fe | 26 | 55.845(2) |
| アルゴン | Ar | 18 | 39.948(1) | テルビウム | Tb | 65 | 158.93(2) |
| アルミニウム | Al | 13 | 26.982(8) | テルル | Te | 52 | 127.60(3) |
| アンチモン | Sb | 51 | 121.760(1) | 銅 | Cu | 29 | 63.546(3) |
| イオウ | S | 16 | 32.065(5) | ドブニウム* | Db | 105 | |
| イッテルビウム | Yb | 70 | 173.05(5) | トリウム* | Th | 90 | 232.04(2) |
| イットリウム | Y | 39 | 88.906(2) | ナトリウム | Na | 11 | 22.990(2) |
| イリジウム | Ir | 77 | 192.22(3) | 鉛 | Pb | 82 | 207.2(1) |
| インジウム | In | 49 | 114.8(3) | ニオブ | Nb | 41 | 92.906(2) |
| ウラン* | U | 92 | 238.03(3) | ニッケル | Ni | 28 | 58.693(4) |
| ウンウンオクチウム* | Uuo | 118 | | ネオジム | Nd | 60 | 144.24(3) |
| ウンウンクアジウム* | Unq | 114 | | ネオン | Ne | 10 | 20.180(6) |
| ウンウントリウム* | Uut | 113 | | ネプツニウム* | Np | 93 | |
| ウンウンヘキシウム* | Uuh | 116 | | ノーベリウム* | No | 102 | |
| ウンウンペンチウム* | Uup | 115 | | バークリウム* | Bk | 97 | |
| エルビウム | Er | 68 | 167.26(3) | 白金 | Pt | 78 | 195.08(9) |
| 塩素 | Cl | 17 | 35.453(2) | ハッシウム* | Hs | 108 | |
| オスミウム | Os | 76 | 190.23(3) | バナジウム | V | 23 | 50.942(1) |
| カドミウム | Cd | 48 | 112.41(8) | ハフニウム | Hf | 72 | 178.49(2) |
| ガドリニウム | Gd | 64 | 157.25(3) | パラジウム | Pd | 46 | 106.42(1) |
| カリウム | K | 19 | 39.098(1) | バリウム | Ba | 56 | 137.33(7) |
| ガリウム | Ga | 31 | 69.723(1) | ビスマス | Bi | 83 | 208.98(1) |
| カリホルニウム* | Cf | 98 | | ヒ素 | As | 33 | 74.922(2) |
| カルシウム | Ca | 20 | 40.078(4) | フェルミウム* | Fm | 100 | |
| キセノン | Xe | 54 | 131.29(6) | フッ素 | F | 9 | 18.998(5) |
| キュリウム* | Cm | 96 | | プラセオジム | Pr | 59 | 140.91(2) |
| 金 | Au | 79 | 196.97(4) | フランシウム* | Fr | 87 | |
| 銀 | Ag | 47 | 107.87(2) | プルトニウム* | Pu | 94 | |
| クリプトン | Kr | 36 | 83.798(2) | プロトアクチニウム* | Pa | 91 | 231.04(2) |
| クロム | Cr | 24 | 51.996(6) | プロメチウム* | Pm | 61 | |
| ケイ素 | Si | 14 | 28.086(3) | ヘリウム | He | 2 | 4.0026(2) |
| ゲルマニウム | Ge | 32 | 72.64(1) | ベリリウム | Be | 4 | 9.0122(3) |
| コバルト | Co | 27 | 58.933(5) | ホウ素 | B | 5 | 10.811(7) |
| コペルニシウム* | Cn | 112 | | ボーリウム* | Bh | 107 | |
| サマリウム | Sm | 62 | 150.36(2) | ホルミウム | Ho | 67 | 164.93(2) |
| 酸素 | O | 8 | 15.999(3) | ポロニウム* | Po | 84 | |
| ジスプロシウム | Dy | 66 | 162.500(1) | マイトネリウム* | Mt | 109 | |
| シーボーギウム* | Sg | 106 | | マグネシウム | Mg | 12 | 24.305(6) |
| 重水素 | D | | 2.0141 | マンガン | Mn | 25 | 54.938(5) |
| 臭素 | Br | 35 | 79.904(1) | メンデレビウム* | Md | 101 | |
| ジルコニウム | Zr | 40 | 91.224(2) | モリブデン | Mo | 42 | 95.96(2) |
| 水銀 | Hg | 80 | 200.59(2) | ユウロピウム | Eu | 63 | 151.964(1) |
| 水素 | H | 1 | 1.0079(7) | ヨウ素 | I | 53 | 126.90(3) |
| スカンジウム | Sc | 21 | 44.956(5) | ラザホージウム* | Rf | 104 | |
| スズ | Sn | 50 | 118.710(7) | ラジウム* | Ra | 88 | |
| ストロンチウム | Sr | 38 | 87.62(1) | ラドン* | Rn | 86 | |
| セシウム | Cs | 55 | 132.91(2) | ランタン | La | 57 | 138.91(7) |
| セリウム | Ce | 58 | 140.12(1) | リチウム | Li | 3 | 6.941(2) |
| セレン | Se | 34 | 78.96(3) | リン | P | 15 | 30.974(2) |
| ダームスタチウム* | Ds | 110 | | ルテチウム | Lu | 71 | 174.97(1) |
| タリウム | Tl | 81 | 204.38(2) | ルテニウム | Ru | 44 | 101.07(2) |
| タングステン | W | 74 | 183.84(1) | ルビジウム | Rb | 37 | 85.468(3) |
| 炭素 | C | 6 | 12.011(8) | レニウム | Re | 75 | 186.21(1) |
| 炭素13 | C-13 | | 13.003 | レントゲニウム* | Rg | 111 | |
| タンタル | Ta | 73 | 180.95(2) | ロジウム | Rh | 45 | 102.91(2) |
| チタン | Ti | 22 | 47.867(1) | ローレンシウム* | Lr | 103 | |

原子量の不確かさは（ ）内の数字であらわされ，有効数字の最後の桁に対応する．例えば，亜鉛の場合の 65.38(2) は 65.38±0.02 を意味する．

\*印は安定同位体のない元素．これらの元素については原子量が示されていないが，プロトアクチニウム，トリウム，ウランは例外で，これらの元素は地球上で固有の同位体組成を示すので原子量が与えられている．

© 2010 日本化学会 原子量委員会，「化学と工業」第63巻第4号より転載（重水素，炭素13，窒素15を除く）

# 参 考 文 献

■ 全 章
1) G. M. Barrow（藤代亮一訳）：バーロー物理化学 第5版 上・下，東京化学同人，1990．
2) P. W. Atkins（千原秀昭，中村亘男訳）：アトキンス物理化学 第4版 上・下，東京化学同人，1993．
3) W. J. Moore（藤代亮一訳）：ムーア物理化学 第4版 上・下，東京化学同人，1979．
4) B. H. Mahan（塩見賢吾，吉野諭吉，東慎之介訳）：大学の化学 第2版 Ⅰ・Ⅱ，廣川書店，1972．
5) 高橋克明，高田利夫，塩川二朗，平井竹次，松田好晴（編）：現代の物理化学 Ⅰ・Ⅱ，朝倉書店，1987．
6) 阪上信次，妹尾 学，渡辺 啓：概説物理化学 第2版，共立出版，1991．
7) 山内 淳，馬場正昭：現代化学の基礎 改訂版，学術図書出版社，1993．
8) 鈴木啓三，蒔田 薫，原納淑郎（編）：応用物理化学 Ⅰ－構造と物性，培風館，1989．
9) 蒔田 薫，原納淑郎，鈴木啓三（編）：応用物理化学 Ⅱ－エネルギーと平衡，培風館，1990．
10) 原納淑郎，鈴木啓三，蒔田 薫（編）：応用物理化学 Ⅲ－反応速度，培風館，1989．

■ 第1章
水の相図　1) Felix Franks：Water：A Comprehensive Treatise, Vol. 1, The Physics and Physical Chemistry of Water, Springer, 1995.
SI 単位　2) 国際度量衡局（BIPM）http://www.bipm.org/en/home/
3) 独立行政法人産業技術総合研究所　http://www.nmij.jp/library/units/si/
気体の性質　4) J. O. Hirschfelder, C. F. Curtiss, B. R. Byron：The Molecular Theory of Gases and Liquids, Wiley, 1964.
臨界定数など　5) 日本化学会編：化学便覧 基礎編 改訂5版，丸善，2004．
6) W. パウリ（田中 実訳）：熱力学と気体分子運動論，パウリ物理学講座（3），講談社，1982．

■ 第2, 3章
1) 原田義也：化学熱力学，裳華房，1984．
2) B. H. Mahan（千原秀昭，崎山 稔訳）：やさしい化学熱力学，化学同人，1966．

■ 第4, 5章
1) 池上雄作，岩泉正基，手老省三：物理化学 Ⅱ－熱力学・速度論，丸善，1994．
2) 児島邦夫，北原文雄，石黒鉄郎：基礎物理化学 上，朝倉書店，1977．
3) 原田義也：化学熱力学，裳華房，1984．

■ 第6, 7章
1) 近藤 保：界面化学 第2版，三共出版，1989．
2) 川北公夫，小石真純，種谷真一：粉体工学－基礎編，槙書店，1981．
3) 川北公夫，小石真純，種谷真一：粉体工学－応用編，槙書店，1980．
4) 池田勝一：コロイド化学，基礎化学選書22，裳華房，1986．
5) 化学工学協会（編）：物理および化学的水処理技術と装置 上・下，培風館，1980．
6) D. J. Shaw（北原文雄，青木幸一郎訳）：コロイドと界面の化学，廣川書店，1983．
7) 井上勝也，彦田 毅：活性剤の化学－ぬらすことと洗うこと，裳華房，1991．
8) 釣谷泰一，小石真純：工業分散技術，日刊工業新聞社，1986．
9) 藤本武彦：新・界面活性剤入門，三洋化成工業，1986．
10) 北原文雄，古澤邦夫：分散・乳化系の化学，工学図書，1980．
11) 近藤 保，鈴木四朗：やさしいコロイドと界面の科学，三共出版，1992．
12) 日本粉体工業技術協会（編）：凝集工学－基礎と応用，日刊工業新聞社，1982．
13) 田村幹雄：物理化学 上・下，至文堂，1981．
14) 田村英雄，松田好晴：現代電気化学，培風館，1977．
15) 藤嶋 昭，相澤益男，井上 徹：電気化学測定法 上・下，技報堂出版，1985．

■ 第8章
1) 池上雄作，岩泉正基，手老省三：物理化学 Ⅱ－熱力学・速度論，丸善，1994．
2) 児島邦夫，北原文雄，石黒鉄郎：基礎物理化学 下，朝倉書店，1978．

## 第9, 10章

1) 田中政志，佐野 充：原子・分子の現代化学，学術図書出版社，1991．
2) 大岩正芳：初等量子化学，化学同人，1980．
3) 平野康一：量子化学の基礎，共立出版，1986．
4) M. W. ハナ（柴田周三訳）：化学のための量子力学，培風館，1985．
5) 西本吉助：量子化学のすすめ，化学同人，1991．
6) 小笠原正明，田地川浩人：化学結合の量子論入門，三共出版，1994．
7) 米澤貞次郎，永田親義，加藤博史，今村 詮，諸熊圭治：量子化学入門 上・下，化学同人，1983．
8) 吉岡甲子郎：化学通論，裳華房，1985．
9) 長倉三郎：有機電子論，培風館，1996．

## 第11章

1) D. サットン（伊藤 翼，広田文彦訳）：遷移金属錯体の電子スペクトル，培風館，1971．
2) W. A. ビンゲル（佐藤博保訳）：分子の構造とスペクトル，培風館，1973．
3) G. M. バロウ（島田 章訳）：分子の構造をきめる，化学同人，1975．
4) P. J. Wheatley（黒谷寿雄，斉藤喜彦，中津和三訳）：分子構造はいかにして決められるか，東京化学同人，1976．
5) 鈴木啓三：水および水溶液，共立出版，1980．
6) 吉岡甲子郎：化学通論，裳華房，1985．

## 第12章

結晶構造
1) 桐山良一，桐山秀子：構造無機化学（1），共立全書，共立出版，1979．
2) 桐山良一，桐山秀子：構造無機化学（2），共立全書，共立出版，1981．
3) W. G. Wyckoff：Crystal Structures Vol. 1, Second Edition, Robert E. Krieger Publishing Company, 1963．
4) D. Eisenberg, W. Kauzmann：The Structure And Properties of Water, Oxford Classic, Texts in the Physical Sciences, 2005．

水素結合
5) G. Gilli, P. Gilli：The Nature of the Hydrogen Bond：Outline of a Comprehensive Hydrogen Bond Theory, Iuc's Monographs on Crystallography, Oxford University Press(Txt), 2009．

気体水和物
6) 鈴木啓三：水および水溶液，共立全書，共立出版，1980．
7) T. K. Ghosh, M. A. Prelas：Energy Resources and Systems：Volume 1, Fundamentals and Non-Renewable Resources, Springer, 2009．

# 索　引

## ●あ行

圧縮率因子　5
圧平衡定数　60, 61
アボガドロ定数　3
アマルガム電極　91
アレニウスの式　107
アレニウスの電離説　84
アレニウスプロット　107

イオン化エネルギー　115
イオン強度　87
イオン結晶　149
イオン選択性電極　99
イオン電荷　87
イオン独立移動の法則　84
イオンの移動度　86
異核二原子分子　130
位置エネルギー　14
1次反応　102
陰イオン界面活性剤　69

ウィルヘルミー法　69
運動エネルギー　14

永久双極子モーメント　139
液間電位差　96
液相線　53
液体連絡　96
SI接頭語　2
sバンド　149
X線回折　133
HLB値　69
エネルギー　14
エネルギー障壁　108
エネルギー保存の法則　15, 30
エマルション　68
塩橋　96
エンタルピー　17
エントロピー　14, 30

オストワルドの希釈律　85

## ●か行

外界　14
回折像　146
回折法　133
回転スペクトル　133
開放系　14
界面活性剤　69
解離　82
解離圧　64
解離熱　28
外力場　14
化学吸着　74
化学平衡定数　59
化学ポテンシャル　54, 59
化学量論係数　26, 59
可逆過程　30
可逆反応　105
可逆変化　16, 30
拡散二重層　77
核磁気共鳴吸収　139
核磁気共鳴スペクトル法　133
活性化エネルギー　107
活性錯体　108
活性炭　67
活量　53, 88
活量係数　53, 87
カルノーサイクル　24, 32
カルノー熱機関　32
カロメル電極　91
換算熱量　34
完全気体　3

擬1次反応　103
規格化条件　117
気相線　53
気体水和物　151
気体定数　107
気体電極　90
気体分子運動論　10
基底状態　114
起電力　90
ギブズ
　　──の吸着式　72
　　──の自由エネルギー　43
　　──の相律　57
ギブズエネルギー　43
ギブズ-デュエムの式　55
ギブズ-ヘルムホルツの式　46
逆平行　120
吸収強度　134
吸収スペクトル　134

吸着　66
吸着速度　73
吸着等温式　73
　　フロイントリヒの──　73
　　ラングミュアの──　73
吸熱反応　25
境界　14
凝固点降下　57
強電解質　82
極限モル伝導度　84
局在分子軌道　126
キルヒホッフの式　28
銀・塩化銀電極　91
金属　149
金属・金属イオン電極　91
金属・難溶塩電極　91

空間格子　146
クラウジウス-クラペイロンの式　50
クラウジウスの不等式　34
グリーンの公式　46

系　14
　　──の自由度　57
結晶　145
ケルビン式　70
原子価結合法　124
原子化熱　28
懸濁液　67
　　──の分散・凝集　75

光子　111
光電効果　111
光量子　111
国際単位系　1
黒体放射　111
固体　145
固有関数　116
固有値　116
孤立系　14
コールラウシュ橋　83
　　──の平方根律　84
コロイド　66
混成軌道　126
コンプトン効果　112
根平均二乗速度　11

## ●さ行

錯体　142
酸化還元電極　91
示強性状態量　20
磁気量子数　119
σ結合　124
$σ_p$ 分子軌道　130
仕事関数　43,112
仕事効率　32
質量作用の法則　59
質量分率　52
弱電解質　82
シャルルの法則　3
周期律　122
集合体　14
ジュヌーイ法　69
主量子数　119
ジュール-トムソン過程　24
ジュールの法則　21
シュレーディンガー方程式　115
準静的変化　16,31
昇華　51
昇華熱　28,51
蒸気圧降下　56
状態関数　20
状態図　51
状態変数　20
状態量　20
衝突断面積　109
衝突理論　109
示量性状態量　20
親水基　69
浸透圧　57
振動スペクトル　133

水素結合　141
水素結合結晶　151
ステルンの電気二重層　79
ステルン面　79
ストークスの自由沈降の式　75
スピン量子数　120
スモルコフスキーの式　76
スラリー　67

生成物　101
ゼータ電位　79
接触角　70
絶対温度　2
絶対零度　2
ゼーマン効果　138
遷移状態　108
全微分　21

総括反応　105
双極子モーメント　125
相図　51
相転移　18
相変化　18
束一的性質　55
速度分布　11
疎水基　69
素反応　102

## ●た行

対イオン　77
対応状態理論　9
体積分率　52
脱着速度　73
単一反応　105
単体　148
断熱可逆圧縮　32
断熱可逆膨張　32

逐次反応　106
調和振動　135
沈降速度　75

定圧反応熱　25
定圧変化　17
定圧モル熱容量　18
DLVO 理論　80
定温可逆圧縮　32
定温可逆膨張　32
定積反応熱　25
定積変化　17
定積モル熱容量　18
デバイの式　140
デバイ-ヒュッケルの極限法則　87
電位決定イオン　77
電位差滴定　98
電解質　82
電気伝導度　83
電気二重層　77
　　ステルンの――　78
　　ヘルムホルツの――　77
電極反応　90
電子スピン共鳴　138
電子スペクトル　133
電子線回折　133
電子対　120
電池　90
電離　82

等核二原子分子　130
透過率　134
動径分布関数　120

## ●な行

内部エネルギー　14

2次反応　102
乳化剤　68

熱化学方程式　25
熱機関　31
熱平衡状態　20
熱力学　14
熱力学第一法則　14,30
熱力学第二法則　14,30,34
熱力学第三法則　41
熱力学的エントロピー変化　39
熱力学的状態式　46
ネルンスト式　95
ネルンストの熱定理　40

濃淡電池　96
濃度平衡定数　61

## ●は行

配位化合物　142
配位結合　142
配位数　142
π結合　125
配向力　140
排除体積　6
ハイゼンベルグ　116
排他原理　120
$π_p$ 分子軌道　130
発熱反応　25
波動関数　116
ハマカー定数　80
ハミルトン演算子　115
半減期　103
反射次数　147
半電池　90
半透膜　57
バンド　149
バンドギャップ　149
反応次数　102
反応進行度　59
反応速度　101
反応速度定数　102
反応熱　25
反応物　101
半反応　90

非イオン性界面活性剤　69

ド・ブロイ波長　112
ドルトンの分圧の法則　4

索 引 **165**

比較電極　91
非結晶　145
非素反応　105
ヒットルフの方法　85
非電解質　82
比伝導度　83
pバンド　149
比表面積　68
標準エンタルピー変化　26
標準エントロピー　40
標準ギブズエネルギー変化　60
標準状態　26
標準生成エンタルピー　27
標準生成ギブズエネルギー　60
標準電極電位　92
標準燃焼熱　26
標準反応熱　60
表面改質　67
表面張力　68
ビリアル係数　5
非理想溶液　53
頻度因子　107

ファンデルワールス式　6
ファンデルワールス定数　6
ファンデルワールス力　139
ファントホッフ
　——の$i$係数　82
　——の式　62
　——の浸透圧法則　57
フェルミ準位　149
不可逆過程　31,33
不可逆変化　31
不確定性原理　116
フガシティ　45,95
不均一触媒　68
副イオン　77
複合反応　105
沸点上昇　56
物理吸着　74
部分モル体積　54
部分モル量　54
ブラッグの式　148
フランク-コンドンの原理　136
フロイントリヒの吸着等温式　73
分極率　140

分光法　133
分子軌道　124
分子軌道法　124,129
分子結晶　148
分子数　102
分子スペクトル　133
分子の衝突回数　12
フントの規則　121

平均活量　88
平均活量係数　88
平均結合エネルギー　29
平均自由行程　12
平衡定数　59
平衡の法則　59
閉鎖系　14
並発反応　105
ヘスの総熱量不変の法則　26
ベットの吸着式　73
ヘルムホルツエネルギー　43
ヘルムホルツの自由エネルギー　43
ヘルムホルツの電気二重層　77
偏微分係数　21
ヘンリーの法則　52

ポアソンの式　23
ボーアの振動条件　113
ボーア半径　114
ボイル温度　6
方位量子数　119
ボルツマン定数　11
ボルツマンの公式　39
ボルン-ハーバーサイクル　150

●ま行

マイヤーの関係式　18
マクスウェルの関係式　46
マックスウェル-ボルツマン速度分布則　11
マーデルング定数　150

ミラー指数　145

毛管上昇法　68
モースポテンシャル　135
モルイオン伝導度　84

モル吸光係数　134
モル凝固点降下定数　57
モル伝導度　83
モル熱容量　18
モル沸点上昇定数　56
モル分率　52
モレキュラーシーブ　67

●や行

融解熱　51
誘起双極子モーメント　140
誘起力　140
有効衝突　109
融点　51
有理指数の法則　145
輸率　85

陽イオン界面活性剤　69
溶液　52
容器定数　83
溶質　52
溶媒　52

●ら行

ラウールの法則　53
ラングミュアトラフ　71
ラングミュアの吸着等温式　73
ランベルト-ベールの法則　134

理想気体　2,3
理想溶液　53
リュードベリ定数　113
量子数　114
臨界圧力　7
臨界温度　7
臨界体積　7
臨界点　7
臨界ミセル濃度　70

ルシャトリエの法則　62

励起状態　114
零点エネルギー　135
連鎖反応　106

ロンドンの式　141

## 著者略歴

**近藤和生（こんどう かずお）**
1946年　福岡県生まれ
1974年　九州大学大学院工学研究科修了
現　在　同志社大学理工学部教授

**上野正勝（うえの まさかつ）**
1947年　京都府生まれ
1975年　京都大学大学院理学研究科修了
現　在　同志社大学名誉教授

**芝田隼次（しばた じゅんじ）**
1947年　京都府生まれ
1972年　京都大学大学院工学研究科修了
現　在　関西大学環境都市工学部教授

**木村隆良（きむら たかよし）**
1949年　和歌山県生まれ
1976年　近畿大学大学院化学研究科修了
現　在　近畿大学理工学部教授

**谷口吉弘（たにぐち よしひろ）**
1941年　京都府生まれ
1970年　立命館大学大学院理工学研究科修了
現　在　立命館大学名誉教授

---

物　理　化　学（第2版）　　　　　定価はカバーに表示

1996年4月20日　初　版第1刷
2011年4月30日　第2版第1刷
2015年8月10日　　　　第4刷

著　者　近　藤　和　生
　　　　上　野　正　勝
　　　　芝　田　隼　次
　　　　木　村　隆　良
　　　　谷　口　吉　弘
発行者　朝　倉　邦　造
発行所　株式会社　朝倉書店
　　　　東京都新宿区新小川町6-29
　　　　郵便番号　１６２-８７０７
　　　　電　話　03(3260)0141
　　　　FAX 03(3260)0180
　　　　http://www.asakura.co.jp

〈検印省略〉

© 2011 〈無断複写・転載を禁ず〉　　　　悠朋舎・渡辺製本

ISBN 978-4-254-14090-3　C 3043　　Printed in Japan

JCOPY　〈(社)出版者著作権管理機構　委託出版物〉

本書の無断複写は著作権法上での例外を除き禁じられています．複写される場合は，そのつど事前に，(社)出版者著作権管理機構（電話 03-3513-6969, FAX 03-3513-6979, e-mail: info@jcopy.or.jp）の許諾を得てください．

| | |
|---|---|
| 藤井信行・塩見友雄・伊藤治彦・野坂芳雄・泉生一郎・尾崎 裕著<br>ニューテック・化学シリーズ<br>**物 理 化 学**<br>14614-1 C3343　　B 5 判 180頁 本体3400円 | 化学の面白さを伝えることを重視した"理解しやすい"大学・高専向け教科書。先端技術との関わりなどをトピックスで紹介。〔内容〕物理化学のなりたち／原子, 分子の構造／分子の運動とエネルギー／化学熱力学と相平衡／化学反応と反応速度 |
| 北村彰英・久下謙一・島津省吾・進藤洋一・大西 勲著<br>基本化学シリーズ6<br>**物 理 化 学**<br>14576-2 C3343　　A 5 判 148頁 本体2900円 | 物質を巨視的見地から考えることを主眼として構成した物理化学の入門書。〔内容〕物理化学とは／理想気体の性質／実存気体／熱力学第一法則／エントロピー, 熱力学第二, 三法則／自由エネルギー／相平衡／化学平衡／電気化学／反応速度 |
| 前千葉大 夏目雄平著<br>**やさしい化学物理**<br>—化学と物理の境界をめぐる—<br>14083-5 C3043　　A 5 判 164頁 本体2800円 | 分子運動や化学平衡など, 化学で扱われる諸現象を, 物理学者の視点で平易に解説。〔内容〕理想気体／熱力学／エントロピー／カルノーサイクル／分子運動／1成分系／電池と電解質／電気伝導／化学ポテンシャル／平衡／触媒／表面張力／ぬれ |
| 早大 逢坂哲彌編著　農工大 直井勝彦・早大 門間聰之著<br>**実力がつく 電 気 化 学**<br>—基礎と応用—<br>14093-4 C3043　　A 5 判 180頁 本体2800円 | 電気化学を「使える」ようになるための教科書。物理化学の基礎と専門レベルの間がつながるように解説。〔内容〕平衡系の電位と起電力／電解質溶液／電気二重層／電気化学反応速度／物質移動／電気化学測定／電気化学の応用 |
| 川崎昌博・安保正一編著 吉澤一成・小林久芳・波田雅彦・尾崎幸洋・今堀 博・山下弘巳他著<br>役にたつ化学シリーズ2<br>**分 子 の 物 理 化 学**<br>25592-8 C3358　　B 5 判 200頁 本体3600円 | 諸々の化学現象を分子レベルで理解できるよう平易に解説。〔内容〕量子化学の基礎／ボーアの原子モデル／水素型原子の波動関数の解／分子の化学結合／ヒュッケル法と分子軌道計算の概要／分子の対称性と群論／分子分光学の原理と利用法／他 |
| J.N.イスラエルアチヴィリ著<br>東京理科大 大島広行訳<br>**分子間力と表面力**（第 3 版）<br>14094-1 C3043　　B 5 判 600頁 本体8500円 | 第2版から約20年, 物理化学の一分野であるコロイド界面化学はナノサイエンス・ナノテクノロジーとして変貌を遂げた。ナノ粒子やソフトマター等, ライフサイエンスへの橋渡しにもなる事項が多く付け加えられた。大改訂・増頁 |
| 前東大 小宮山宏著<br>**速　度　　論**<br>25018-3 C3058　　A 5 判 234頁 本体3900円 | 具体的現象をあげながら平易に解説。〔内容〕速度論と平衡論／収支と流束／物質移動／流れ／境界層・境膜／エネルギーの移動／温度変化, 濃度変化, 速度変化の速度の見積り／複数の力の場／化学反応の速度／反応と拡散／速度と効率／他 |
| T.H.ルヴィア著<br>化学史学会監訳　和光大 内田正夫編<br>科学史ライブラリー<br>**入 門 化 学 史**<br>10589-6 C3340　　A 5 判 240頁 本体4300円 | 錬金術の始まりから現代までの種々の物質の性質と変換の研究をたどる。元素についての理論, 元素や化合物を分類する要求, 科学としての化学の位置づけ, 実践から理論への貢献, などのテーマについて, 化学史を初めて学ぶ人々へ平易に解説 |
| 前日赤看護大 山崎 昶監訳<br>森 幸恵・お茶の水大 宮本恵子訳<br>**ペンギン 化 学 辞 典**<br>14081-1 C3543　　A 5 判 664頁 本体6700円 | 定評あるペンギンの辞典シリーズの一冊"Chemistry (Third Edition)"(2003年)の完訳版。サイエンス系のすべての学生だけでなく, 日常業務で化学用語に出会う社会人(翻訳家, 特許関連者など)に理想的な情報源を供する。近年の生化学や固体化学, 物理学の進展も反映。包括的かつコンパクトに8600項目を収録。特色は①全分野(原子吸光分析から両性イオンまで)を網羅, ②元素, 化合物その他の物質の簡潔な記載, ③重要なプロセスも収載, ④巻末に農薬一覧など付録を収録。 |
| 理科大 渡辺 正監訳<br>**元素大百科事典**（新装版）<br>14101-6 C3543　　B 5 判 712頁 本体17000円 | すべての元素について, 元素ごとにその性質, 発見史, 現代の採取・生産法, 抽出・製造法, 用途と主な化合物・合金, 生化学と環境問題等の面から平易に解説。読みやすさと教育に強く配慮するとともに, 各元素の冒頭には化学的・物理的・熱力学的・磁気的性質の定量的データを掲載し, 専門家の需要に耐えるデータブック的役割も担う。"科学教師のみならず社会学・歴史学の教師にとって金鉱に等しい本"と絶賛されたP. Enghag著の翻訳。日本が直面する資源問題の理解にも役立つ。 |

上記価格（税別）は 2015 年 7 月現在